建设工程招投标与合同管理

（第2版）

主　编　刘树红　王　岩

副主编　章丽娟　温冬梅

参　编　孟庆昕　曹　兵

主　审　张瑞红

北京理工大学出版社

BEIJING INSTITUTE OF TECHNOLOGY PRESS

内容提要

本书采用项目导向、任务驱动的教学模式编写。内容包括认识建筑市场，建设工程招标，建设工程投标，建设工程开标、评标与定标，建设工程施工合同管理，建设工程施工索赔，国际工程合同条件7个项目。每个项目中均有需要学习和完成的任务，从而提高学生的学习兴趣。每个项目均有针对性的实训练习，"教、学、做"一体化，培养学生编制招标文件、投标文件，签订施工合同及施工索赔的能力。

本书可作为高等院校工程造价类及其他相关专业的教材，也可作为建设单位及有关部门的参考用书。

图书在版编目（CIP）数据

建设工程招投标与合同管理／刘树红，王岩主编
.—2版.—北京：北京理工大学出版社，2021.4
ISBN 978-7-5682-9774-5

Ⅰ.①建… Ⅱ.①刘… ②王…Ⅲ.①建筑工程—招标—高等学校—教材 ②建筑工程—投标—高等学校—教材③建筑工程—经济合同—高等学校—教材 Ⅳ.①TU723

中国版本图书馆CIP数据核字（2021）第076971号

出版发行／北京理工大学出版社有限责任公司

社　　　址／北京市海淀区中关村南大街5号

邮　　　编／100081

电　　　话／（010）68914775（总编室）
　　　　　　（010）82562903（教材售后服务热线）
　　　　　　（010）68944723（其他图书服务热线）

网　　　址／http://www.bitpress.com.cn

经　　　销／全国各地新华书店

印　　　刷／北京紫瑞利印刷有限公司

开　　　本／787毫米×1092毫米　1/16

印　　　张／15.5　　　　　　　　　　　　　　　　　　　责任编辑／孟祥雪

字　　　数／376千字　　　　　　　　　　　　　　　　　　文案编辑／孟祥雪

版　　　次／2021年4月第2版　2021年4月第1次印刷　　　责任校对／周瑞红

定　　　价／68.00元　　　　　　　　　　　　　　　　　　责任印制／边心超

第2版前言

本书立足于建设工程招投标与合同管理职业能力的培养，基于建筑市场中招标投标活动与施工合同管理综合实际应用构建教材内容，大量案例来源于实际工程，坚持项目导向、任务驱动、理论和实践相结合的原则，以真实的工程项目为载体，完成具体的工作任务为目标，突出了知识的系统性和实用性。每个项目后有习题、实训项目等练习，强化学生理论知识的学习和专业技能的培养。在本书编写过程中，采用新的法律、法规、标准施工招标文件、工程量清单计价规范、施工合同示范文本，广泛征求招标代理机构、建设单位、施工企业、监理等相关专业人士的意见和建议，力求教材内容和工程实际相结合，尽量满足学生毕业后能很快适应工作岗位的要求。

本书为河北建材职业技术学院和秦皇岛广德建设监理有限公司校企"双元"合作共同开发的教材。本书由河北建材职业技术学院刘树红、王岩和秦皇岛广德建设监理有限公司章丽娟根据建筑行业岗位需求共同商定编写大纲，由刘树红、王岩担任主编，由章丽娟、河北建材职业技术学院温冬梅担任副主编，河北建材职业技术学院孟庆昕、唐山职业技术学院曹兵参与编写。全书由张瑞红主审，由刘树红负责统稿并定稿。

本书配套网络在线课程，读者可通过访问链接https://mooc.icve.com.cn/course.html?cid=JSGHB480635或扫描右侧的二维码进入课程进行学习。

本书编写过程中借鉴和参考了大量文献资料，在些向原作者表示衷心的感谢！

编　者

第1版前言

本书立足建设工程招投标与合同管理职业能力的培养，基于建筑市场中招投标活动与施工合同管理的综合实际应用构建教材内容，大量案例来源于实际工程，坚持项目导向、任务驱动、理论和实践相结合的原则，以真实的工程项目为载体、完成具体的工作任务为目标，突出了知识的系统性和实用性。每个项目后均有思考与练习，强化学生理论知识的学习和专业技能的培养。在教材的编写过程中，采用了新法律、法规、标准施工招标文件、工程量清单计价规范、施工合同示范文本，广泛征求了招标代理机构、建设单位、施工企业、监理等相关专业人士的意见和建议，力求使教材内容和工程实际相结合。

本书由河北建材职业技术学院刘树红、王岩担任主编，河北建材职业技术学院温冬梅、杨明担任副主编，河北建材职业技术学院孟庆昕、唐山职业技术学院曹兵参与本书的编写工作。具体编写分工为：刘树红编写项目一，项目五的任务一、二、三，项目六；王岩编写项目二，项目三，项目四；温冬梅编写项目五的任务四；杨明编写项目五的任务五；孟庆昕和曹兵共同编写项目七。全书由刘树红负责统稿并定稿。

本书编写过程中，得到了有关单位和个人的大力支持，秦皇岛市市广德监理有限公司章丽娟总工程师提出了很多宝贵的意见和建议，在此一并表示感谢！另外，本书编写中还借鉴和参考了大量文献资料，也表示衷心的感谢！

由于编者水平有限，书中难免存在错误和不妥之处，敬请大家批评指正。

编　者

目 录

项目一　认识建筑市场

任务一　建筑市场

一、建筑市场的概念和特点

1. 建筑市场的概念

建筑市场是指进行建筑商品或服务交换的市场。其是市场体系中的重要组成部分，也是以建筑产品的承发包活动为主要内容的市场，还是建筑产品和有关服务的交换关系的总和。

微课：建筑市场概述

建筑市场有狭义的市场和广义的市场之分。狭义的市场一般是指有形建筑市场，有固定的交易场所；广义的市场包括有形市场和无形市场，包括与工程建设有关的技术、租赁、劳务等各种要素市场，还包括建筑商品生产过程及流通过程中的经济联系和经济关系。可以说，广义的建筑市场是工程建设生产和交易关系的总和。

2. 建筑市场的特点

由于建筑产品具有生产周期长、价值量大、生产过程的不同阶段对承包的能力和特点要求不同等特点，因此建筑市场交易贯穿于建筑产品生产的整个过程。从工程建设的决策、设计、施工，一直到工程竣工、保修期结束，发包人与承包商、分包商进行的各种交易及相关的商品混凝土供应、构配件生产、建筑机械租赁等活动，都是在建筑市场中进行的。生产活动和交易活动交织在一起，使得建筑市场在许多方面不同于其他产品市场。

二、建筑市场的主体和客体

(一)建筑市场的主体

建筑市场的主体是指参与建筑市场交易活动的各方。其主要包括发包人、承包人和工程咨询服务机构等。

1. 发包人

发包人是指具有某项工程建设需求,拥有相应的建设资金,办妥项目建设的各种准建手续,在建筑市场中发包工程项目勘察、设计、施工任务并最终得到建筑产品,达到其经营使用目的的政府部门、企事业单位和个人。

项目业主主要有以下三种形式:

(1)机关、企事业单位。机关、企事业单位投资的新建、扩建、改建工程,则该企业或单位即项目业主。

(2)联合投资董事会。由不同投资方参股或共同投资的项目,则业主是共同投资方组成的董事会或管理委员会。

(3)各类开发公司。开发公司自行融资或有投资方协商组建或委托开发的工程管理公司也可称为业主。

项目业主在项目建设中的主要责任:建设项目立项决策;建设项目的资金筹措与管理;办理建设项目的有关手续;建设项目的招标与合同管理;建设项目的施工管理;建设项目竣工验收和试运行;建设项目的统计与文档管理。

2. 承包人

承包人是指有一定生产能力、流动资金、机械装备、工程技术经济管理人员及一定数量的工人,具有承包工程建设任务的营业资质和营业执照,能够按照业主的要求提供不同形态的建筑产品,并最终得到相应工程价款的建筑施工企业。承包商从事建设生产一般需要具备以下三个方面的条件:

(1)拥有符合国家规定的注册资本。

(2)拥有与其等级相适应且具有注册执业资格的专业技术和管理人员。

(3)具有从事相应建筑活动所需的技术装备。

3. 工程咨询服务机构

微课:建筑市场的
主体客体

工程咨询服务机构是指具有一定注册资金,具有一定数量的工程技术、工程管理人员,取得建设咨询证书和营业执照,能对工程建设提供估算测量、管理咨询、建设监理等智力型服务并取得服务费用的服务机构。

工程咨询服务机构包括勘察设计、项目管理、工程造价咨询、招标代理、工程监理等单位。

(二)建筑市场的客体

建筑市场的客体一般称作建筑产品,其包括有形的建筑产品(建筑物、构筑物)和无形的产品(设计、咨询、监理)等各种智力型服务。

建筑产品的特点具有以下几个方面:

(1)建筑产品的固定性及生产过程的流动性。建筑物与土地相连,不可移动,这就要求施工人员和施工机械只能随着建筑物不断流动,从而带来施工管理的多变性和复杂性。

(2)建筑产品的单件性。由于业主对建筑产品的用途、性能要求不同,以及建筑地点的差异，决定了多数建筑产品都需要单独进行设计，不能批量生产。

（3）建筑产品的投资额大，生产周期和使用周期长。建筑产品的工程量巨大，消耗大量的人力、物力和资金，因而投资管理非常重要。

（4）建筑生产的不可逆性。建筑产品一旦进入生产阶段，其产品不能退换，也难以重新建造。所以，建筑生产的最终产品质量是由各阶段的成果质量决定的。设计、施工必须按照规范和标准进行，才能保证生产出合格的建筑产品。

三、建筑市场的准入制度

建筑活动的专业性和技术性都很强，而且建设工程投资大、周期长，一旦发生问题，将给社会和人民的生命财产带来极大的危害与损失。因此，为保证建设工程的质量和安全，对从事建设活动的单位和专业技术人员必须实行从业资格管理，即资质管理制度。

我国建筑市场中的资质管理包括从业企业的资质管理和专业人士的执业资格管理。

(一)从业企业的资质管理

1. 工程勘察设计企业的资质管理

从事建设工程勘察、工程设计活动的企业，在取得建设工程勘察、工程设计资质证书后，方可在资质许可的范围内从事建设工程勘察、工程设计活动。

（1）工程勘察资质。工程勘察资质可分为工程勘察综合资质、工程勘察专业资质和工程勘察劳务资质。

（2）工程设计资质。工程设计资质可分为工程设计综合资质、工程设计行业资质、工程设计专业资质和工程设计专项资质。

2. 建筑业企业(承包商)的资质管理

建筑业企业是指从事土木工程、建筑工程、线路管道设备安装工程、装修工程的新建、扩建和改建等活动的企业。

建筑业企业资质可分为施工总承包、专业承包和劳务分包三个序列。其中，施工总承包序列设有 12 个类别，一般可分为四个等级(特级、一级、二级、三级)；专业承包序列设有 36 个类别，一般可分为三个等级(一级、二级、三级)；劳务分包序列不分等级。

我国建筑业企业的业务范围见表 1-1。

表 1-1　建筑业企业的业务范围

企业类别	资质等级	承包工程范围
施工总承包企业	特级	（1）取得施工总承包特级资质的企业可承担本类别各等级工程施工总承包、设计及开展工程总承包和项目管理业务； （2）取得房屋建筑、公路、铁路、市政公用、港口与航道、水利水电等专业中任意 1 项施工总承包特级资质和其中 2 项施工总承包一级资质，即可承接上述各专业工程的施工总承包、工程总承包和项目管理业务及开展相应设计主导专业人员齐备的施工图设计业务； （3）取得房屋建筑、矿山、冶炼、石油化工、电力等专业中任意 1 项施工总承包特级资质和其中 2 项施工总承包一级资质，即可承接上述各专业工程的施工总承包、工程总承包和项目管理业务及开展相应设计主导专业人员齐备的施工图设计业务； （4）特级资质的企业，限承担施工单项合同额 3 000 万元以上的房屋建筑工程

企业类别	资质等级	承包工程范围
施工总承包企业	一级	(以建筑工程为例)可承担单项合同额 3 000 万元以上的下列建筑工程的施工： (1)高度在 200 m 以下的工业、民用建筑工程； (2)高度在 240 m 以下的构筑物工程
	二级	(以建筑工程为例)可承担下列建筑工程的施工： (1)高度在 100 m 以下的工业、民用建筑工程； (2)高度在 120 m 以下的构筑物工程； (3)建筑面积在 40 000 m² 以下的单体工业、建筑工程； (4)单跨跨度在 39 m 以下的建筑工程
	三级	(以建筑工程为例)可承担下列建筑工程的施工： (1)高度在 50 m 以下的工业、民用建筑工程； (2)高度在 70 m 以下的构筑物工程； (3)建筑面积在 12 000 m² 以下的单体工业、建筑工程； (4)单跨跨度在 27 m 以下的建筑工程

3. 工程咨询单位的资质管理

我国对工程咨询单位也实行了资质管理。目前，已有明确资质等级评定条件的有招标代理、工程监理和造价咨询等中介机构。

(1)工程监理公司《工程监理企业资质管理规定》(建设部令第 158 号)规定，工程监理企业资质可分为综合资质、专业资质和事务所资质。其中，专业资质按照工程性质和技术特点划分为若干工程类别；综合资质、事务所资质不分级别。专业资质可分为甲级、乙级、丙级。其中，房屋建筑、水利水电、公路和市政公用专业资质可设立两级。工程监理企业资质等级与业务范围见表 1-2。

建设工程招标
代理合同

表 1-2　工程监理企业资质等级与业务范围

资质类别	资质等级	审批机构	承包工程范围
综合资质	不分级	国务院建设主管部门审批(其中，涉及铁路、交通、水利、通信、民航等专业工程监理资质的，由国务院建设主管部门送国务院有关部门审核)	可承担所有专业工程类别建设工程项目的工程监理业务
专业资质	甲级		可承担相应专业工程类别建设工程项目的工程监理业务
	乙级		可承担相应专业工程类别二级(含二级)以下建设工程项目的工程监理业务
	丙级	省、自治区、直辖市人民政府建设主管部门审批	可承担相应专业工程类别三级建设工程项目的工程监理业务
事务所	不分级		可承担三级建设工程项目的工程监理业务，但是国家规定必须实行强制监理的建设工程监理业务除外

(2)工程造价咨询企业《工程造价咨询企业管理办法》(建设部 149 号令)规定，工程造价

咨询企业资质等级可分为甲级、乙级。工程造价咨询企业依法从事工程造价咨询活动，不受行政区域限制。工程造价咨询企业资质等级与业务范围见表1-3。

表 1-3　工程造价咨询企业资质等级与业务范围

资质等级	审批机构	承包工程范围
甲级	国务院住房城乡建设主管部门审批	可以从事各类建设项目的工程造价咨询业务
乙级	省、自治区、直辖市人民政府住房城乡建设主管部门审批	可以从事工程造价5 000万元以下的各类建设项目的工程造价咨询业务

(二)专业人士的执业资格管理

专业人士是指从事工程咨询的专业工程师等，他们在建筑市场的运作中起着很重要的作用。目前，建筑类专业人士的种类有建筑师、结构工程师、造价工程师、建造师、投资咨询师、招标师等。资格和注册条件：大专及大专以上的专业学历；参加全国统一考试，成绩合格；具有相关专业的实践经验。目前，我国专业人士制度还处于起步阶段，但随着建筑市场的进一步完善，对其管理会更加规范化、制度化。

四、建设工程交易中心

自20世纪90年代中期以来，各地相继设立有形建筑市场(即建设工程交易中心)，经过20多年的发展，已经初步形成场所设施完备、人员素质较高、管理信息化的公开透明的交易平台。我国有关法规规定，建设工程交易中心必须经政府建设主管部门认可后才能设立，而且每个城市一般只能设立一个中心，特大城市可增设若干个分中心。

1. 建设工程交易中心的性质

建设工程交易中心是由建设工程招投标管理部门或政府住房城乡建设主管部门授权的其他机构建立的、自收自支的非营利性事业法人，它根据政府住房城乡建设主管部门委托实施对市场主体的服务、监督和管理。

2. 建设工程交易中心的作用

按照我国有关规定，对于全部使用国有资金投资，以及国有资金投资占控股或主导地位的房屋建筑工程项目和市政工程项目，必须在建设工程交易中心内报建、发布招标信息、合同授予、申领施工许可证。招投标活动都需在场内进行，并接受政府有关管理部门的监督。建设工程交易中心的设立，对国有投资的监督制约机制的建立、规范建设工程承发包行为、将建筑市场纳入法制化的管理轨道有着重要的作用，是符合我国特点的一种形式。

3. 建设工程交易中心的运行原则

(1)信息公开的原则。建设工程交易中心必须充分掌握工程发包、政策法规、招投标和咨询单位资质、造价指数、招标规则、评标标准、专家评委会等各项信息，并保证市场各方主体均能及时获得所需要的信息资料。

(2)依法管理的原则。建设工程交易中心应严格按照法律、法规开展工作，尊重建设单位依照法律法规选择投标单位和选定中标单位的权利，尊重符合资质条件的建筑业企业提出的投标要求和接受邀请参加投标的权利。任何单位和个人不得非法干预交易活动的正常进行。监察机关应当进驻建设工程交易中心实施监督。

(3)公平竞争的原则。建立公平竞争的市场秩序是建设工程交易中心的重要原则。进驻的有关行政监督管理部门应严格监督招标、投标单位的行为，防止地方保护、行业和部门垄断等各种不正当竞争，不得侵犯交易活动各方的合法权益。

（4）属地进入的原则。按照我国有形建筑市场的管理规定，建设工程交易中心实行属地进入。每个城市原则上只能设立一个建设工程交易中心，特大城市可增设若干个分中心，在业务上听从上级中心领导。对于跨省、自治区、直辖市的铁路、公路、水利等工程，可在政府有关部门的监督下，通过公告由项目法人组织招标、投标。

（5）办事公正的原则。建设工程交易中心是政府住房城乡建设主管部门批准的服务性机构，需配合进场的各行政管理部门做好相应的工程交易活动管理和服务工作。要建立监督制约机制，公开办事规则和程序，应当向政府有关管理部门报告，并协助其进行处理。

4. 建设工程交易中心运行的一般程序

按照有关规定，建设项目进入建设工程交易中心后，一般按表1-4所示的程序运行。

表1-4　建设项目运行的一般程序

序号	程序	管理部门
1	建设项目报建	市招标办
2	工程类别核定	市工程造价管理处
3	招标申请	交易中心市招标办
4	投标报名	交易中心
5	评标定标	交易中心市招标办
6	合同审核	交易中心
7	合同签证	市工商局
8	建设工程安全监督站	市建设工程安全监督站
9	建设工程质量监督	市建设工程质量监督站
10	申领施工许可证	市建设局

5. 招投标监督管理

招投标监督管理是指国家发展和改革委员会根据国务院授权，负责组织国家重大建设项目稽查特派员及其助理，对国家重大建设项目的招投标活动进行监督检查。

省发展计划行政主管部门对省政府确定的重大项目建设过程中的招投标进行监督检查。省、市、县发展计划行政主管部门负责本行政区域内招投标活动的指导和协调工作。经贸、建设、水利、交通、教育、国土资源、信息产业等行政管理部门分别负责行业和产业项目招投标活动的监督执法。

在国家住房和城乡建设部的统一监管下，实行省、市、县三级行政主管部门对所管辖行政区内的建设工程招投标分级属地管理。

任务二　招投标相关法律、法规知识

中华人民共和国成立以来，在工程建设方面的法律、法规、部门规章及规范性文件逐步完善。下面将已经颁布的招投标与合同管理有关的主要法律、法规、地方性法规、规章及规范性文件、示范文本等汇总如下。

一、国家法律

1.《中华人民共和国招标投标法》

《中华人民共和国招标投标法》（以下简称《招标投标法》）由中华人民共和国第九届全国人民代表大会常务委员会第十一次会议于 1999 年 8 月 30 日通过，自 2000 年 1 月 1 日起施行。该法包括招标、投标、开标、评标、中标及相应的法律责任等。其制定目的是规范招标投标活动，保护国家利益、社会公共利益和招标投标活动当事人的合法权益，提高经济效益，保证项目质量。在中华人民共和国境内进行招标投标活动，适用本法。

2.《中华人民共和国建筑法》

《中华人民共和国建筑法》由中华人民共和国第八届全国人民代表大会常务委员会第二十八次会议于 1997 年 11 月 1 日通过，自 1998 年 3 月 1 日起施行，根据 2011 年 4 月 22 日第十一届全国人大常委会第二十次会议《关于修改〈中华人民共和国建筑法〉的决定》第一次修正，根据 2019 年 4 月 23 日第十三届全国人民代表大会常务委员会第十次会议《关于修改〈中华人民共和国建筑法〉等八部法律的决定》第二次修正。《中华人民共和国建筑法》是建筑业的基本法律，其制定目的是加强对建筑活动的监督管理，维护建筑市场秩序，保证建筑工程的质量和安全，促进建筑业健康发展。

3.《中华人民共和国合同法》

《中华人民共和国合同法》由中华人民共和国第九届全国人民代表大会第二次会议于 1999 年 3 月 15 日通过，自 1999 年 10 月 1 日起施行，根据 2014 年 8 月 31 日第十二届全国人民代表大会常务委员会第十次会议《关于修改〈中华人民共和国保险法〉第五部法律的决定》修正。其制定目的是保护合同当事人的合法权益，维护社会经济秩序，促进社会主义现代化建设。

4.《中华人民共和国政府采购法》

《中华人民共和国政府采购法》由中华人民共和国第九届全国人民代表大会常务委员会第二十八次会议于 2002 年 6 月 29 日通过，自 2003 年 1 月 1 日起施行，根据 2014 年 8 月 31 日第十二届全国人民代表大会常务委员会第十次会议《关于修改〈中华人民共和国保险法〉等五部法律的决定》修正。其制定目的是规范政府采购行为，提高政府采购资金的使用效益，维护国家利益和社会公共利益，保护政府采购当事人的合法权益，促进廉政建设。在中华人民共和国境内各级国家机关、事业单位和团体组织，使用财政性资金采购依法制定的集中采购目录以内的或者采购限额标准以上的货物、工程和服务的行为适用本法。

二、行政法规

1.《建设工程安全生产管理条例》

《建设工程安全生产管理条例》（国务院令第 393 号）经 2003 年 11 月 12 日国务院第 28 次常务会议通过，自 2004 年 2 月 1 日起施行。其制定目的是加强建设工程安全生产监督管理，保障人民群众生命和财产安全。在中华人民共和国境内从事建设工程的新建、扩建、改建和拆除等有关活动及实施对土木工程、建筑工程、线路管道和设备安装工程及装修工程安全生产的监督管理，必须遵守本条例。

2.《建设工程质量管理条例》

《建设工程质量管理条例》（国务院令第 279 号）经 2000 年 1 月 10 日国务院第 25 次常务会议通过，自发布之日起施行。根据 2017 年 10 月 7 日国务院令第 687 号《国务院关于修改部分行政法规的决定》修正。根据 2019 年 4 月 23 日国务院令第 714 号《国务院关于修改部分行政法规的决定》第二次修正。其制定目的是加强对建设工程质量的管理，保证建设工程质量，保护人民的生命和财产安全。在中华人民共和国境内从事土木工程、建筑工程、线路管道及设备安装工程及装修工程的新建、扩建、改建等有关活动及实施对建设工程质量监督管理的，必须遵守本条例。

3.《中华人民共和国招标投标法实施条例》

《中华人民共和国招标投标法实施条例》（国务院令第 613 号）经 2011 年 11 月 30 日国务院第 183 次常务会议通过，自 2012 年 2 月 1 日起施行。其是在《招标投标法》的基础上制定的，制定目的是规范招标投标活动。在中华人民共和国境内从事建设工程的新建、改建、扩建及与其相关的装修、拆除、修缮等工程，以及大宗材料、设备的采购和建设工程勘察、设计、监理的招投标，必须遵守本条例。

三、地方性法规

如《河北省建筑市场管理条例》，为适应建立社会主义市场经济体制的需要，培育和发展本省的建筑市场，维护建筑市场的正常秩序，保护建筑产品交易当事人各方的合法权益，根据国家有关法律、法规的规定，结合本省实际，制定本条例。凡在本省行政区域内从事建筑产品的生产和交易以及与其有关活动的单位和个人，必须遵守本条例。

四、部委规章

1.《评标专家和评标专家库管理暂行办法》

《评标专家和评标专家库管理暂行办法》（国家发展计划委员会令第 29 号），经国家发展计划委员会审议通过，自 2003 年 4 月 1 日起施行，根据 2013 年 3 月 11 日《关于废止和修改部分招标投标规章和规范性文件的决定》2013 年令第 23 号修正。本办法根据《中华人民共和国招标投标法》制定，其目的是加强对评标专家的监督管理，健全评标专家库制度，保证评标活动的公平、公正，提高评标质量。本办法适用于评标专家的资格认定、入库及评标专家库的组建、使用、管理活动。

2.《评标委员会和评标方法暂行规定》

为了规范评标委员会的组成和评标活动，国家计委、国家经贸委、建设部、铁道部、交通部、信息产业部、水利部联合制定《评标委员会和评标方法暂行规定》（国家计委、经贸委第七部令第 12 号），自 2001 年 7 月 5 日起施行，根据 2013 年 3 月 11 日《关于废止和修改部分招标投标规章和规范性文件的决定》2013 年令第 23 号修正。本办法依照《招标投标法》制定，其目的在于规范评标活动，保证评标的公平、公正，维护招投标活动当事人的合法权益。依法必须招标的评标活动适用本办法。

3.《工程建设项目施工招标投标办法》

2003 年 3 月 8 日，国家计委、建设部、铁道部、交通部、信息产业部、水利部、中国民用航空总局审议通过了《工程建设项目施工招标投标办法》（简称七部委第 30 号令），自

2003 年 5 月 1 日起施行，根据 2013 年 3 月 11 日《关于废止和修改部分招标投标规章和规范性文件的决定》2013 年令第 23 号修正。其制定目的是规范工程建设项目施工招标投标活动。凡在中华人民共和国境内进行的工程施工招投标活动，均适用本办法。

4.《工程建设项目勘察设计招标投标办法》

国家发展和改革委员会、建设部、铁道部、交通部、信息产业部、水利部、中国民用航空总局、国家广播电视总局联合发布《工程建设项目勘察设计招标投标办法》（简称八部委令第 2 号），自 2003 年 8 月 1 日起施行，根据 2013 年 3 月 11 日《关于废止和修改部分招标投标规章和规范性文件的决定》2013 年令第 23 号修正。本办法根据《招标投标法》制定，其目的在于规范工程建设项目勘察设计招投标活动，提高投资效益，保证工程质量。在中华人民共和国境内进行工程建设项目勘察设计的招投标活动，适用本办法。

5.《工程建设项目货物招标投标办法》

国家发展和改革委员会、建设部、铁道部、交通部、信息产业部、水利部、中国民用航空总局审议通过了《工程建设项目货物招标投标办法》（简称七部委令第 27 号），自 2005 年 3 月 1 日起施行，根据 2013 年 3 月 11 日《关于废止和修改部分招标投标规章和规范性文件的决定》2013 年令第 23 号修正。本办法根据《招标投标法》和国务院有关部门的职责分工制定，其目的是规范工程建设项目的货物招投标活动，保护国家利益、社会公共利益和招标投标活动当事人的合法权益，保证工程质量，提高投资效益。本办法适用于在中华人民共和国境内依法必须进行招标的工程建设项目货物（指与工程建设项目有关的重要设备、材料等）的招投标活动。

6.《房屋建筑和市政基础设施工程施工招标投标管理办法》

《房屋建筑和市政基础设施工程施工招标投标管理办法》（建设部令第 89 号）于 2001 年 5 月 31 日经第四十三次部常务会议讨论通过，自 2001 年 6 月 1 日发布之日起施行。本办法依据《中华人民共和国建筑法》《招标投标法》等法律、行政法规制定，其目的是规范房屋建筑和市政基础设施工程招投标活动，维护招投标当事人的合法权益。凡在中华人民共和国境内从事房屋建筑和市政基础设施工程施工招投标活动，实施对房屋建筑和市政基础设施工程施工招投标活动的监督管理，均应遵守本办法。

7.《房屋建筑和市政基础设施工程施工分包管理办法》

2003 年 11 月 8 日建设部第 21 次常务会议讨论通过《房屋建筑和市政基础设施工程施工分包管理办法》（建设部令第 124 号），2004 年 2 月 3 日发布，自 2004 年 4 月 1 日起施行，根据 2014 年 8 月 27 日第 15 次部常务会议《住房和城乡建设部关于修改〈房屋建筑和市政基础设施工程施工分包管理办法〉的决定》修正。本办法根据《中华人民共和国建筑法》《招标投标法》《建设工程质量管理条例》等有关法律、法规制定，其目的在于规范房屋建筑和市政基础设施工程施工分包活动，维护建筑市场秩序，保证工程质量和施工安全。凡在中华人民共和国境内从事房屋建筑和市政基础设施工程施工分包活动，实施对房屋建筑和市政基础设施工程施工分包活动的监督管理，适用本办法。

8.《工程建设项目招标投标活动投诉处理办法》

国家发展和改革委员会、建设部、铁道部、交通部，信息产业部、水利部、中国民用航空总局联合发布了《工程建设项目招标投标活动投诉处理办法》（简称七部委令第 11 号），自 2004 年 8 月 1 日起施行，根据 2013 年 3 月 11 日《关于废止和修改部分招标投标规章和规范性文件的规定》2013 年令第 23 号修正。本办法根据《招标投标法》第六十五条规定制定，其目的是保护国家利益、社会公共利益和招标投标当事人的合法权益，建立公平、高效的工程建设项目招标投标活动投诉处理机制。本办法适用于工程建设项目招标投标活动的投诉及其处理活动。

五、国家部委规范性文件

1.《房屋建筑和市政工程标准施工招标资格预审文件》和《房屋建筑和市政工程标准施工招标文件》

为了规范房屋建筑和市政工程施工招标资格预审文件、招标文件编制活动，促进房屋建筑和市政工程招投标公开、公平和公正，根据《〈标准施工招标资格预审文件〉和〈标准施工招标文件〉试行规定》，住房和城乡建设部制定了《房屋建筑和市政工程标准施工招标资格预审文件》和《房屋建筑和市政工程标准施工招标文件》，自 2010 年 6 月 9 日起施行。

2.《建设工程工程量清单计价规范》(GB 50500—2013)

《建设工程工程量清单计价规范》(GB 50500—2013)总结了《建设工程工程量清单计价规范》(GB 50500—2008)实施以来的经验，针对执行中存在的问题，特别是清理拖欠工程款工作中普遍反映的，在工程实施阶段中有关工程价款调整、支付、结算等方面缺乏依据的问题，主要修订了原规范正文中不尽合理、可操作性不强的条款及表格格式，特别增加了采用工程量清单计价如何编制工程量清单和招标控制价、投标报价、合同价款约定以及工程计量与价款支付、工程价款调整、索赔、竣工结算、工程计价争议处理等内容，并增加了条文说明，于 2013 年 1 月开始实施。《建设工程工程量清单计价规范》(GB 50500—2013)(以下简称"13 计价规范")的出台，对巩固工程量清单计价改革的成果、进一步规范工程量清单计价行为具有十分重要的意义。

3.《建设工程施工合同(示范文本)》(GF—2017—0201)

为了指导建设工程施工合同当事人的签约行为、维护合同当事人的合法权益，以及便于合同当事人使用示范文本。住房和城乡建设部、国家工商行政管理总局依据《中华人民共和国合同法》《中华人民共和国建筑法》《招标投标法》以及相关法律法规，对《建设工程施工合同(示范文本)》(GF—2013—0201)进行了修订，制定了《建设工程施工合同(示范文本)》(GF—2017—0201)。

4.《住房和城乡建设部关于推进建筑业发展和改革的若干意见》(建市〔2014〕92 号)

为深入贯彻落实党的十八大和十八届三中全会精神，推进建筑业发展和改革，保障工程质量安全，提升工程建设水平，针对当前建筑市场和工程建设管理中存在的突出问题，提出本意见。

任务三　建设工程招投标概述

一、建设工程招投标的概念

1. 招投标的主要阶段

招投标是在市场经济条件下进行工程建设、货物买卖、中介服务等经济活动的一种竞争方式和交易方式，其特征是引入竞争机制以求达成交易协议或订立合同。招投标是指招标人对工程建设、货物买卖、中介服务等交易业务，事先公布采购条件和要求，吸引愿意承接任务的众多投标人参加竞争，招标人按照规定的程序和办法择优选定中标人的活动。

整个招投标过程包括招标、投标、开标和定标四个主要阶段。

（1）招标。招标是指招标人在采购货物、发包建设工程项目或购买服务之前，以招标公告或投标邀请书的方式提出招标的项目条件、价格和要求，由愿意承担项目的投标人按照招标文件的条件和要求，提出自己的价格，填好标书进行投标，这个过程就叫作招标。招标人通过招标的手段，利用投标人之间的竞争，达到货比三家、优中选优的目的。至于选优的标准，要视每个招标人本身的需要及要求而定。招标是招标人为签订合同而进行的准备，在性质上属要约邀请（要约引诱）。

（2）投标。投标是指投标人响应招标人的要求参加投标竞争的行为，也就是投标人在同意招标人在招标文件中所提出的条件和要求的前提下，对招标项目估算自己的报价，在规定的日期内填写标书并递交给招标人，参加竞争并争取中标的过程。投标是投标人获悉招标人提出的条件和要求后，以订立合同为目的向招标人做出愿意参加有关任务的承接竞争，在性质上属要约。

（3）开标。开标是指招标人在规定的地点和时间，在有投标人出席的情况下，当众公开拆标书（即投标文件），宣布投标人的名称、投标价格等主要内容，这个过程叫作开标。

（4）定标。定标是招标人完全接受众多投标人中提出最优条件的投标人，在性质上属承诺。承诺意味着合同成立，定标是招投标活动中的核心环节。

招投标的过程，是当事人就合同条款提出要约邀请、要约、新要约、再新要约，等等，直至承诺的过程。

2. 建设工程招投标的概念与优点

建设工程招投标是指建设单位或个人（即业主或项目法人）通过招标的方式，将工程建设项目的勘察、设计和施工、材料设备供应、监理等业务，一次或分步发包，由具有相应资质的承包单位通过投标竞争的方式承接。按照我国有关规定，工程是指各类房屋和土木工程建造、设备安装、管线敷设、装饰装修等建设及附带的服务。货物是指各种各样的物品，包括原材料、产品、设备和固态、液态或气态物体和电力，以及货物供应的附带服务。服务是指除工程、货物外的任何对象，如勘察、设计、咨询、监理等。

建设工程招投标最突出的优点是将竞争机制引入工程建设领域，将工程项目的发包方、承包方和中介方统一纳入市场，实行交易公开，给市场主体的交易行为赋予了极大的透明度；鼓励竞争，防止和反对垄断，通过平等竞争优胜劣汰，最大限度地实现投资效益的最优化；通过严格、规范、科学合理的运作程序和监管机制，有力地保证了竞争过程的公正和交易安全。

二、建设工程招投标的分类及特点

1. 建设工程招投标的分类

建设工程招投标可以按照不同的标准进行分类：

（1）按工程项目建设程序分类，招投标可分为可行性研究招投标、材料设备采购招投标、勘察设计招投标、施工招投标。

（2）按工程承包范围分类，招投标可分为工程总承包招投标、工程分承包招投标和工程专项承包招投标等。

（3）按行业和专业分类，可以分为勘察设计招投标、设备安装招投标、土建施工招投标、装饰装修招投标、工程咨询招投标、货物采购招投标等。

基本建设项目程序

（4）按工程是否涉外，可以分为国内工程招投标和国际工程招投标。

2. 建设工程招投标的特点

建设工程招投标总的特点是通过竞争机制，实行交易公开；鼓励竞争、防止垄断、优胜劣汰，实现投资效益；通过科学合理和规范化的监管机制与运作程序，可有效地杜绝不正之风，保证交易的公正和公平。但由于各类建设工程招投标的内容不尽相同，因而它们有不同的招投标意图或侧重点，在具体操作上也有细微的差别，呈现出不同的特点。

（1）工程勘察设计招投标的特点。工程勘察和工程设计是两个有密切联系但又不同的工作。工程勘察是指依据工程建设目标，通过对地形、地质、水文等要素进行测绘、勘探、测试及综合分析测定，查明建设场地和有关范围内的地质地理环境特征，提供工程建设所需的资料及其相关的活动。工程勘察具体包括工程测量、水文地质勘察和工程地质勘察。工程设计是指依据工程建设目标，运用工程技术和经济方法，对建设工程的工艺、土木、建筑、公用、环境等系统进行综合策划、论证，编制工程建设所需要的文件及其相关的活动。工程设计具体包括总体规划设计（或总体设计）、初步设计、技术设计、施工图设计和设计概（预）算编制。

工程勘察招投标的主要特点如下：

1）有批准的项目建议书或者可行性研究报告、规划部门同意的用地范围许可文件和要求的地形图。

2）采用公开招标或邀请招标的方式。

3）申请办理招标登记，招标人自己组织招标或委托招标代理机构代理招标，编制招标文件，对投标单位进行资格审查，发放招标文件，组织勘察现场和进行答疑，投标人编制和递交投标书，开标、评标、定标，发出中标通知书，签订勘察合同。

4）在评标、定标上，着重考虑勘察方案的优劣，同时，也考虑勘察进度的快慢，勘察收费依据与取费的合理性、正确性，以及勘察资历和社会信誉等因素。

工程设计招投标的主要特点如下：

1）设计招标在招标的条件、程序和方式上，与勘察招标相同。

2）在招标的范围和形式上，主要实行设计方案招标，可以是一次性总招标，也可以分单项、分专业招标。

3）在评标、定标上，强调把设计方案的优劣作为择优、确定中标的主要依据，同时也考虑设计经济效益的好坏、设计进度的快慢、设计费报价的高低以及设计资历和社会信誉等因素。

中标人应承担初步设计和施工图设计，经招标人同意也可以向其他具有相应资格的设计单位进行一次性委托分包。

（2）施工招投标的特点。建设工程施工是指把设计图纸变成预期的建筑产品的活动。施工招投标是目前我国建设工程招投标中开展得比较早、比较多、比较好的一类；其程序和相关制度具有代表性、典型性，甚至可以说，建设工程其他类型的招投标制度，都是承袭施工招投标制度而来的。

就施工招投标本身而言，其特点主要有以下几个方面：

1)在招标条件上，比较强调建设资金的充分到位。

2)在招标方式上，强调公开招标、邀请招标，议标方式受到严格限制甚至被禁止。

3)在投标、评标和定标中，要综合考虑价格、工期、技术、质量、安全、信誉等因素，价格因素所占分量比较突出，可以说是关键的一环，常常起着决定性的作用。

(3)工程建设监理招投标的特点。工程建设监理是指具有相应资质的监理单位和监理工程师，受建设单位或个人的委托，独立对工程建设过程进行组织协调、监督、控制和服务的专业化活动。

工程建设监理招投标的主要特点如下：

1)在性质上属工程咨询招投标的范畴。

2)在招标的范围上，可以包括工程建设过程的全部工作，如项目建设前期的可行性研究、项目评估等；项目实施阶段的勘察、设计、施工等也可以只包括工程建设过程中的部分工作，通常主要是施工监理工作。

3)在评标、定标上，综合考虑监理规划(或监理大纲)、人员素质、监理业绩、监理取费、检测手段等因素，但其中最主要的考虑因素是人员素质，其分值所占比重较大。

(4)材料设备采购招投标的特点。建设工程材料设备是指用于建设工程的各种建筑材料和设备。材料设备采购招投标的主要特点如下：

1)在招标形式上，一般应优先考虑在国内招标。

2)在招标范围上，一般为大宗的而不是零星的建设工程材料设备采购，如锅炉、电梯、空调等的采购。

3)在招标内容上，可以就整个工程建设项目所需的全部材料设备进行总招标，也可以就单项工程所需材料设备进行分项招标，或者就单件(台)材料设备进行招标，还可以进行从项目的设计，材料设备生产、制造、供应和安装调试到试车投产的工程技术材料设备成套招标。

4)在招标中，一般要求做标底，标底在评标、定标中具有重要的意义。

5)允许具有相应资质的投标人就部分或全部招标内容进行投标，也可以联合投标，但应在投标文件中明确一个总牵头单位承担全部责任。

(5)工程总承包招投标的特点。简单地讲，工程总承包是指对工程全过程的承包。按其具体范围可分为三种情况：一是对工程建设项目从可行性研究、勘察、设计、材料设备采购、施工、安装，直到竣工验收、交付使用、质量保修等的全过程实行总承包，由一个承包商对建设单位或个人负总责，建设单位或个人一般只负责提供项目投资、使用要求及竣工、交付使用期限，这也就是所谓的交钥匙工程；二是对工程建设项目实施阶段从勘察、设计和材料设备采购、施工、安装，直到交付使用等的全过程实行一次性总承包；三是对整个工程建设项目的某一阶段(如施工)或某几个阶段(如设计、施工、材料设备采购等)实行的一次性总承包。

工程总承包招投标的主要特点如下：

1)它是一种带有综合全过程的一次性招投标。

2)投标人在中标后应当自行完成中标工程的主要部分(如主体结构等)，对中标工程范围内的其他部分，经发包人同意，有权作为招标人组织分包招投标或依法委托具有相应资质的招标代理机构组织分包招投标，并与中标的分包投标人签订工程分包合同。

分承包招投标的运作一般按照有关总承包招投标的规定执行。

三、建设工程招投标的基本原则

《招标投标法》第五条规定，招投标活动应当遵循公开、公平、公正和诚实信用的原则。

1. 公开原则

(1)公开原则要求招标信息公开。根据《招标投标法》规定，依法必须进行招标项目的招标公告，应当通过国家指定的报刊、信息网络或者其他媒介发布。招标公告应当载明招标人的名称和地址、招标项目的性质、数量、实施地点和时间以及获取招标文件的办法等事项。

(2)公开原则要求招投标的条件公开。什么情况下可以组织招标，什么机构有资格组织招标，什么样的单位有资格参加投标等，必须向社会公开，便于社会监督。

(3)公开原则要求招投标的程序公开。在建设工程招投标的全过程中，招标单位的主要招标活动程序、投标单位的主要投标活动程序和招标投标管理机构的主要监管程序，必须公开。

(4)公开原则要求招投标的结果公开。哪些单位参加了投标，最后哪个单位中了标，应当予以公开。

2. 公平原则

公平原则要求给予所有投标人平等的机会，使其享有同等的权利，履行同等的义务，招标人不得以任何理由排斥或者歧视任何潜在投标人，也不得限制或者排斥本地区、本系统以外的法人或者其他组织参加投标，不得以任何方式非法干涉招投标活动。

3. 公正原则

公正原则要求招标人在招投标活动中应当按照统一的标准衡量每一个投标人的优劣，在资格审查、评标等环节坚持统一标准，客观、公正地对每位报名投标者，对每份投标文件进行评审和比较。

4. 诚实信用原则

诚实信用原则是我国民事活动应当遵循的一项重要基本原则，在我国《中华人民共和国民法通则》《中华人民共和国合同法》(以下简称《合同法》)《招标投标法》中都有相关的规定。在招投标活动中，招标人不得发布虚假招标信息，不得擅自终止招标；在投标过程中，投标人不得以他人的名义投标，不得与招标人或其他投标人串通投标；中标通知书发出后，招标人不得擅自改变中标结果，中标人不得擅自放弃中标项目。

工程招投标十大
不规范揭秘

从法律角度衡量，建设工程招标属于要约邀请，投标是要约，而中标通知书则是承诺。《合同法》也明确规定，招标公告是要约邀请，也就是说，招标实际上是邀请投标人对其提出要约(即投标文件)，属于要约邀请。投标则是一种要约，它符合要约的所有条件，如具有缔结合同的主观目的，一旦中标，投标人将受投标书的约束，投标书的内容具有足以使合同成立的主要条件等。招标人向中标人发出的中标通知书，则是招标人同意接受中标的投标人的投标条件，即同意接受

物业管理招投标
一1：私下贿赂、暗
藏玄机、意图中标

该投标人的要约的意思表示，应属于承诺。对于招投标中应当遵循的原则，也是相关法律法规对招投标活动的普遍要求。

项目小结

建筑市场是指进行建筑商品或服务交换的市场，是市场体系中的重要组成部分，它是以建筑产品的承发包活动为主要内容的市场，是建筑产品和有关服务的交换关系的总和。

建筑市场的主体是指参与建筑市场交易活动的各方，主要包括发包人、承包人和工程咨询服务机构等。建筑市场的客体一般称作建筑产品，它包括有形的建筑产品（建筑物、构筑物）和无形的产品（设计、咨询、监理）等各种智力型服务。

建筑活动的专业性和技术性都很强，而且建设工程投资大、周期长，一旦发生问题，将给社会和人民的生命财产带来极大的危害与损失。因此，为保证建设工程的质量和安全，对从事建设活动的单位和专业技术人员必须实行从业资格管理，即资质管理制度。

对于全部使用国有资金投资，以及国有资金投资占控股或主导地位的房屋建筑工程项目和市政工程项目，必须在建设工程交易中心内报建、发布招标信息、合同授予、申领施工许可证。

简单介绍了建设工程招投标与合同管理中用到的法律、行政法规、地方性法规、部委规章及规范性文件。

简单介绍了建设工程招投标的概念、分类、特点，以及其基本原则。

学生在学习本项目的知识后，应熟悉建筑市场的运行机制。

思考与练习

一、单项选择题

1. 建筑市场有形的建筑产品是指（   ）。

    A. 设计服务   B. 造价咨询服务   C. 建筑产品   D. 监理服务

2. 建筑市场主体不包括（   ）。

    A. 发包人   B. 承包人   C. 工程服务咨询机构 D. 项目经理

3. 建筑市场客体中无形的产品不包括（   ）。

    A. 构筑物   B. 设计服务   C. 咨询服务   D. 监理服务

4. 施工总承包企业一级资质可承担高度在（   ）m以下的工业、民用建筑工程。

    A. 无限制   B. 200   C. 100   D. 50

二、多项选择题

1. 建筑产品的特点有（   ）。

    A. 建筑产品的固定性   B. 建筑产品的单件性

    C. 建筑产品的投资额大   D. 建筑生产的不可逆性

    E. 生产过程的流动性

2. 我国施工总承包企业资质分为（   ）。

A. 特级   B. 一级   C. 二级   D. 三级

3. 招标代理机构资质等级包括（　　）。

    A. 甲级   B. 乙级   C. 丙级   D. 暂定级

4. 监理单位专业资质分为（　　）。

    A. 特级   B. 甲级   C. 乙级   D. 丙级

5. 建设工程交易中心运行的基本原则包括（　　）。

    A. 信息公开   B. 依法管理   C. 公平竞争   D. 属地进入

    E. 办事公正

6. 招投标活动的（　　）原则首先要求招标活动的信息公开。

    A. 公开   B. 公平   C. 公正   D. 诚实信用

三、简答题

1. 简述我国建筑市场的概念及特点。

2. 建设市场的主体和客体有哪些？

3. 简述我国建设市场的准入制度。

4. 我国建设工程交易中心的作用有哪些？其运行原则是什么？

5. 简述建设工程招投标的基本原则。

➤ 案例分析

案例

案例解答

项目二 建设工程招标

智慧中国

任务一 建设工程招标概述

一、建设工程招标的范围和条件

1. 建设工程项目招标的范围

《招标投标法》指出，凡在中华人民共和国境内进行下列工程建设项目，包括项目的勘察、设计、施工、监理以及与工程建设有关的重要设备、材料等的采购，必须进行招标：

(1)大型基础设施、公用事业等关系社会公共利益、公众安全的项目。

(2)全部或者部分使用国有资金投资或者国家融资的项目。

(3)使用国际组织或者外国政府贷款、援助资金的项目。

根据 2000 年 5 月 1 日国家发展计划委员会发布的《工程建设项目招标范围和规模标准规定》，必须进行招标的工程建设的具体范围见表 2-1。

微课：建设工程
招标的范围

表 2-1　必须进行招标的工程建设的具体范围

序号	项目类别	具体范围
1	关系社会公共利益、公众安全的基础设施项目	1. 煤炭、石油、天然气、电力、新能源等能源项目； 2. 铁路、公路、管道、水运、航空以及其他交通运输业等交通运输项目； 3. 邮政、电信枢纽、通信、信息网络等邮电通信项目； 4. 防洪、灌溉、排涝、引（供）水、滩涂治理、水土保持、水利枢纽等水利项目； 5. 道路、桥梁、地铁和轻轨交通、污水排放及处理、垃圾处理、地下管道、公共停车场等城市设施项目； 6. 生态环境保护项目； 7. 其他基础设施项目
2	关系社会公共利益、公众安全的公用事业项目	1. 供水、供电、供气、供热等市政工程项目； 2. 科技、教育、文化等项目； 3. 体育、旅游等项目； 4. 卫生、社会福利等项目； 5. 商品住宅，包括经济适用住房； 6. 其他公用事业项目
3	使用国有资金投资项目	1. 使用各级财政预算资金的项目； 2. 使用纳入财政管理的各种政府性专项建设基金的项目； 3. 使用国有企业事业单位自有资金，并且国有资产投资者实际拥有控制权的项目
4	国家融资项目	1. 使用国家发行债券所筹资金的项目； 2. 使用国家对外借款或者担保所筹资金的项目； 3. 使用国家政策性贷款的项目； 4. 国家授权投资主体融资的项目； 5. 国家特许的融资项目
5	使用国际组织或者外国政府资金的项目	1. 使用世界银行、亚洲开发银行等国际组织贷款资金的项目； 2. 使用外国政府及其机构贷款资金的项目； 3. 使用国际组织或者外国政府援助资金的项目

以上发改委规定的招标范围内的各类工程建设项目，达到下列标准之一的，必须进行招标：

（1）施工单项合同估算价在 400 万元以上的。

（2）重要设备、材料等货物的采购，单项合同估算价在 200 万元以上的。

（3）勘察、设计、监理等服务的采购，单项合同估算价在 100 万元以上的。

根据我国的实际情况，允许各地区自行确定本地区招标的具体范围和规模标准，但不得缩小国家发展和改革委员会所确定的必须招标的范围。目前，全国各地建设工程的招标范围不完全相同，但各地区人民政府所规定的招标范围之内的工程，必须进行招标，任何不依法招标或化整为零、逃避招标的行为，将承担相应的法律责任。

勘察、设计，采用特定的专利或者专有技术的，或者其建筑艺术造型有特殊要求的，经项目主管部门批准，可以不进行招标。对于涉及国家安全、国家秘密、抢险救灾或者属于利用扶贫资金实行以工代赈、需要农民工的等非法律规定必须招标的项目，建设单位可自主决定是否进行招标，同时，单位自愿要求招标的，住房城乡建设主管部门或招投标管理机构不得拒绝其请求，应予以支持。

2. 建设工程项目招标的条件

《工程建设项目施工招标投标办法》对建设单位及建设项目的招标条件做了明确规定，

其目的是规范招标单位的行为,确保招标工作有条不紊地进行,稳定招投标市场的秩序。

(1)建设单位招标应当具备的条件如下:

1)招标单位是法人或依法成立的其他组织。

2)有与招标工程相适应的经济、技术、管理人员。

3)有组织编制招标文件的能力。

4)有审查投标单位资质的能力。

5)有组织开标、评标、定标的能力。

微课:建设工程
招标的条件

不具备上述第2)~5)项条件的,建设单位必须委托具有相应资质的招标代理机构进行招标。

(2)依法必须招标的工程建设项目,应当具备下列条件才能进行施工招标:

1)招标人已经依法成立。

2)初步设计及概算应当履行审批手续的,已经批准。

3)有相应资金或资金来源已经落实。

4)有招标所需的设计图纸及技术资料。

微课:建设工程
招标的方式

二、建设工程招标的方式

招投标制度在国际上有几百年的历史,也产生了许多招标方式,这些方式决定着招投标的竞争程度。总体来看,目前世界各国和有关国际组织通常采用的招标方式大体分为两类:一类是竞争性招标;另一类是非竞争性招标。

《招标投标法》明确规定招标的方式有两种,即公开招标与邀请招标。

1. 公开招标

公开招标也称无限竞争性招标,是指招标人以招标公告的方式邀请不特定的法人或其他组织投标。招标人应在招投标管理部门指定的公众媒体(报刊、广播、电视等新闻媒体)上发布招标公告,愿意参加投标的承包商都可参加资格预审,资格预审合格的承包商都可参加投标。公开招标方式被认为是最系统、最完整以及规范性最好的招标方式。

公开招标的优点:为承包商提供一个公平竞争的机会,广泛吸引投标人,招投标程序的透明度高,容易赢得投标人的信任,较大程度上避免了招投标活动中的贿标行为;招标人可以在较广的范围内选择承包商或者供应商,竞争激烈,择优率高,有利于降低工程造价,提高工程质量和缩短工期。

公开招标的缺点:由于参与竞争的承包人可能较多,准备招标、对投标申请者进行资格预审和评标的工作量大,招标时间长,费用高;同时参加竞争的投标人越多,每个参加者中标的机会越小,风险越大;在投标过程中也可能出现一些不诚实的现象。信誉不好的承包商为了中标,故意压低报价,以低价挤掉那些信誉好、技术先进而报价较高的承包商。因此,采用公开招标时,业主需要加强资格预审,认真评标。

公开招标方式的适用范围:根据《招标投标法》以及2012年2月1日起实施的《中华人民共和国招标投标法实施条例》的规定,全部使用国有资金投资,或国有资金占控股或者主导地位的必须依法进行招标的项目,应当公开招标。一般情况下,投资额度大、工艺或结构复杂的较大型工程建设项目,实行公开招标较为合适。

2. 邀请招标

邀请招标也称有限竞争性招标或选择性招标,其是指招标人以投标邀请书的方式邀请特定的法人或其他组织投标。由于投标人数量是招标人根据自己的经验和信息资料，选择并邀请有实力的承包商来投标，是有限制的，因此又称之为"有限竞争性招标"或"选择性招标"。招标人采用邀请招标方式时，邀请的投标人一般不少于3家，且不超过10家。

邀请招标的优点：邀请的投标人数量少，招标工作量小，可以节约招标费用，而且也提高了每个投标人中标的机会；降低了投标的风险；由于招标人对投标人已经有了一定的了解，清楚投标人具有较强的专业能力，因此便于招标人在某种专业要求下选择承包商。

邀请招标的缺点：投标人的数量少，竞争不激烈，招标人有可能漏掉更好的承包商。

邀请招标的范围：有下列情形之一的，经住房城乡建设主管部门批准可以进行邀请招标：

（1）项目技术复杂或有特殊要求的，只有少量几家潜在投标人可供选择的。

（2）受自然地域或环境限制的。

（3）涉及国家安全、国家秘密或抢险救灾，适宜招标但不宜公开招标的。

（4）拟公开招标的费用与项目价值相比，不值得的。

（5）法律、行政法规规定不宜公开招标的。

《中华人民共和国招标投标法实施条例》第九条规定，除《招标投标法》第六十六条规定的可以不进行招标的特殊情况外，有下列情形之一的，可以不进行招标：

（1）需要采用不可替代的专利或者专有技术；

（2）采购人依法能够自行建设、生产或者提供；

（3）已通过招标方式选定的特许经营项目投资人依法能够自行建设、生产或者提供；

（4）需要向原中标人采购工程、货物或者服务，否则将影响施工或者功能配套要求；

（5）国家规定的其他特殊情形。

在我国工程实践中曾经采用过议标的招标方式。议标实质上是谈判协商的方法，是招标人和承包商之间通过一对一的协商谈判而最终达到工程承包的目的。这种方法由于不具有公开性和竞争性，从严格意义上讲不能称之为招标方式。但是，对一些小型工程而言，采用议标方式目标明确、省时省力、比较灵活；在议标时，通过谈判协商工程的报价，容易产生暗箱操作，并且随意性大。因此，我国未把议标作为一种法定的招标方式。

物业管理招投标
—2：违规操作、东窗事发、大力整顿

三、建设工程招标的程序

建设工程招标的程序一般包括以下三个阶段，如图2-1所示。

（1）招标准备阶段。招标准备阶段主要工作有办理工程项目报建、自行招标或委托招标、选择招标方式、编制招标文件、编制招标标底或招标控制价、办理招标备案手续。

资格预审和资格
后审的区别

（2）招投标阶段。招投标阶段主要工作有发布招标公告或递送投标邀请书、资格审查、发放招标文件、组织投标人踏勘现场、标前预备会、接收投标文件和投标保证。

（3）定标签约阶段。定标签约阶段主要工作有开标、评标、定标和签订合同。

1. 招标准备阶段

（1）办理工程项目报建。招标工程按照国家有关规定需要履行项目审批手续的，应当先履行审批手续，取得批准。

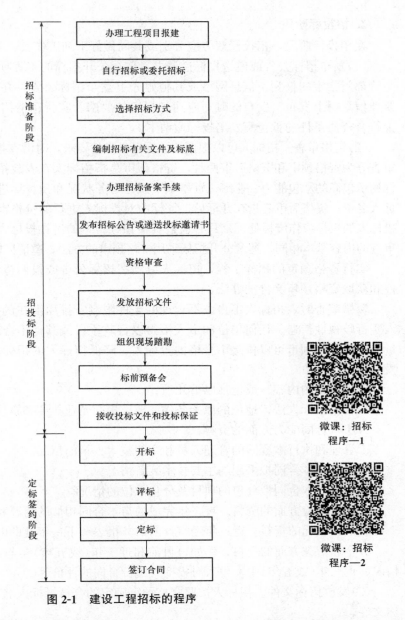

图 2-1 建设工程招标的程序

建设工程项目获得立项批准文件或者列入国家投资计划后，应按规定的工程所在地的住房城乡建设主管部门办理工程报建手续。报建时应交验的资料主要有立项批准文件（概算批准文件、年度投资计划）、固定资产投资许可证、建设工程规划许可证、资金证明文件等。凡未办理施工报建的建设项目，不予办理招投标的相关手续和发放施工许可证。

（2）自行招标或委托招标。建设单位自行招标或委托具有相应资质的招标代理机构代理招标。

（3）选择招标方式。招标人应当依法选定公开招标或邀请招标方式。

（4）编制招标有关文件及标底。

（5）办理招标备案手续。

2. 招投标阶段

在招投标阶段，招投标双方应分别或共同做好下列工作：

（1）发布招标公告或递送投标邀请书。实行公开招标的工程项目，应在国家或地方行政主管部门指定的报刊、信息网络或其他媒介上发布招标公告，并同时在中国工程建设和建筑业信息网上发布。发布的时间应达到规定的要求。实行邀请招标的工程项目应向三个以上符合资质条件的承包商发出投标邀请书。

（2）资格审查。招标人可以根据招标项目本身的要求，对潜在投标人进行资格审查。资格审查分为资格预审和资格后审两种。资格预审是指招标人在发放招标文件前，对报名参加投标的承包商的承包能力、业绩、资格和资质、财务状况和信誉等进行审查，并确定合格的投标人名单；资格后审是指在开标后、评标前对投标人进行的资格审查，经资格后审不合格的投标人的投标应作废标处理。只有通过资格预（后）审的潜在投标人，才可以参加投标。两种审查的内容基本相同，通常公开招标采用资格预审的方法，邀请招标采用资格后审的方法。

实行资格预审的招标工程，招标人应当在招标公告或投标邀请书中载明资格预审的条件和获取资格预审文件的办法。

资格审查时，招标人不得以不合理的条件限制、排斥潜在的投标人，不得对潜在投标人实行歧视性待遇。任何单位和个人不得以行政手段或其他不合理的方式限制投标人的数量。通过资格预审可以排除不合格的投标人、降低招标人的招标成本以及吸引实力雄厚的投标人参加竞争。

资格审查的内容一般包括以下几项：

1）确定投标人法律地位的原始条件。要求提交营业执照和资质证书的副本。

2）履行合同能力方面的资料：

①管理和执行本合同的管理人员和主要技术人员的情况。

②为完成本合同拟采用的主要技术装备情况。

③为完成本合同拟分包的项目及分包单位的情况。

3）项目经验方面的资料。近三年完成的与本合同相似的情况和现在履行合同的情况。

4）财务状况的资料。近三年经审计的财务报表和下一年度的财务预测报告。

5）企业信誉方面的资料。例如，目前和近三年（或五年）参与或涉及仲裁和诉讼案件的情况、近三年（或五年）中发包人对投标人履行合同的评价等。

（3）发放招标文件。招标人按照资格预审确定的合格投标人名单或者投标邀请书发放招标文件。

招标文件是全面反映业主建设意图的技术经济文件，又是投标人编制标书的主要依据，招标文件的内容必须正确，原则上不能修改或补充。必须修改或补充的，须报招投标主管部门备案，并在投标截止时间至少15日前以书面形式通知每一位投标人。该修改或补充的内容为招标文件的组成部分。招标人发放招标文件可以收取工本费，对其中的设计文件可以收取押金，宣布中标人后收回设计文件并退还押金。

（4）组织现场踏勘。招标人应当组织投标人进行现场踏勘，了解工程场地和周围环境的情况，收集有关信息，使投标人能结合现场条件提出合理的报价。现场踏勘可安排在招标预备会议前进行，以便在会上解答现场踏勘中提出的疑问。投标人现场踏勘的费用应自行承担。

投标人可以在踏勘现场收集到以下资料：

1）现场是否已经达到招标文件规定的条件。

2)现场的自然条件，包括地形地貌、水文地质、土质、地下水水位及气温、风、雨、雪等气候条件。

3)工程建设条件。施工用地和临时设施、污水排放、通信、交通、电力、水源等条件。

4)工程在施工现场的位置或布置。

5)施工所在地材料、劳动力供应等条件。

(5)标前预备会。标前预备会又称招标预备会议或投标预备会议，主要用来澄清招标文件中的疑问，解答投标人提出的有关招标文件和现场踏勘的问题。

1)投标人有关招标文件和现场踏勘的疑问，应在招标预备会议前以书面形式提出。

2)对于投标人有关招标文件的疑问，招标人只能采取会议形式公开答复，不得私下单独做解释。

3)标前会议应当形成书面的会议纪要，并送达每个投标人。它与招标文件具有同等的效力。

(6)接收投标文件和投标保证。投标人根据招标文件的要求编制好投标文件，并按规定进行密封并做好标志，在投标截止时间前，将投标文件及投标保证金或保函送达指定的地点。招标人收到投标文件及其担保后应向投标人出具标明签收人和签收时间的凭证，并妥善保存投标文件。投标担保可以采用投标保函或投标保证金的方式，投标保证金可以使用支票、银行汇票、现金等，投标保证金通常不超过投标总价的2%。投标担保的方式和金额，由招标人在招标文件中做出规定。

投标文件提交后，在投标截止时间前可以补充、修改和撤回，补充和修改的内容为投标文件的组成部分。投标截止时间后再对投标文件做的补充和修改是无效的，如果再撤回投标文件，则投标保函或投标保证金不予退还。

3. 定标签约阶段

(1)开标。开标是招标过程中的重要环节。开标应当在招标文件确定的提交投标文件截止时间的同一时间公开进行，开标地点应当为招标文件中预先确定的地点。开标由招标人或招标代理机构组织并主持，邀请所有投标人参加，招投标管理机构到场监督。

开标时，由投标人或者其推选的代表检查投标文件的密封情况，也可以由招标人委托的公证机构检查并公证；经确认无误后，由工作人员当众拆封，宣读投标人名称、投标价格和投标文件的其他主要内容。

招标人在招标文件要求提交投标文件的截止时间前收到的所有投标文件，开标时都应当众予以拆封、宣读。

开标过程应当记录，并存档备查。

(2)评标。评标由招标人依法组建的评标委员会负责。

依法必须进行招标的项目，其评标委员会由招标人的代表和有关技术、经济等方面的专家组成，成员人数为5人以上的单数，其中，技术、经济等方面的专家不得少于成员总数的2/3。评标委员会成员的名单在中标结果确定前应当保密。招标人应采取必要措施，保证评标在严格保密的情况下进行，评标委员会在完成评标后，应当向招标人提出书面评标报告，并推荐合格的中标候选人，整个评标过程应在招投标管理机构的监督下进行。

(3)定标。在评标结束后，招标人以评标委员会提供的评标报告为依据，对评标委员会推荐的中标候选人进行比较，确定中标人，招标人也可以授权评标委员会直接确定中标人，定标应当择优。

确定中标人后，招标人应当向中标人发出中标通知书(表2-2)，并同时将中标结果通知所有未中标的投标人。中标通知书对招标人和中标人具有法律效力。中标通知书发出后，招标人改变中标结果或者中标人放弃中标项目的，应当依法承担法律责任。

表 2-2　中标通知书

_____(中标人名称)：

　　你方于_____(投标日期)所递交的_____(项目名称)施工投标文件已被我方接受，被确定为中标人。

　　中标价：_____元。

　　工期：_____日历天。

　　工程质量：符合_____标准。

　　项目经理：_____(姓名)。

　　请你方在接到本通知书后的_____日内到_____(指定地点)与我方签订施工承包合同，在此之前按招标文件"投标人须知"规定向我方提交履约担保。

　　特此通知。

　　　　　　　　　　　　　　　　　　　　招标人：_____(盖单位章)

　　　　　　　　　　　　　　　　　　　　法定代表人：_____(签字)

　　　　　　　　　　　　　　　　　　　　_____年____月____日

（4）签订合同。招标人与中标人应当在规定的时间期限内，正式签订书面合同。同时，双方要按照招标文件的约定相互提交履约担保或者履约保函，履约担保的担保金额不得低于工程建设合同价格（中标价格）的 10％，采用经评审的最低投标价法中标的招标工程，担保金额不得低于工程合同价格的 15％。合同订立后招标人应及时通知其他未中标的投标人，如有要求，则退回招标文件、图纸和有关技术资料，同时退还投标保证金。

任务二　招标前期准备

招标前，招标人要做好一系列的准备工作，这其中主要包括办理项目的报建、确定招标团队、选择招标方式、编制招标文件、办理招标的备案手续。这些手续绝大多数都是在有形的建筑市场办理完成的，现阶段我国绝大多数地区称之为建设工程交易中心。

一、建设项目报建

招标工程按照国家有关规定需要履行项目审批手续的，应当先履行审批手续，取得批准。建设工程项目获得立项批准文件或者列入国家投资计划后，应按规定向工程所在地的进驻有形建筑市场（建设工程交易中心）的住房城乡建设主管部门办理工程报建手续。报建时应交验的资料主要有立项批准文件（概算批准文件、年度投资计划）、固定资产投资许可证、建设工程规划许可证、资金证明文件等。凡未办理施工报建的建设项目，不予办理招标投标的相关手续和发放施工许可证。

工程建设项目报建的主要内容包括以下几项：

（1）工程名称。

（2）建设地点。

(3)投资规模。

(4)资金来源。

(5)当年投资额。

(6)工程规模。

(7)结构类型。

(8)发包方式。

(9)计划开工、竣工日期。

(10)工程筹建情况。

工程建设项目报建申请表见表2-3。

表 2-3　工程建设项目报建申请表　　　报建　年第　号

建设单位			单位性质	
工程名称			工程监理单位	
工程地址			建设用地批准文件	
投资总额			当年投资	
资金来源构成		政府投资　%；自筹　%；贷款　%；外资　%		
批准资料	立项文件名称			
	文号			
	投资许可证文号			
工程规模				
计划开工日期		年　月　日	计划竣工日期	年　月　日
发包方式				
银行资信证明				
工程筹建情况：			住房城乡建设主管部门批准意见： 批复单位（公章） 年　月　日	

报建单位：（盖章）

法定代表人：　　　　　经办人：　　　　　电话：　　　　　邮编：

填报日期：　　年　月　日

说明：本表一式三份，批复后，审批单位、建设单位、工程所在地住房城乡建设主管部门各一份。

二、确定招标方式

招标人要确定是自行办理招标还是委托招投标代理机构进行招标。

三、发布招标信息

建设工程交易中心审核资料办理备案手续后，根据工程规模和投资确定招标方式，是公开招标还是邀请招标。特殊项目经审批后也可以不公开招标。公开招标由建设单位在建设工程交易中心发布招标公告，组织编制招标文件。招标公告或投标邀请书应该对招标人的名称、地址，招标项目的性质、数量、实施地点和时间以及获取招标文件的办法做出明确说明。

河北省建设项目
招标方案和
不招标申请表

招标人应该编制招标的有关文件。招标有关文件包括资格审查文件、招标公告、评标办法等。这些文件都应当采用工程所在地通用的格式文本编制。如果需要，招标人还应编制标底。标底是招标人对招标项目的预期价格，它是一个十分敏感的指标。编制标底时，首先要保证其准确性，应当有具备资格的机构和人员，依据国家的计价规范规定的工程量计算规则和招标文件规定的计价方法及要求编制。其次要做好保密工作，对于泄露标底的有关人员应追究其法律责任。一个招标工程只能编制一个标底。

四、办理招标备案

按照法律法规的规定，招标人将招标文件报住房城乡建设主管部门备案，接受住房城乡建设主管部门依法实施的监督。住房城乡建设主管部门在审查招标人的资格、招标工程的条件和招标文件等的过程中，发现有违反法律法规内容的，应当责令招标人改正。

招标备案登记表见表 2-4。

表 2-4　招标备案登记表

编号：××2016 第（　　　）

工程名称				
工程地址				
结构层数		建筑面积		
建设投资/万元		资金来源		
招标范围				
招标方式	□公开招标　□邀请招标	发包方式		
投标人资质等级				
项目经理资质等级				
招标前期情况				
招标工作组人员姓名	职务	职称	负责招标工作内容	联系电话
招标代理机构资质等级		招标代理机构：　　　　　　（公章）		
办公地址		负责人：　　　　　　（签字、盖章）		
电话		年　月　日		
邀请投标单位名单				
招标人：　　　　　　（公章） 法人代表：　　　　（签字、盖章） 联系人：　　　　电话：　年　月　日		招标备案意见： 招标投标监督机构：　　　　（公章） 年　月　日		

本表一式两份，招标人一份，招标投标管理机构一份。

任务三　招标公告或投标邀请书的编制

当资格审查文件、招标文件经过主管部门审查备案后，招标人即可发布资格预审公告、招标公告或者发出投标邀请书，吸引潜在的投标人前来投标。资格审查公告、招标公告、投标邀请书必须在国家或地方行政主管部门指定的报刊、信息网络或其他媒介上发布，并同时在中国工程建设和建筑业信息网上发布。发布的时间应达到规定的要求。实行邀请招标的工程项目应向三个以上符合资质条件的承包商发出投标邀请书。

资格预审公告、招标公告或投标邀请书应当载明的内容有以下几项：

(1)招标人的名称和地址。

(2)招标项目的内容、规模、资金来源。

(3)招标项目的实施地点和工期。

(4)获取招标文件或者资格预审文件的地点和时间。

(5)对招标文件或者资格预审文件收取的费用。

(6)对投标人的资质等级的要求。

微课：招标公告或投标邀请书的编制

一、招标公告的编制

招标公告的内容及格式如下。

招标公告

1. 招标条件

本招标项目_____(项目名称)已由_____(项目审批、核准或备案机关名称)以_____(批文名称及编号)批准建设，项目业主为_____，建设资金来自_____(资金来源)，项目出资比例为_____，招标人为_____。项目已具备招标条件，现进行公开招标，本次招标对投标报名人的资格审查，采用资格预(后)审方法选择合格的投标申请人参加投标。

2. 项目概况与招标范围

建设地点：_____；建筑面积：_____；

合同估算价：_____；

计划工期：_____；招标范围：_____。

3. 投标人资格要求

3.1 项目负责人资格类别和等级：_____。

3.2 企业资质等级和范围：_____。

3.3 本次招标_____(接受或不接受)联合体投标。

4. 投标报名

4.1 报名时间：_____年____月____日至_____年____月____日(法定公休日、法定节假日除外)，每日上午_____时至____时，下午_____时至____时(北京时间，下同)。

4.2 报名方式：现场报名(或网上报名)。

4.3 现场报名地点：_____。

4.4 网上报名网站：请持密码锁登录_____建设工程信息网进行报名。

5. 招标文件的获取

5.1 请申请人于_____年____月____日至_____年____月____日(法定公休日、法定节假日除外)，每日上午____时至____时，下午____时至____时(北京时间，下同)，在____(详细地址)持单位介绍信购买招标文件，或网上下载。

5.2 招标文件每套售价_____元，售后不退。图纸押金_____元，在退还图纸时退还（不计利息）。

6. 投标文件的递交

6.1 递交投标文件截止时间（投标截止时间，下同）为_____年____月____日____时____分，地点为_____。

6.2 逾期送达或者未送达指定地点的投标文件，招标人不予受理。

7. 发布公告的媒介

本次招标公告同时在_____（发布公告的媒介名称）上发布。

8. 联系方式

招 标 人：_____	招标代理机构：_____
地　　址：_____	地　　址：_____
邮　　编：_____	邮　　编：_____
联 系 人：_____	联 系 人：_____
电　　话：_____	电　　话：_____
传　　真：_____	传　　真：_____
电子邮件：_____	电子邮件：_____
网　　址：_____	网　　址：_____
开户银行：_____	开户银行：_____
账　　号：_____	账　　号：_____

_____年_____月_____日

二、投标邀请书的编制

投标邀请书

_____建筑工程公司：

1. 招标条件

本招标项目_____（项目名称）已由_____（项目审批、核准或备案机关名称）以_____（批文名称及编号）批准建设，项目业主为_____，建设资金来自_____（资金来源），项目出资比例为_____，招标人为_____。项目已具备招标条件，现邀请你单位参加_____（项目名称）的投标。

2. 项目概况与招标范围

建设地点：_____；建筑面积：_____；

合同估算价：_____；

计划工期：_____；招标范围：_____。

3. 申请人资格要求

3.1 本次投标要求投标人具备_____资质，_____业绩，并在人员、设备、资金等方面具备相应的施工能力。

3.2 本次招标_____（接受或不接受）联合体投标。

3.3 本次招标要求投标人需指派具备_____以上的项目经理（注册建造师资格），具备有效的安全生产考核合格证书，且未担任其他在施建设工程项目的项目经理。

4. 投标报名

4.1 请于_____年___月___日至_____年___月___日(法定公休日、法定节假日除外),每日上午___时至___时,下午___时至___时(北京时间,下同)。在_____或持密码锁登录_____购买招标文件。

4.2 招标文件每套售价_____元,售后不退。图纸押金_____元,在退还图纸时退还(不计利息)。

5. 投标文件的递交

5.1 递交投标文件的截止时间(投标截止时间,下同)为_____年___月___日___时___分,地点为_____。

5.2 逾期送达或者未送达指定地点的招标文件,招标人不予受理。

6. 确认

你单位收到本投标邀请书后,请于_____之前,将回执以传真或电子邮件的传递方式告知招标人,予以确认。

7. 联系方式

招 标 人:_____	招标代理机构:_____
地　　址:_____	地　　址:_____
邮　　编:_____	邮　　编:_____
联 系 人:_____	联 系 人:_____
电　　话:_____	电　　话:_____
传　　真:_____	传　　真:_____
电子邮件:_____	电子邮件:_____
网　　址:_____	网　　址:_____
开 户 银 行:_____	开 户 银 行:_____
账　　号:_____	账　　号:_____

_____年____月____日

邀请函回执单

致:_____(发出投标邀请的单位名称)

我方已于_____年___月___日___时收到_____项目的投标邀请书,共_____页,我方同意(或不同意)参加本项目的投标以及出席招标会议。

投标人资料及联系方式:

单位名称			
联系人姓名		职务	
手机		电话	
传真		E-mail	
地址		邮编	

任务四　建设工程资格预审文件编制

建设工程资格预审文件是投标申请人编制投标资格预审文件的依据,也是招标人对投标申请人进行资格审查的依据。资格预审文件由招标人或其委托的招标代理机构编制。

一、建设工程资格预审文件的组成

《中华人民共和国标准施工招标资格预审文件》(2007年版)中指出，资格预审文件包括资格预审公告、申请人须知、资格审查办法、资格预审申请文件格式、项目建设概况、资格预审文件的澄清、资格预审文件的修改。

中华人民共和国标准
施工招标资格预审
文件(2007年版)

当资格预审文件、资格预审文件的澄清或修改等在同一内容的表述上不一致时，以最后发出的书面文件为准。

二、建设工程资格预审文件的编制

资格预审须知是资格预审文件的重要组成部分，是投标申请人编制和提交预审申请书的指南性文件。一般在资格预审须知前有一张资格预审须知前附表，见表2-5。

表 2-5 资格预审须知前附表

条款号	条款名称	编列内容
1.1.2	招标人	名称： 地址： 联系人： 电话：
1.1.3	招标代理机构	名称： 地址： 联系人： 电话：
1.1.4	项目名称	
1.1.5	建设地点	
1.2.1	资金来源	
1.2.2	出资比例	
1.2.3	资金落实情况	
1.3.1	招标范围	
1.3.2	计划工期	计划工期：_____日历天 计划开工日期：_____年_____月_____日 计划竣工日期：_____年_____月_____日
1.3.3	质量要求	
1.4.1	申请人资质条件、能力和信誉	资质条件： 财务要求： 业绩要求： 信誉要求： 项目经理（建造师，下同）资格： 其他要求：

条款号	条款名称	编列内容
1.4.2	是否接受联合体资格预审申请	□不接受 □接受，应满足下列要求：
2.2.1	申请人要求澄清 资格预审文件的截止时间	
2.2.2	招标人澄清 资格预审文件的截止时间	
2.2.3	申请人确认收到 资格预审文件澄清的时间	
2.3.1	招标人修改 资格预审文件的截止时间	
2.3.2	申请人确认收到 资格预审文件修改的时间	
3.1.1	申请人需补充的其他材料	
3.2.4	近年财务状况的年份要求	_____年
3.2.5	近年完成的类似项目的年份要求	_____年
3.2.7	近年发生的诉讼及仲裁情况 的年份要求	_____年
3.3.1	签字或盖章要求	
3.3.2	资格预审申请文件副本份数	_____份
3.3.3	资格预审申请文件的装订要求	
4.1.2	封套上写明	招标人的地址： 招标人全称： （项目名称）_____标段施工招标资格预审申请文件在 ____年____月____日____时____分前不得开启
4.2.1	申请截止时间	____年____月____日____时____分
4.2.2	递交资格预审申请文件的地点	
4.2.3	是否退还资格预审申请文件	
5.1.2	审查委员会人数	
5.2	资格审查方法	
6.1	资格预审结果的通知时间	
6.3	资格预审结果的确认时间	

资格预审须知主要内容如下：

（1）总则。

1）项目概况。说明工程项目的位置、地质与地貌情况、气候与水文条件、交通、电力供应等资源情况及其他服务条件等。

2）资金来源和落实情况。见前附表。

3）招标范围、计划工期和质量要求。见前附表。

4）申请人资格要求。申请人应具备承担本标段施工的资质条件、能力和信誉。申请人须知前附表规定接受联合体申请资格预审的，联合体申请人还应遵守以下规定：联合体各方必须按资格预审文件提供的格式签订联合体协议书，明确联合体牵头人和各方的权利义务；由同一专业的单位组成的联合体，按照资质等级较低的单位确定资质等级；通过资格预审的联合体，其各方组成结构或职责，以及财务能力、信誉情况等资格条件不得改变；联合体各方不得再以自己的名义单独或加入其他联合体在同一标段中参加资格预审。

5）语言文字。除专用术语外，来往文件均使用中文。必要时专用术语应附有中文注释。

6）费用承担。申请人准备和参加资格预审发生的费用自理。

（2）资格预审申请。资格预审申请人应提交资格预审文件要求的全部资料及证明材料。应说明未按规定提交资格预审文件要求的全部资料及证明材料，或提交的资格预审书未对资格预审文件做出全面的实质性的响应的，招标人有权拒绝其资格预审申请书。资格预审申请人所有证明材料均须如实填写和提供。

投标申请人须提交与资格预审有关的资料，并及时提供对所提交资料的澄清或补充，否则可能导致不能通过资格预审。

申请书应由投标申请人的法定代表人或其授权委托代理人签字。没有签字的申请书将可能被拒绝。由委托代理人签字的资格预审申请书中应附有法定代表人的授权书。

资格预审申请文件应包括下列内容：

1）资格预审申请书。

2）法定代表人身份证明或附有法定代表人身份证明的授权委托书。

3）联合体协议书。

4）申请人基本情况表。

5）近年财务状况表。

6）近年完成的类似项目情况表。

7）正在施工和新承接的项目情况表。

8）近年发生的诉讼及仲裁情况。

9）其他材料。见申请人须知前附表。

微课：资格预审
文件的编制

（3）资格审查评审办法。具体见下述"三、资格审查评审办法"内容。

（4）资格预审文件的装订、签字。申请人按照规定编制完整的资格预审申请文件，用不褪色的材料书写或打印，并由申请人的法定代表人或其委托代理人签字或盖单位公章。资格预审申请文件中的任何改动之处应加盖单位章或由申请人的法定代表人或其委托代理人签字确认。签字或盖章的具体要求见申请人须知前附表。

资格预审申请文件正本一份，副本两份或以上。正本和副本的封面上应清楚地标记"正本"或"副本"字样。当正本和副本不一致时，以正本为准。

资格预审申请文件正本与副本应分别装订成册，并编制目录。

（5）资格预审申请文件的递交。资格预审申请文件按照资格预审前附表中规定的时间、地点进行递交，迟到的申请书将被拒绝。

（6）关于联合体投标的有关要求如下：

1）由两个或两个以上的施工企业组成的联合体，联合体的每一成员均须提交符合要求的全套资格预审文件。

2）资格预审申请书中应保证资格预审合格后，投标申请人将按招标文件的要求提交投标文件，投标文件及中标后与招标人签订的合同中，须有联合体各方的法定代表人或其授权委托代理人的签字和加盖法人印章；除非在资格预审申请书中已附有相应的文件，在提交投标文件时应附联合体共同投标协议，该协议应约定联合体的共同责任和联合体各方各自的责任。

3）资格预审申请书中均须包括联合体各方计划承担的份额和责任的说明。联合体各方须具备足够的经验和能力来承担各自的工程。

4）资格预审申请书中应约定一方作为联合体的主办人，投标申请人与招标人之间的往来信函将通过主办人传递。联合体各方均应具备承担本招标工程项目的相应资质条件。相同专业的施工企业组成的联合体，按照资质等级低的施工企业的业务许可范围承揽工程。

5）如果达不到本须知对联合体的要求，其提交的资格预审申请书将被拒绝。

6）联合体各方可以单独参加资格预审，也可以联合体的名义参加资格预审，但不允许任何一个联合体成员就本工程独立投标，任何违反这一规定的投标文件将被拒绝。

7）如果施工企业能够独立通过资格预审，鼓励施工企业独立参加资格预审；由两个或两个以上的资格预审合格的企业组成的联合体，将被视为资格预审合格的投标申请人。

8）资格预审合格后，联合体在组成等方面的任何变化，须在投标截止时间前征得招标人的书面同意。招标人认为联合体的任何变化将出现下列情况之一的，其变化将不被允许：严重影响联合体的整体竞争实力的；有未通过或未参加资格预审的新成员的；联合体的资格条件已达不到资格预审的合格标准的；招标人认为将影响招标工程项目利益的其他情况。

9）以联合体名义通过资格预审的成员，不得另行加入其他联合体就本工程进行投标。在资格预审申请书截止时间前重新组成的联合体，如提出资格预审申请，招标人应视具体情况决定其是否被接受。

投标申请人须在资格预审申请书中对上述招标人的要求做出相应的保证和响应。

（7）通知与确认。招标人在申请人须知前附表规定的时间内以书面形式将资格预审结果通知申请人，并向通过资格预审的申请人发出投标邀请书。

应申请人书面要求，招标人应对资格预审结果做出解释，但不保证申请人对解释内容满意。通过资格预审的申请人收到投标邀请书后，应在申请人须知前附表规定的时间内以书面形式明确表示是否参加投标。在申请人须知前附表规定时间内未表示是否参加投标或明确表示不参加投标的，不得再参加投标。因此，造成潜在投标人数量不足 3 个的，招标人重新组织资格预审或不再组织资格预审而直接招标。

三、资格审查评审办法

1. 资格预审评审标准

（1）投标合格条件。

1）必要合格条件。包括营业执照、准许承接业务的范围应符合招标工程的要求，资质等级达到或超过招标工程的要求，财务状况和流动资金、资金信用良好，以往履约情况中无毁约或被驱逐的历史，分包计划合同。

资格预审必要
合格条件标准

2)附加合格条件。对于大型复杂工程或有特殊专业技术要求的项目，资格审查时可以设立附加合格条件，例如，要求投标人具有同类工程的建设经验和能力、对主要管理人员和专业技术人员的要求、针对工程所需的特别措施或工艺的专长、环境保护方针和保证体系等。

2. 评审方法

(1)综合评议法。通过专家评议，把符合投标合同条件的投标人名称全部列入合格投标人名单，淘汰所有不符合投标合格条件的投标人。

(2)计权评分量化审查。对必要合格条件和附加合格条件所列的资格审查的项目确定计权系数，并用这些项目评价投标申请人，计算出每个投标申请人的审查总分，按总分从高到低的次序将投标申请人排序，取前数名(根据招标项目情况确定投标人数量)为合格投标人。

在确定资格预审合格申请人时可以采用合格制或有限数量制。

四、资格审查申请文件的格式

资格预审申请文件由招标人为进行资格预审所制定的统一格式，所有申请参加拟招标工程资格预审的潜在投标人都应按此格式填报资格预审材料。主要申请文件见表2-6～表2-13。

表2-6　资格预审申请书

_____(招标人名称)：

1. 按照资格预审文件的要求，我方(申请人)递交的资格预审申请文件及有关资料，用于你方(招标人)审查我方参加_____(项目名称)_____标段施工招标的投标资格。

2. 我方的资格预审申请文件包含"申请人须知"规定的全部内容。

3. 我方接受你方的授权代表进行调查，以审核我方提交的文件和资料，并通过我方的客户，澄清资格预审申请文件中有关财务和技术方面的情况。

4. 你方授权代表可通过_____(联系人及联系方式)得到进一步的资料。

5. 我方在此声明，所递交的资格预审申请文件及有关资料内容完整、真实和准确，且不存在申请人须知中规定的不允许的任何一种情形。

申请人：_____(盖单位章)

法定代表人或其委托代理人：_____(签字)

电　话：_____

传　真：_____

申请人地址：_____

邮政编码：_____

_____年_____月_____日

表2-7　法定代表人身份证明

投标人名称：_____

单位性质：_____

地址：_____

成立时间：_____年_____月_____日

经营期限：_____

姓名：_____性别：_____年龄：_____职务：_____

系_____(投标人名称)的法定代表人。

特此证明。

投标人：_____(盖单位章)

_____年____月____日

表 2-8   授权委托书

本人_____(姓名)系_____(申请人名称)的法定代表人，现委托_____(姓名)为我方代理人。代理人根据授权，以我方名义签署、澄清、递交、撤回、修改_____(项目名称)_____标段施工招标资格预审申请文件，其法律后果由我方承担。

委托期限：_____。

代理人无转委托权。

附：法定代表人身份证明

申请人：_____(盖单位章)

法定代表人：_____(签字)

身份证号码：_____

委托代理人：_____(签字)

身份证号码：_____

_____年_____月_____日

表 2-9   申请人基本情况表

申请人名称						
注册地址				邮政编码		
联系方式	联系人			电话		
	传真			网址		
法定代表人	姓名		技术职称		电话	
技术负责人	姓名		技术职称		电话	
成立时间			员工总人数			
企业资质等级			项目经理数			
营业执照号			高级职称人员			
注册资金			中级职称人员			
开户银行			初级职称人员			
账号			技工数			
经营范围						
备注						

表 2-10   项目经理简历表

项目经理应附项目经理证、身份证、职称证、学历证、养老保险复印件，管理过的项目业绩须附合同协议书复印件。

姓名		年龄		学历	
职称		职务		拟在本合同任职	
毕业学校		年毕业于	学校	专业	
主要工作经历					
时间	参加过的类似项目			担任职务	发包人及联系电话

表 2-11　近年财务状况表

开户银行	名称：		
	地址：		
	电话：		联系人及职务：
	传真：		电传：
财务状况(年份)	年— 年		年— 年
总资产			
流动资产			
总负债			
流动负债			
税前利润			
税后利润			

表 2-12　近年完成的类似项目情况表

项目名称	
项目所在地	
发包人名称	
发包人地址	
发包人电话	
合同价格	
开工日期	
竣工日期	
承担的工作	
工程质量	
项目经理	
技术负责人	
总监理工程师及电话	
项目描述	
备注	

表 2-13　正在施工和新承接的项目情况表

项目名称	
项目所在地	
发包人名称	
发包人地址	
发包人电话	
签约合同价格	
开工日期	
计划竣工日期	
承担的工作	
工程质量	
项目经理	
技术负责人	
总监理工程师及电话	
项目描述	
备注	

任务五　建设工程施工招标文件编制

建设工程施工招标文件是建设工程施工招投标活动中最重要的法律文件，是评标委员会对投标文件评审的依据，也是业主与中标人签订合同的基础，同时，还是投标人编制投标文件的重要依据。

一、招标文件的组成

建设工程施工招标文件由招标文件正式文本、对招标文件正式文本的解释和对招标文件正式文本的修改三部分组成。

1. 招标文件正式文本

由投标邀请书、投标须知、评标办法、合同主要条款、投标文件格式、工程量清单、图纸、技术标准和要求等组成。

2. 对招标文件正式文本的解释

投标人拿到招标文件正式文本之后，如果认为招标文件需要解释问题，应在招标文件规定的时间内以书面形式向招标人提出，招标人以书面形式向所有投标人做出答复，答复的内容为招标文件的组成部分。

3. 对招标文件正式文本的修改

在投标截止前，招标人可以对已发出的招标文件进行修改、补充，这些修改、补充的内容为招标文件的组成部分。

二、招标文件的主要内容

1. 投标须知

投标须知是招标文件的重要组成部分，投标者在投标时必须仔细阅读和理解，按照投标须知中的要求进行投标。一般在投标须知前应有一张"投标须知前附表"，见表2-14。

中华人民共和国标准施工招标文件（2010年版）

表2-14　投标须知前附表

条款号	条款名称	编列内容
1.1.2	招标人	名称： 地址： 联系人： 电话：
1.1.3	招标代理机构	名称： 地址： 联系人： 电话：
1.1.4	项目名称	

条款号	条款名称	编列内容
1.1.5	建设地点	
1.2.1	资金来源	
1.2.2	出资比例	
1.2.3	资金落实情况	
1.3.1	招标范围	
1.3.2	计划工期	计划工期：　　　日历天 计划开工日期：　年　月　日 计划竣工日期：　年　月　日
1.3.3	质量要求	
1.4.1	投标人资质条件、能力和信誉	资质条件： 财务要求： 业绩要求： 信誉要求： 项目经理（建造师，下同）资格： 其他要求：
1.4.2	是否接受联合体投标	□不接受 □接受，应满足下列要求：
1.9.1	踏勘现场	□不组织 □组织，踏勘时间： 踏勘集中地点：
1.10.1	投标预备会	□不召开 □召开，召开时间： 召开地点：
1.10.2	投标人提出问题的截止时间	
1.10.3	招标人书面澄清的时间	
1.11	分包	□不允许 □允许，分包内容要求： 分包金额要求： 接受分包的第三人资质要求：
1.12	偏离	□不允许 □允许
2.1	构成招标文件的其他材料	
2.2.1	投标人要求澄清招标文件的截止时间	

条款号	条款名称	编列内容
2.2.2	投标截止时间	年 月 日 时 分
2.2.3	投标人确认收到招标文件澄清的时间	
2.3.2	投标人确认收到招标文件修改的时间	
3.1.1	构成投标文件的其他材料	
3.3.1	投标有效期	
3.4.1	投标保证金	投标保证金的形式： 投标保证金的金额：
3.5.2	近年财务状况的年份要求	年
3.5.3	近年完成的类似项目的年份要求	年
3.5.5	近年发生的诉讼及 仲裁情况的年份要求	年
3.6	是否允许递交备选投标方案	□不允许 □允许
3.7.3	签字或盖章要求	
3.7.4	投标文件副本份数	份
3.7.5	装订要求	
4.1.2	封套上写明	招标人的地址： 招标人名称： （项目名称） 标段投标文件 在 年 月 日 时 分前不得开启
4.2.2	递交投标文件地点	
4.2.3	是否退还投标文件	□否 □是
5.1	开标时间和地点	开标时间：同投标截止时间 开标地点：
5.2	开标程序	密封情况检查： 开标顺序：

条款号	条款名称	编列内容
6.1.1	评标委员会的组建	评标委员会构成：　　人，其中招标人代表　　人，专家　　人； 评标专家确定方式：
7.1	是否授权评标委员会确定中标人	□是 □否，推荐的中标候选人数：
7.3.1	履约担保	履约担保的形式： 履约担保的金额：

(1)总则。

1)工程说明。主要说明工程的名称、位置、承包方式、建设规模等情况。见投标人须知前附表。

2)资金来源。见投标人须知前附表。

3)招标范围、计划工期和质量要求。见投标人须知前附表。

4)投标人资格的要求。投标人应具备承担本工程项目施工的资质条件、能力和信誉。组成联合体投标的，联合体各方应按招标文件提供的格式签订联合体协议书，明确联合体牵头人和各方权利、义务；由同一专业的单位组成的联合体，按照资质等级较低的单位确定资质等级；联合体各方不得再以自己的名义单独或参加其他联合体在同一标段中的投标。

5)投标费用。投标人准备和参加投标活动发生的费用自理。

6)踏勘现场。投标人须知前附表规定组织踏勘现场的，招标人按投标人须知前附表规定的时间、地点组织投标人踏勘项目现场。

(2)招标文件。招标文件除在投标须知写明的招标文件的内容外，对招标文件的澄清、修改和补充的内容也是招标文件的组成部分。投标人应仔细阅读和检查招标文件的全部内容。如发现缺页或附件不全的，应及时向招标人提出，以便补齐。如有疑问，投标人应以书面形式(包括信函、电报、传真等可以有形地表现所载内容的形式)，要求招标人对招标文件予以澄清。招标文件的澄清将在投标截止时间15天前以书面形式发给所有购买招标文件的投标人，但不指明澄清问题的来源。如果澄清发出的时间距投标截止时间不足15天，则相应延长投标截止时间。

(3)投标文件的编制。投标文件的编制主要说明投标文件的语言及度量衡单位、投标文件的组成、投标文件的格式、投标报价、投标货币、投标有效期等内容。

1)投标文件的语言及度量衡单位。投标人与招标人之间往来的信函、通知等应采用中文。在少数民族居住的地区也可以采用民族语言。投标文件的度量衡单位除规范另有规定外，均应采用国家法定计量单位。

2)投标文件的组成。投标文件一般包括投标函部分、商务标部分、技术标部分，采用资格后审的还应包括资格审查文件。具体指投标函及投标函附录、法定代表人身份证明或附有法定代表人身份证明的授权委托书、联合体协议书、投标保证金、已标价工程量清单、施工组织设计、项目管理机构、拟分包项目情况表、资格审查资料及其他材料。

3)投标报价说明。投标报价说明是对投标报价的构成、采用的方式和投标货币等问题的说明。除非合同中另有规定，投标人在报价中所报的单价和合价，以及报价汇总表中的价格，应包括完成该工程项目所需的成本、利润、税金等各项费用。投标人应按照招标人提供的工程量清单中工程项目和工程量填报单价和合价，工程量清单中每一项均须填写单价和合价，并且只允许有一个报价。投标人没有填写单价和合价的，视为此项费用包括在其他工程量清单项目费用中。采用工料单价法报价的，应按招标文件中的规定，根据相应的工程量计算规则和定额计量报价。

4)投标有效期。投标有效期是指从投标截止之日起至确定中标人之间的一段时间。一般在投标须知前附表中规定投标有效期。在投标人须知前附表规定的投标有效期内，投标人不得要求撤销或修改其投标文件。出现特殊情况需要延长投标有效期的，招标人以书面形式通知所有投标人延长投标有效期。投标人同意延长的，应相应延长其投标保证金的有效期，但不得要求、被允许修改或撤销其投标文件。投标人拒绝延长的，其投标失效，但投标人有权收回其投标保证金。

5)投标保证金。投标人在递交投标文件的同时，应按投标人须知前附表规定的金额、担保形式递交投标保证金，投标保证金可以是银行汇票、支票、现金，并作为其投标文件的组成部分。联合体投标的，其投标保证金由牵头人递交，并应符合投标人须知前附表的规定。

投标人没有提交投标保证金的，其投标文件作废标处理。招标人与中标人签订合同后5个工作日内，向未中标的投标人和中标人退还投标保证金。有下列情形之一的，投标保证金将不予退还：

①投标人在规定的投标有效期内撤销或修改其投标文件。

②中标人在收到中标通知书后，无正当理由拒签合同协议书或未按招标文件规定提交履约担保。

6)投标文件的份数和签署。投标文件正本一份，副本份数见投标人须知前附表。正本和副本的封面上应清楚地标记"正本"或"副本"的字样。当副本和正本不一致时，以正本为准。

投标文件应用不褪色的材料书写或打印，并由投标人的法定代表人或其委托代理人签字或盖单位章。委托代理人签字的，投标文件应附法定代表人签署的授权委托书。投标文件应尽量避免涂改、行间插字或删除。如果出现上述情况，改动之处应加盖单位公章或由投标人的法定代表人或其授权的代理人签字确认。

(4)投标文件的提交。

1)投标文件的密封和标记。投标文件的正本与副本应分开包装，并分别密封在内层包封内，再密封在一个外层包封内，并在包封上注明"投标文件正本"或"投标文件副本"。外层和内层包封上都应写明招标人名称和地址、招标工程项目编号、工程名称，并注明开标时间以前不得拆封。在内层包封上面应写明投标人名称和地址、邮政编码，以便投标时出现逾期送达的情况能原封退回。

2)投标文件的提交与投标截止期。投标截止期是指在招标文件中规定的最晚提交投标文件的时间。投标人应在规定的日期之前提交投标文件。招标人在投标截止日期之后收到的投标文件，将原封退回给投标人。如果在投标截止时间止，招标人收到的投标文件少于3个，招标人应依法重新招标。

3)投标文件的修改与撤回。投标截止时间前，投标人可以修改或撤回已递交的投标文件，但应以书面形式通知招标人。投标人修改或撤回已递交的投标文件的书面通知应按照规定要求签字或盖章。招标人收到书面通知后，向投标人出具签收凭证。投标人对投标文件修改的内容为投标文件的组成部分。修改的投标文件应按照规定进行编制、密封、标记和递交，并标明"修改"字样。

（5）开标与评标。招标人在投标须知前附表中规定的投标截止时间（开标时间）和投标人须知前附表规定的地点公开开标，并邀请所有投标人的法定代表人或其委托代理人准时参加评标。

评标由招标人依法组建的评标委员会负责。评标委员会由招标人或其委托的招标代理机构熟悉相关业务的代表，以及有关技术、经济等方面的专家组成。评标委员会成员有下列情形之一的，应当回避：

1）招标人或投标人的主要负责人的近亲属。

2）项目主管部门或者行政监督部门的人员。

3）与投标人有经济利益关系，可能影响对投标公正评审的。

微课：招标
文件的编制

4）曾因在招标、评标以及其他与招投标有关活动中从事违法行为而受过行政处罚或刑事处罚的。

评标活动遵循公平、公正、科学和择优的原则。评标委员会按照招标文件中规定的评标方法、评审因素、标准和程序对投标文件进行评审。

（6）合同授予。

1）合同授予。招标人将把合同授予其投标文件实质性响应其招标文件内容且按招标文件规定的评标办法评选出的投标人，确定为中标人的投标人必须具有实施合同的能力和资源。

2）中标通知书。确定中标人后，招标人以书面的形式通知中标的投标人，同时将中标结果通知未中标的投标人。

3）履约担保。在签订合同前，中标人应按投标人须知前附表规定的金额、担保形式和招标文件中"合同条款及格式"规定的履约担保格式向招标人提交履约担保。联合体中标的，其履约担保由牵头人递交，并应符合投标人须知前附表规定的金额、担保形式和招标文件"合同条款及格式"规定的履约担保格式要求提交履约担保。

中标人不能提交履约担保的，视为放弃中标，其投标保证金不予退还，给招标人造成的损失超过投标保证金数额的，中标人还应当对超过部分予以赔偿。

4）签订合同。招标人和中标人应当自中标通知书发出之日起 30 天内，根据招标文件和中标人的投标文件订立书面合同。中标人无正当理由拒签合同的，招标人取消其中标资格，其投标保证金不予退还。给招标人造成的损失超过投标保证金数额的，中标人还应当对超过部分予以赔偿。

发出中标通知书后，招标人无正当理由拒签合同的，招标人向中标人退还投标保证金；给中标人造成损失的，还应当赔偿损失。

2. 合同条款

合同条款是招标人与投标人签订合同的基础，是对双方权利和义务的约束。我国建设部和国家工商行政管理局联合下发的适合国内工程承发包使用的《建设工程施工合同（示范文本）》（GF—2017—0201）中的合同条款分为三部分：第一部分是合同协议书，第二部分是通用合同条款，第三部分是专用合同条款。详见本书第五章。

3. 合同文件格式

合同文件格式是招标人在招标文件中拟定好的合同文件的具体格式。其包括合同协议书、承包人履约保函、承包人履约担保、质量保修书、发包人支付担保银行保函等。可以参照表 2-15～表 2-17 进行编写。

表 2-15　合同协议书

_____（发包人名称，以下简称"发包人"）为

实施_____（项目名称），已接受_____（承包人名称，以下简称"承包人"）对该项目_____标段施工的投标。发包人和承包人共同达成如下协议。

1. 本协议书与下列文件一起构成合同文件：

(1)中标通知书。

(2)投标函及投标函附录。

(3)专用合同条款。

(4)通用合同条款。

(5)技术标准和要求。

(6)图纸。

(7)已标价工程量清单。

(8)其他合同文件。

2. 上述文件互相补充和解释，如有不明确或不一致之处，以合同约定次序在先者为准。

3. 签约合同价：（大写）_____元(¥_____)。

4. 承包人项目经理：_____。

5. 工程质量符合_____标准。

6. 承包人承诺按合同约定承担工程的实施、完成及缺陷修复。

7. 发包人承诺按合同约定的条件、时间和方式向承包人支付合同价款。

8. 承包人应按照监理人指示开工，工期为_____日历天。

9. 本协议书一式_____份，合同双方各执一份。

10. 合同未尽事宜，双方另行签订补充协议。补充协议是合同的组成部分。

发包人：_____（盖单位章）　　　承包人：_____（盖单位章）

法定代表人或其委托代理人：_____（签字）　法定代表人或其委托代理人：_____（签字）

　年　　　月　　　日　　　　　　　　　　　年　　　月　　　日

表 2-16　履约担保

_____（发包人名称）：

鉴于_____（发包人名称，以下简称"发包人"）接受_____（承包人名称）(以下称"承包人")于____年____月____日参加_____（项目名称）_____标段施工的投标。我方愿意无条件地、不可撤销地就承包人履行与你方订立的合同，向你方提供担保。

1. 担保金额（大写）_____元(¥_____)。

2. 担保有效期自发包人与承包人签订的合同生效之日起至发包人签发工程接收证书之日。

3. 在本担保有效期内，因承包人违反合同约定的义务给你方造成经济损失时，我方在收到你方以书面形式提出的在担保金额内的赔偿要求后，7 天内无条件支付。

4. 发包人和承包人按《通用合同条款》第 15 条变更合同时，我方承担本担保规定的义务不变。

担保人：_____（盖单位章）

法定代表人或其委托代理人：_____（签字）

地　　址：_____

邮政编码：_____

电　　话：_____

传　　真：_____

_____年____月____日

表 2-17 预付款担保

```
_____（发包人名称）：
    根据_____（承包人名称）（以下称"承包人"）与_____（发包人名称）（以下简称"发包
人"）于____年____月____日签订的_____（项目名称）_____标段施工承包合
同，承包人按约定的金额向发包人提交一份预付款担保，即有权得到发包人支付相等金额的预付款。我方愿意就你方
提供给承包人的预付款提供担保。
    1. 担保金额（大写）_____元（¥_____）。
    2. 担保有效期自预付款支付给承包人起生效，至发包人签发的进度付款证书说明已完全扣清。
    3. 在本保函有效期内，因承包人违反合同约定的义务而要求收回预付款时，我方在收到你方的书面通知后，在 7
天内无条件支付。但本保函的担保金额，在任何时候不应超过预付款金额减去发包人按合同约定在向承包人签发的进
度付款证书中扣除的金额。
    4. 发包人和承包人按《通用合同条款》第 15 条变更合同时，我方承担本保函规定的义务不变。
                                        担保人：_____（盖单位章）
                                        法定代表人或其委托代理人：_____（签字）
                                        地  址：_____
                                        邮政编码：_____
                                        电  话：_____
                                        传  真：_____
                                                    ____年____月____日
```

4. 技术标准和要求

招标文件中的工程建设标准部分，是指招标人在编制招标文件时，为了保证工程质量，向投标人提出使用具体工程建设标准的要求，主要包括以下两个方面：

（1）本工程采用的技术规范。对工程采用的技术规范，国家有关部门有一系列规定。招标文件要结合工程的具体环境和要求，写明选定的适用于本工程的技术规范，列出编制规范的部门和名称。技术规范是检验工程质量的标准和质量管理的依据，招标人应重视技术规范的选用。

（2）特殊项目的施工工艺标准和要求。本招标工程根据设计要求，对某些特殊项目的材料、施工，除必须达到以上标准外，还应满足规定的施工工艺标准和要求。

5. 图纸

图纸是招标文件的重要组成部分，是指用于招标工程施工用的全部图纸，其是进行施工的依据。图纸是招标人编制工程量清单的依据，也是投标人编制投标报价和施工组织设计的依据。建筑工程施工图纸一般包括图纸目录、设计总说明、建筑施工图、结构施工图、给水排水施工图、电气施工图、采暖通风施工图等。

6. 工程量清单

工程量清单是建设工程的分部分项工程项目、措施项目、其他项目、规费项目和税金项目的名称和相应数量等的明细清单。工程量清单应由具有编制能力的招标人编制，或受其委托由具有相应资质的工程造价咨询人编制。工程量清单由分部分项工程量清单、措施项目清单、其他项目清单、规费项目清单、税金项目清单组成。工程量清单表见表 2-18。

表 2-18 工程量清单表

（项目名称）   标段

序号	编码	子目名称	内容描述	单位	数量	单价	合价

本页报价合计：_____

（1）工程量清单编制的依据：

1）"13 计价规范"以及各专业工程计量规范。

2）国家或省级、行业建设主管部门颁发的计价依据和办法。

3）建设工程设计文件及相关资料。

4）与建设工程项目有关的标准、规范、技术资料。

5）招标文件及其补充通知、答疑纪要。

6）施工现场情况、地质水文资料、工程特点及常规施工方案。

7）其他相关资料。

（2）工程量清单编制的原则：

1）遵守国家的有关法律法规。

2）遵守五个统一的规定。工程量清单应当依据招标文件、施工设计图纸、施工现场条件和国家制定的统一项目编码、项目名称、项目特征、计量单位工程量计算规则进行编制。

3）遵守招标文件的相关要求。

4）编制力求准确、合理。

7. 投标文件投标函部分

投标函是招标人提出要求，由投标人表示参与该招标工程的意思表示的文件。招标人拟定一套编制投标文件的参考格式，供投标人投标时填写。投标函格式文件一般包括投标函、投标函附录、法定代表人身份证明书、授权委托书等。投标函见表 2-19，投标函附录见表 2-20。

表 2-19 投标函

_____（招标人名称）：

1. 我方已仔细研究了_____（项目名称）施工招标文件的全部内容，愿意以（大写）_____元（¥_____）的投标总报价，工期_____日历天，按合同约定实施和完成承包工程，修补工程中的任何缺陷，工程质量达到_____。

2. 我方承诺在投标有效期内不修改、撤销投标文件。

3. 随同本投标函提交投标保证金一份，金额为_____元（大写）（¥_____）。

4. 如我方中标：

（1）我方承诺在收到中标通知书后，在中标通知书规定的期限内与你方签订合同。

（2）随同本投标函递交的投标函附录属于合同文件的组成部分。

（3）我方承诺按照招标文件规定向你方递交履约担保。

（4）我方承诺在合同约定的期限内完成并移交全部合同工程。

5. 我方在此声明，所递交的投标文件及有关资料内容完整、真实和准确。

投标人：_____（盖单位章）

法定代表人或其委托代理人：_____（签字）

地　址：_____

网　址：_____

电　话：_____

传　真：_____

邮政编码：_____

_____年_____月_____日

表 2-20　投标函附录

序号	条款名称	合同条款号	约定内容		备注
1	项目经理	1.1.2.4	姓名：		
2	工期	1.1.4.3	天数：	日历天	
3	缺陷责任期	1.1.4.5	年		
4	分包	4.3.4			

8. 投标文件商务部分格式

投标文件商务部分格式是指招标人要求投标人在投标文件的报价部分所采用的格式。不同报价形式，有不同的格式要求。

(1)采用工料单价形式的商务部分格式。采用工料单价形式的商务部分格式有投标报价说明、投标报价汇总表、主要材料清单报价表、分部分项工料价格表、分部工程费用计算表等。

(2)采用综合单价形式的商务部分格式。采用综合单价形式的商务部分格式有投标报价说明、投标报价汇总表、主要材料清单报价表、设备清单报价表、分部分项工程量清单计价表、措施项目清单计价表、其他项目清单计价表等。

工程量清单实例

具体表格见表 2-21～表 2-30。

表 2-21　封面

```
招标人： _____

工程名称： _____

投标总价(小写)： _____

　　　　(大写)： _____

投标人： _____  (单位盖章)

法定代表人： _____  (签字或盖章)

注册造价工程师： _____  (签字及盖执业专用章)

造价员： _____  (签字及盖资格章)

编制时间： _____
```

表 2-22　工程项目投标报价汇总表

工程名称：　　　　　　　　　　　　　　　　　　　　　　　　　　　　　　　第　页　共　页

序号	单项工程名称	金额/元	其中：/元		
			暂估价	安全文明施工费	规费
	合计				

表 2-23 单项工程投标报价汇总表

工程名称：　　　　　　　　　　　　　　　　　　　　　　　　　　　　　　　　　　　第　页　共　页

序号	单位工程名称	金额/元	其中：/元		
			暂估价	安全文明施工费	规费
合计					

表 2-24 单位工程投标报价汇总表

工程名称：　　　　　　　　　　　　标段：　　　　　　　　　　　　　　　　第　页　共　页

序号	汇总内容	金额/元	其中：暂估价/元
1	分部分项工程		
1.1			
...			
2	措施项目		
2.1	安全文明施工费		
3	其他项目		
3.1	暂列金额		
3.2	专业工程暂估价		
3.3	计日工		
3.4	总承包服务费		
4	规费		
5	税金		
投标报价合计＝1＋2＋3＋4＋5			

表 2-25　分部分项工程量清单计价表

工程名称：　　　　　　　　　　　　　　　标段：　　　　　　　　　　　第 页 共 页

序号	项目编码	项目名称	项目特征描述	计量单位	工程量	金额/元		
						综合单价	合价	其中
								暂估价
		本页合计						
		合计						

表 2-26　工程量清单综合单价分析表

工程名称：　　　　　　　　　　　　　　　标段：　　　　　　　　　　　第 页 共 页

项目编码			项目名称			计量单位			工程量	

清单综合单价组成明细

定额编号	定额名称	定额单位	数量	单价				人工费	材料费	机械费	管理费和利润
				人工费	材料费	机械费	管理费和利润				

人工单价		小　计									
元/工日		未计价材料费									
清单项目综合单价											

材料费明细	主要材料名称、规格、型号			单位	数量	单价/元	合价/元	暂估单价/元	暂估合价/元
	其他材料费					—		—	
	材料费小计					—		—	

注：1. 如不使用省级或行业建设主管部门发布的计价依据，可不填定额项目、编号等。

2. 招标文件提供了暂估单价的材料，按暂估的单价填入表内"暂估单价"栏及"暂估合价"栏。

表 2-27 措施项目清单与计价表（一）

工程名称： 　　　　　　　　　　　　　　　标段： 　　　　　　　　　　　　　第 页 共 页

序号	项目编码	项目名称	计算基础	费率/%	金额/元
1		安全文明施工费			
2		工程定位复测费			
3		提前竣工增加费			
4		二次搬运费			
5		已完工程及设备保护费			
6		夜间施工增加费			
7		冬雨期施工增加费			
8		行车、行人干扰增加费			
9		大型机械进出场及安装费			
10		施工排水费			
合计					

表 2-28 措施项目清单与计价表（二）

工程名称： 　　　　　　　　　　　　　　　标段： 　　　　　　　　　　　　　第 页 共 页

序号	项目编码	项目名称	项目特征描述	计量单位	工程量	金额/元 综合单价	合价
本页合计							
合计							

表 2-29 其他项目清单与计价汇总表

工程名称：   标段：   第 页 共 页

序号	项目名称	计量单位	金额/元	备注
1	暂列金额			
2	计日工			
3	总承包服务费			
4	暂估价			
5	材料(工程设备)暂估价			
6	专业工程暂估价			
	合计			

表 2-30 规费、税金项目清单与计价表

工程名称：   标段：   第 页 共 页

序号	项目名称	计算基础	费率/%	金额/元
1	规费			
1.1	工程排污费			
1.2	社会保障费			
(1)	失业保险费			
(2)	养老保险费			
(3)	医疗保险费			
(4)	生育保险费			
1.3	住房公积金			
2	税金			
	合计			

9. 投标文件技术部分格式

投标文件技术部分内容包括施工组织设计、项目管理机构配备情况、拟分包项目情况等。

(1)施工组织设计。投标人编制施工组织设计时应采用文字并结合图表形式说明施工方法；拟投入本标段的主要施工设备情况、拟配备本标段的试验和检测仪器设备情况、劳动力计划等；结合工程特点提出切实可行的工程质量、安全生产、文明施工、工程进度、技术组织措施，同时，应对关键工序、复杂环节重点提出相应技术措施，如冬雨期施工技术、减少噪声、降低环境污染、地下管线及其他地上地下设施的保护加固措施等。

施工组织设计除采用文字表述外，还应有相应的图表，如拟投入本标段的主要施工设备表、劳动力计划表，计划开工、竣工日期和施工进度网络图，施工总平面图，临时用地表图表以及格式要求附后。部分表格见表 2-31、表 2-32。

表 2-31 拟投入本标段的主要施工设备表

序号	设备名称	型号规格	数量	国别产地	制造年份	额定功率/kW	生产能力	用于施工部位	备注

表 2-32 劳动力计划表

工种	按工程施工阶段投入劳动力情况					

（2）项目管理机构配备情况。项目管理机构配备情况包括项目管理机构组成表（表 2-33）、主要人员简历表（表 2-34）。主要人员简历表中的项目经理应附项目经理证、身份证、职称证、学历证、养老保险复印件，管理过的项目业绩须附合同协议书复印；技术负责人应附身份证、职称证、学历证、养老保险复印件，管理过的项目业绩须附证明其所任技术职务的企业文件或用户证明；其他主要人员应附职称证（执业证或上岗证书）、养老保险复印件。

表 2-33　项目管理机构组成表

职务	姓名	职称	执业或职业资格证明					备注
			证书名称	级别	证号	专业	养老保险	

表 2-34　主要人员简历表

姓名		年龄		学历		
职称		职务		拟在本合同任职		
毕业学校		年毕业于		学校	专业	
主要工作经历						
时间		参加过的类似项目		担任职务	发包人及联系电话	

（3）拟分包项目情况。如果有拟分包的部分，应用表格的形式说明分包人名称、资质等级、拟分包的工程项目及预计造价等，见表 2-35。

表 2-35　拟分包项目情况表

分包人名称		地址	
法定代表人		电话	
营业执照号码		资质等级	
拟分包的工程项目	主要内容	预计造价/万元	已经做过的类似工程

三、招标文件编制的注意事项

施工招标文件作为招投标活动乃至投资建设项目施工过程的纲领性文件，既是各施工承包合同管理的依据，又是实施规范投资建设项目的行动指南。在施工招标过程中要注意以下事项。

1. 及时办理招标方案核准和施工招标文件备案

招标方案（招标范围、招标方式和招标组织形式）核准和施工招标备案是开展施工招投标活动必须完成的两项最基本的工作。国家设置招标方案核准的目的是确保依法应该公开招标的项目实行公开招标。招标备案的目的是便于开展招投标活动的行政监管。

2. 将法定时限和关键工作时间醒目地写入施工招标文件中

施工招标的法定时限有下列几种：

（1）招标文件或者资格预审文件发售时间不少于 5 个工作日。

（2）最短投标截止时间或者最短开标时间不少于 20 日。

（3）招标人澄清或者修改招标文件的截止时间至少在投标截止时间 15 日以前。

（4）投标保证金有效期应超出投标有效期 30 日。

（5）招标人最迟确定中标人（定标）的时间在投标有效期结束日前 30 个工作日。

（6）最迟向项目所属产业的招投标活动监管部门提交招投标情况书面报告（施工招标情况的备案）的时间不大于自确定中标人（定标）起以后 15 日。

（7）最迟订立施工合同的时间不大于自中标通知书发出之日起以后 30 日。

（8）最迟向中标人和未中标人退还投标保证金的时间不大于自订立施工合同之日起以后 5 个工作日。

3. 招标文件中要注意考察施工投标人项目履约能力资格和信誉

施工投标人项目履约能力资格应根据招标项目的具体特点和实际需要设定。这其中主要包含对投标人拟派往施工现场的项目负责人（项目经理）、技术负责人和关键岗位专职管理人员以及关键施工岗位技术工人的职业素质要求，对投标人拟投入现场施工装备和质量检测设备的要求，对投标人拟提供施工现场流动资金的要求。

项目经理职业素质的基本条件如下：必须有与招标项目施工内容和规模相符合专业与级别的注册建造师和专业技术职称证书并且取得安全生产考核合格证书；与投标人有合法的劳动人事关系证明（以劳动合同、社会统筹养老保险缴费凭证为准）；类似工程业绩（以承包合同和单位工程质量竣工验收记录表为准）。

技术负责人和关键岗位专职管理人员职业素质的基本条件如下：与招标项目施工内容和规模相符合专业与级别的专业技术职称证书；与投标人有合法的劳动关系证明；类似工程业绩（技术负责人以承包合同和施工组织设计为准）；专职安全管理员必须取得安全生产考核合格证书。

垂直运输机械作业人员、安装拆卸工、爆破作业人员、起重信号工、登高架设作业人员等关键施工岗位技术工人（包括电工、架子工等）必须与投标人订立劳动合同，必须经过建设主管部门的安全作业培训，并取得特种作业操作岗位资格证书。

根据招标项目的施工技术和确保项目建设质量、进度、投资效益等目标实现以及满足安全、环保、节能、效率等功能需要，对主要或专用施工装备和质量检测设备可以设定具体的要求。例如，施工投标人拟投入施工现场的自购、租赁的安全防护用具、机械设备、施工机具及配件，必须具有生产许可证、产品合格证。施工起重机械必须具备由特种设备安全监督管理部门核准的检验检测机构出具的安全性能检测合格证明文件和安全技术档案。具有符合开展主体结构工程质量现场物理力学性能检测工作所需的仪器和设备；其中，使用属于强制检定的计量器具必须具备专门的检验检测机构出具的有效期限内计量检定合格证明文件。

为了确保按期、足额发放派往施工现场人员的工资和采购建筑材料与构件等，可以要求施工投标人用于施工现场流动资金不低于本招标项目的投标报价或者拦标价一定比例的银行授信额度（以投标人出具银行的资信证明为准）。

财务状况由投标人提交的经国家注册会计师审计的财务报表分析计算，判断投标人发生严重违约及重大工程质量、安全问题的履约赔偿能力和偿债能力以及施工承包竞标实力（施工承包收入占营业总收入的比例）。

技术实力是指投标人是否具有自主创新的专有施工技术和自主知识产权的施工办法。

所获奖项是指投标人是否获得类似招标项目的国家科技进步奖、中国建筑工程鲁班奖和项目所在地省优质工程奖。

管理制度和管理体系可以由施工投标人是否具有企业质量管理体系（ISO 9000 系列标准质量体系）、环境管理体系（ISO 14000 系列标准环境管理体系）和职业健康安全管理体系（ISO 18000 系列标准职业健康安全管理体系）第三方认证证书来判断确定。因为，凡经过第三方对企业质量管理体系、环境管理体系和职业健康安全管理体系认证的承包商，都有完善的质量与安全管理工作手册和程序文件，并且建立了保证质量与安全管理体系有效实施的内部和外部（第三方）审核制度。

目前，我国已初步建立建筑市场信用体系管理信息系统。各级政府有关产业行政主管部门分别设立了所监管的建筑市场交易各方主体犯法、违规和不良行为记录公告平台。例如，在住房和城乡建设部官方网站"诚信体系"栏目中，可以查阅住房和城乡建设部所监管的建筑市场交易各方主体在建设程序、招标发包、质量安全和拖欠工程款等行为方面犯法、违规与不良行为记录。可以设定在最近三年内，因骗取中标和发生严重违约及重大工程质量、安全问题而被法律制裁和行政处罚（处于被责令停业，投标资格被取消，财产被接管、冻结，破产状态）的潜在投标人不能投标。

如果在招标文件编制环节上不认真地贯彻国家相关法律、法规和政策，容易引发招投标争议、创造恶意投诉机会，导致招标活动难以实施；甚至陷入不良招标人代表设置的圈套，给招标代理企业造成无法挽回的灾难。因此，在招标文件编制的这一环节上，准确把握投资建设项目管理程序和招投标活动的相关法律、法规和政策，是优秀的招标代理人员必须具备的业务素质和能力。

任务六　建设工程招标控制价的编制

招标控制价是招标人根据国家或省级、行业建设主管部门颁发的有关计价依据和办法，按设计施工图纸计算的，对招标工程限定的最高工程造价。

一、招标控制价的编制原则与依据

招标控制价应由具有编制能力的招标人，或受其委托具有相应资质的工程造价咨询人编制。

1. 建设工程招标控制价的编制原则

我国对国有资金投资项目的投资控制实行的是投资概算审批制度，国有资金投资的工程原则上不能超过批准的投资概算。招标控制价超过批准的概算时，招标人应将其报原概算审批部门进行审核。

国有资金投资的工程进行招标，根据《招标投标法》的规定，招标人可以设标底。当招标人不设标底时，为有利于客观、合理地评审投标报价和避免哄抬标价，造成国有资产流失，招标人应编制招标控制价。

国有资金投资的工程在招标过程中，当招标人编制的招标控制价超过批准的概算时的处理原则：招标人应将超过概算的招标控制价报原概算审批部门进行审核。

国有资金投资的工程，招标人编制并公布的招标控制价相当于招标人的采购预算，同时，要求其不能超过批准的概算，因此，招标控制价是招标人在工程招标时能接受投标人报价的最高限价。国有资金中的财政性资金投资的工程在招投标时还应符合《中华人民共和国政府采购法》相关条款的规定，如该法第三十六条规定："在招标采购中，出现下列情形之一的，应予废标…(三)投标人的报价均超过了采购预算，采购人不能支付的。"依据这一精神，规定了国有资金投资的工程，投标人的投标不能高于招标控制价，否则，其投标将被拒绝。

招标控制价的作用决定了招标控制价不同于标底，无须保密。为体现招标的公平、公正，防止招标有意抬高或压低工程造价，招标人应在招标文件中如实公布招标控制价，不得对所编制的招标控制有所隐瞒，不得只公布招标控制总价。同时，招标人应将招标控制价报工程所在地的工程造价管理机构备查。

2. 建设工程招标控制价的编制依据

(1)"13计价规范"。

(2)国家或省级、行业建设主管部门颁发的计价定额和计价办法。

(3)建设工程设计文件及相关资料。

(4)招标文件中的工程量清单及有关要求。

(5)与建设项目相关的标准、规范、技术资料。

(6)施工现场情况、工程特点及常规施工方案。

(7)工程造价管理机构发布的工程造价信息，没有发布工程造价信息的参照市场价。

(8)其他的相关资料。

微课：招标
控制价的编制

二、招标控制价的编制内容

招标控制价由分部分项工程费、措施项目费、其他项目费、规费和税金组成。

1. 分部分项工程费

分部分项工程费应根据招标文件中的分部分项工程量清单项目的特征描述及有关要求，按规定确定综合单价进行计算。综合单价中应包括招标文件中要求投标人承担的风险费用。招标文件提供了暂估单价的材料，按暂估的单价计入综合单价。

2. 措施项目费

措施项目费应按招标文件中提供的措施项目清单确定，措施项目采用分部分项工程综合单价形式进行计价的工程量应按措施项目清单中的工程量，并按规定确定综合单价；以"项"为单位的方式计价的，按规定确定除规费、税金外的全部费用。措施项目费中的安全文明施工费应当按照国家或省级、行业建设主管部门的规定标准计价。

3. 其他项目费

其他项目费包括暂列金额、暂估价、计日工、总承包服务费。其应按下列规定计价：

(1)暂列金额。暂列金额由招标人根据工程特点，按有关计价规定进行估算确定。为保证工程施工建设的顺利实施，在编制招标控制价时应对施工过程中可能出现的各种不确定因素对工程造价的影响进行估算，列出一笔暂列金额。暂列金额可根据工程的复杂程度、设计深度、工程环境条件(包括地质、水文、气候条件等)进行估算，一般可按分部分项工程费的10%～15%作为参考。

(2)暂估价。暂估价包括材料暂估价和专业工程暂估价。暂估价中的材料单价应按照工程造价管理机构发布的工程造价信息或参考市场价格确定;暂估价中的专业工程暂估价应分不同专业,按有关计价规定估算。

(3)计日工。计日工包括人工、材料和施工机械。在编制招标控制价时,对计日工中的人工单价和施工机械台班单价应按省级、行业建设主管部门或其授权的工程造价管理机构公布的单价计算;材料应按工程造价管理机构发布的工程造价信息中的材料单价计算,工程造价信息未发布材料单价的材料,其价格应按市场调查确定的单价计算。

(4)总承包服务费。招标人应根据招标文件中列出的内容和向总承包人提出的要求,参照下列标准计算:

1)招标人要求对分包的专业工程进行总承包管理和协调时,按分包的专业工程估算造价的1.5%计算。

2)招标人要求对分包的专业工程进行总承包管理和协调,并同时要求提供配合服务时,根据招标文件中列出的配合服务的内容和提出的要求,按照分包工程估算造价的3%~5%计算。

3)招标人自行供应材料的,按招标人供应材料价值的1%计算。

4. 规费和税金

招标控制价的规费和税金必须按国家或省级、行业建设主管部门的规定计算。

任务七　招标文件实例

××职业技术学院新校区4号教学楼采用公开招标的方式招标。项目主要情况说明及招标文件实例如下。

一、项目主要情况

(一)工程说明

(1)工程名称:××职业技术学院新校区4号教学楼。

(2)工程地址:本工程位于××村镇,东面为道路,西面为斜坡,北面为生态园,南面为斜坡。

(3)工程特点:本工程为现浇钢筋混凝土框架结构,建筑面积为11 000 m²。

(4)设计情况:本工程施工图由××建筑设计有限公司设计,施工图已设计完成。

(5)招标单位不向任何一方泄露其他已获得招标文件的投标单位的名称及其他情况,但由于投标单位自己偶然或非有意泄露,招标单位不负责任。

(二)工程条件

(1)本工程交通不便利。

(2)工程测量基准桩的位置由招标单位确认,通知中标单位由中标单位组织测量、放线。在工程场地内引进设置永久性基准桩位,并妥善保护,工程竣工后,交招标单位。

(3)施工通信设施由中标单位自理,建设单位协助处理。

(4)施工现场的施工、生活用水、用电,由中标单位自行装表计量,据此缴纳水、电费用，并应加强维护，保证表计量计数准确。对此招标单位有权进行校核，如计数有误，招标单位将按月完成工作量（工程费用）的 2‰收取费用。

（5）中标单位在施工现场不许建设永久和半永久性建筑物。搭设临时设施，应严格按照招标单位的统一规划和中标单位施工组织设计进行。临时设施应于竣工验收后 15 天内拆除，逾期将由招标单位组织人员拆除，费用由中标单位承担。

（6）中标单位在施工现场应遵守国家有关法律、法规及招标单位的规章制度等，严格遵守劳动安全生产的有关规定，对于由采取安全生产措施不当造成的责任事故，应承担一切责任。

（7）发现文物、古物和遇有地下管线应共同配合，妥善保护处理。

（8）中标单位应按安全文明施工要求和城市管理的规定，搭设临街防护设施，保障过往行人的人身安全和交通畅通。由于采取措施不当发生的问题，应由中标单位承担一切责任。

（9）招标单位向中标单位免费提供三套施工图。

（10）工程施工的依据为设计部门所提供的施工图纸，以及招标单位、监理单位和设计单位签认的设计变更、材料代用等技术性通知，这些变更和通知是施工图纸的补充，中标单位不得拒绝和随意更改。

二、招标文件实例

封面格式

_____（项目名称）_____标段施工招标

招标文件

招　标　人：_____（盖单位章）

_____年_____月_____日

招标文件目录

第一章 招标公告
××学院 4 号教学楼工程施工招标公告

1. 招标条件

本招标项目××学院 4 号教学楼工程已由住房城乡建设主管部门批准建设，项目业主为××学院，建设资金自筹。项目已具备招标条件，现对该项目的施工进行公开招标。

2. 项目概况与招标范围

××学院 4 号教学楼工程，占地面积为 1 200 m²，总建筑面积为 11 000 m²，为六层框架结构，建筑总高度为 30 m。建筑设计使用年限为 50 年，抗震设防烈度为八度，耐火等级为二级。

本工程就土建施工工程进行招标。

本工程计划开工日期为 2017 年 4 月 1 日，计划竣工日期为 2018 年 1 月 16 日，计划总工期为 290 日历天。

3. 投标人资格要求

3.1 本次招标要求投标人须具备房屋建筑工程二级及以上资质的独立法人组织，拟派项目经理具有二级建造师职业资格证书，经办人持有企业法人授权书。

3.2 本次招标不接受联合体投标。

4. 招标文件的获取

4.1 凡有意参加投标者，请于 2017 年 1 月 4 日至 2017 年 1 月 10 日（法定公休日、法定节假日除外），每日上午 8：30 至 11：30，下午 14：30 至 17：00（北京时间，下同），在××市建设工程招投标交易中心持单位介绍信购买招标文件。

4.2 招标文件每套售价 1 000 元，售后不退。图纸押金为 3 000 元，在退还图纸时退还（不计利息）。

5. 投标文件的递交

5.1 投标文件递交的截止时间（投标截止时间，下同）为 2017 年 2 月 15 日 14 时 30 分，地点为××市建设工程招投标交易中心。

5.2 逾期送达的或者未送达指定地点的投标文件，招标人不予受理。

6. 发布公告的媒介

本次招标公告同时在××市建设工程招投标交易中心网站上发布。

7. 联系方式

招标人：××　　　　　招标代理机构：××

地址：××　　　　　　邮编：××

联系人：××　　　　　联系人：××

电话：××　　　　　　电话：××

第二章　投标须知

投标须知前附表

条款编号	条款名称	编列内容
1	项目名称	××学院 4 号教学楼
2	建设地点	××省××市××学院院内
3	项目规模	新建，建筑面积为 11 000 m²，框架结构，地上 6 层
4	资金来源	自筹
5	招标范围	施工图范围内的土建、安装工程（电梯消防除外）
6	计划工期	计划工期：290 日历天 计划开工日期：2017 年 4 月 1 日 计划竣工日期：2018 年 1 月 16 日
7	质量要求	优良
8	投标人资质条件、能力和信誉	具备房屋建筑工程二级及以上资质的独立法人组织，拟派项目经理具有二级建造师职业资格证书，经办人持有企业法人授权书
9	是否接受联合体投标	不接受
10	踏勘现场	踏勘时间：2017 年 1 月 12 日 踏勘集中地点：××市建设工程交易中心
11	投标截止时间	2017 年 2 月 15 日 14 时 30 分
12	投标有效期	60 日历天（从投标截止之日起算）
13	投标保证金	投标保证金的金额：30 万元
14	近年财务状况的年份要求	2 年
15	近年完成的类似项目的年份要求	2 年
16	投标文件份数	1 份正本，4 份副本
17	递交投标文件地点	××市建设工程交易中心
18	开标时间和地点	开标时间：同投标截止时间 开标地点：××市建设工程交易中心
19	履约担保	履约担保的金额：中标价的 10%

投标须知

（一）总则

1. 工程说明

1.1　本招标工程项目说明详见本须知前附表第 1 项～第 5 项。

1.2　本招标工程项目按照《招标投标法》等相关法律、行政法规和部门规章，通过公开招标方式选定承包人。

1.3 工程合同价格方式：固定总价合同。主要建筑材料（钢筋和水泥）价格变化在±10%（含10%）内的，不予调整，超出±10%以外部分按实调整（增减）。调整办法为：工程施工期间当月完成工程中所使用的钢筋和水泥的当月信息价与招标文件规定月份的信息价进行比较，当其价格变化超过上述规定的百分值时，予以调整。

1.4 工程承包方式为包工包料，本工程不允许转包和违法分包，如需分包，须经建设单位同意。

2. 招标范围及工期

2.1 本招标工程项目的范围详见本须知前附表第5项。

2.2 本招标工程项目的工期要求详见本须知前附表第6项。

3. 资金来源

3.1 本招标工程项目资金来源详见投标须知前附表第4项。

4. 合格的投标人

4.1 投标人资质等级要求详见本须知前附表第8项。

4.2 本工程不接受联合体投标人详见本须知前附表第9项。

4.3 本招标工程项目采用资格预审方式确定合格投标人。只有通过资格审查合格的投标人才能参加本工程投标文件的评审。

5. 踏勘现场及答疑会

5.1 招标人组织招标答疑会详见招标公告。投标人在招标文件、施工设计图纸、工程量清单和踏勘项目现场中若存在投标疑问，应当按照招标文件中指定的传真在规定的时间内用书面形式递交给建设工程交易中心。投标人递交的书面投标疑问应列明招标项目名称，可不署名。

5.2 在现场踏勘过程中，投标人如果发生人身伤亡、财物或其他损失，不论何种原因所造成，招标人和建设工程招投标交易中心均不负责。

5.3 招标人向投标人提供的有关现场的数据和资料，招标人对投标人做出的任何推论、理解和结论均不负责任。

6. 投标费用

6.1 投标人应承担其编制投标文件和递交投标文件的所有费用，无论投标结果如何，招标人及建设工程招标交易中心对上述费用不负任何责任。

6.2 中标单位须在中标公示后，到××市建设工程项目交易管理中心交纳交易手续费。

（二）招标文件

7. 招标文件的组成

7.1 招标文件包括下列内容：

第一章　招标公告

第二章　投标须知及投标须知前附表

第三章　合同条款

第四章　合同文件格式

第五章　工程量清单

第六章　图纸

第七章　工程技术标准及要求

第八章　投标文件商务部分格式

第九章　投标文件技术部分格式

第十章　投标文件综合资信部分格式

7.2　除 7.1 中的内容外，招标人在提交投标文件截止时间的 15 天以前，以书面或网络的形式发出的对招标文件的澄清或修改内容，均为招标文件的组成部分，对招标人和投标人起约束作用。

7.3　投标人获取招标文件后，应仔细检查招标文件的所有内容，如有残缺等问题应在获得招标文件 3 天内向招标人提出，否则由此引起的损失由投标人自己承担。

8. 招标文件的澄清、修改

8.1　所有招标答疑内容、招标文件澄清修改以书面形式发给所有购买招标文件的投标人。此内容是招标文件的组成部分。

8.2　招标文件发出后，在提交投标文件截止时间 15 天前，招标人可对招标文件进行必要的澄清或修改。

8.3　招标文件的澄清、修改、补充等内容均以书面形式明确的内容为准。当招标文件、招标文件的澄清、修改、补充等在同一内容的表述上不一致时，以最后发出的书面文件为准。

（三）投标文件的编制

9. 投标文件的语言及度量衡单位

9.1　投标文件以及与投标文件有关的所有文件均应使用汉语文字和阿拉伯数字表示。

9.2　除工程规范另有规定外，投标文件使用的度量衡单位，均采用中华人民共和国法定计量单位。

10. 投标文件的组成

10.1　投标文件由商务部分、技术部分、综合资信几部分组成。

10.2　投标文件的组成。

10.2.1　投标书封皮。

10.2.2　投标书目录。

10.2.3　商务部分。

商务部分包括投标函和工程量清单计价部分，主要表格有：

10.2.3.1　投标函及投标函附录。

10.2.3.2　投标主要内容汇总表。

10.2.3.3　工程量清单计价表（具体见 10.3）。

10.2.3.4　法定代表人身份证明。

10.2.3.5　授权委托书。

10.2.3.6　缴纳担保的证明。

10.2.3.7　履约承诺书。

10.2.3.8　联合体协议书。

10.2.4　技术部分。

技术部分主要是施工组织设计、施工部署，除文字部分外，应该还包括以下表格：

10.2.4.1　分部分项工程的主要施工方法。

10.2.4.2 工程投入的主要施工机械计划。

10.2.4.3 劳动力安排计划。

10.2.4.4 确保工程质量的技术组织措施。

10.2.4.5 确保安全生产的技术组织措施。

10.2.4.6 确保文明施工的技术组织措施。

10.2.4.7 确保工期的技术组织措施。

10.2.4.8 施工进度计划或施工网络计划。

10.2.4.9 施工总平面图。

10.2.5 综合资信部分。

综合资信部分主要包括项目管理机构配备情况；建筑企业在建筑市场活动中的行为规范（主要指质量、安全、招标、投标活动）无不良行为；对不良行为的认定以住房城乡建设主管部门通报为准；企业综合实力、信誉、综合施工能力，近三年来类似工程的业绩。

主要表格有：

10.2.5.1 项目管理机构组成表。

10.2.5.2 主要人员简历表。

10.2.5.3 拟分包情况表。

10.2.5.4 投标人基本情况表。

10.2.5.5 近年财务状况表。

10.2.5.6 近年完成类似项目表。

10.2.5.7 正在施工和新承接的项目情况表。

10.2.5.8 近年发生的诉讼和仲裁情况表。

10.2.5.9 其他材料。

10.3 工程量清单的计价必须符合"13 计价规范"的相关规定，上文 10.2.2.3 所述的工程量清单主要包括以下几个部分：

10.3.1 投标总价表。

10.3.2 单位工程费汇总表。

10.3.3 分部分项工程清单计价表。

10.3.4 措施项目清单计价表。

10.3.5 其他项目清单计价表。

10.3.6 零星工作费表。

10.3.7 措施项目费分析表。

10.3.8 分部分项工程清单综合单价分析表。

10.3.9 主要材料价格表。

10.3.10 规费分析计算表。

11. 投标价格

11.1 投标报价的依据为招标文件、施工设计图纸、工程量清单、答疑纪要或补充通知。

11.2 投标人只能报一个投标报价。

11.3 投标报价依据。

11.3.1 本工程按原建设部"13 计价规范"等现行有关规定的统一工程项目编码、统一项目名称、统一项目特征、统一计量单位和统一计算规则计算的工程量清单作为投标人报价的共同基础。

11.3.2 投标报价按照"13 计价规范"、企业定额或参照省建设厅颁发的消耗量定额、取费标准、人工预算单价和施工机械台班预算单价，材料市场价格信息由企业根据市场情况自主确定。

11.4 投标报价计算程序由分部分项工程费、措施项目费、其他项目费、规费和税金组成。分部分项工程费、措施项目费、其他项目费均以综合单价计算。综合单价由人工费、材料费、施工机械使用费、企业管理费、利润组成。综合单价应当考虑市场风险系数，风险费用应包括在综合单价各组成中。

11.5 本次招标工程项目的工程量以招标人提供的工程量清单为准，作为投标报价的依据。

11.6 投标人须在工程项目清单中列出所报的主要设备、主要材料等的名称、品牌、规格。在合同实施过程中，由于设计变更、新增项目或材料品牌、型号等变更而引起工程量的增减，须以招标人及监理工程师确认的书面通知为准，调整的工程量按工程变更的规定程序凭现场签证按实计算。

12. 投标货币

投标文件报价中单价与合价全部采用人民币表示。

13. 投标有效期

13.1 投标有效期见本须知前附表第 14 项所规定的期限，在此期限内，凡符合本招标文件要求的投标文件均保持有效。

13.2 在原定投标有效期期满之前，如果出现特殊情况，招标人可以书面形式向投标人提出延长投标有效期的要求，投标人须以书面形式予以答复，投标人可以拒绝这种要求而不被没收投标保证金，未书面答复同意者视为拒绝延长投标有效期，但需要相应地延长投标保证金的有效期，在延长期内关于投标保证金的退还与没收的规定仍然适用。

14. 投标保证金

14.1 参加本工程投标的企业必须在 2017 年 2 月 15 日，北京时间 14：30 时前将投标保证金叁拾万元整由企业法人单位基本账户汇达××账户(以款项到达为准)，现金缴纳不予受理。

14.2 各投标人的投标保证金在第一中标候选人按规定与招标人签订合同后 5 个工作日内予以退还。

14.3 出现下列情况之一者，投标保证金将不予退还(不退还的投标保证金归招标人所有)。

(1)投标人在投标有效期内撤回其投标文件。

(2)投标人未能在规定期限内提交履约担保或签署合同或企图改变投标文件中的承诺。

(3)投标人套标、串标或弄虚作假。

(4)投标人在投标过程中所提供的资料与事实不符。

15. 投标人的替代方案

投标人所提交的投标文件应满足招标文件的要求，不允许投标人提交替代方案。

16. 投标文件的份数和签署

16.1 投标人应提交，投标文件正本 1 份，副本 4 份。

16.2 投标文件的正本和副本均需打印，字迹应清晰、易于辨认，并应在投标文件封面的右上角清楚地注明"正本"或"副本"。正本和副本如有不一致之处，以正本为准。

16.3 投标文件中规定部位应加盖投标人印章及法定代表人签字盖章。

17. 投标文件密封与标志

17.1 投标书应按照上述顺序进行编排并编制目录，逐页编制页码。施工组织设计按工程全过程组织编写。同时，每一投标单位在装订时都应将附录中的"建设工程施工项目投标书汇总表"放在投标书的首页。

17.2 标书必须牢固装订成册。牢固装订成册是指用适当的办法，如用线、金属丝等材料牢固扎紧，书脊涂有胶粘剂以保证投标书不至于散开，或用简单办法将任何一页在没有任何损坏的情况下取出或插入。各种用活页夹、文件夹、塑料方便式书脊装订均不认为是牢固装订，没有牢固装订或编排页码的投标书可以被拒绝。

17.3 投标人应将投标文件正本和副本分别密封在两个包装内，并在包封上正确标明"正本"或"副本"。

17.4 包封上都应写明××项目投标文件，投标人名称，并加盖企业公章及法定代表人或授权代表人签字或盖章，2017 年 2 月 15 日 14 时 30 分前不能启封。

18. 投标截止时间

投标截止时间为 2017 年 2 月 15 日 14 时 30 分。投标人应在投标截止时间前将投标文件送达开标地点。

19. 迟到的投标文件

在规定的投标截止时间以后收到的投标文件，招标人将原封退给投标人。

20. 投标文件的修改与撤回

20.1 投标人在提交投标文件后、规定的投标截止时间前，可以书面形式补充、修改或撤回已提交的投标文件，并以书面形式通知招标人。补充、修改的内容为投标文件的组成部分。

20.2 投标人对投标文件的补充、修改，应按本须知第 17 条有关规定密封、标记和提交，并在投标文件密封袋上清楚标明"补充""修改"或"撤回"字样。

20.3 在投标截止时间之后，投标人不得补充、修改投标文件。

20.4 在投标截止时间至投标有效期满之前，投标人不得撤回其投标文件，否则其投标保证金将被没收。

(四)开标

21. 开标

开标时间：2017 年 2 月 15 日 14 时 30 分，开标地点：××市建设工程招投标交易中心。

21.1 投标人须派法定代表人或授权代表参加开标会，并在登记册上签字证明出席。

21.2 投标文件有下列情形之一的，招标人不予受理：投标截止时间后送达的；未按招标文件要求提供投标保证金的；未按招标文件要求密封及签章的。

21.3 按"先投后开、后投先开"的顺序，首先由投标人代表和现场监督人员验证投标文件密封情况及签章情况，经确认符合招标文件要求并签字后，当众拆启投标文件并宣读投标人的名称、投标价格、是否提交了投标保证金以及招标人认为适宜的其他细节。记录员做好开标记录。

21.4 开标会转入评标程序后，评委按照招标文件的要求和唱标的顺序对投标人有关证书的原件进行验证。投标人法定代表人或授权代表持相关证书的原件参加验证，并在验证表上签字。每位投标人参加验证结束后不得对其验证内容进行补充。

（五）评标与定标

22. 评标委员会

按照《招标投标法》和《评标委员会和评标方法暂行规定》的规定，评标由依法组建的评标委员会负责，评标委员会由招标人和有关技术、经济等方面的专家7人组成，其中，招标人代表2人，技术、经济专家5人。参加评标的专家由招标人在开标前从评标专家库中随机抽取。

23. 评标原则

依据《招标投标法》的有关规定，评标应遵循下述原则：

23.1 公平、公正、科学、择优的原则。

23.2 质量好、信誉高、价格合理、工期适当、施工组织设计方案经济合理、技术可行。

24. 评标纪律

24.1 评标委员会成员和参与评标工作的有关人员不得透露对投标文件的评审和比较、中标候选人的推荐情况以及与评标有关的其他情况。

24.2 除投标须知的规定以外，开标以后至授予中标通知书前，任何投标人均不得就与其投标文件相关的问题主动与招标人和招标代理机构联系。

24.3 如投标人试图对评标委员会的评标施加影响，则将导致该投标人的投标文件被拒绝。

25. 投标文件的符合性鉴定

25.1 在详细评标之前，首先确定每份投标文件是否在实质上响应了招标文件的要求；实质上响应招标文件要求的投标文件，应该与招标文件的所有条款、条件和规范相符，无显著差异或保留。

25.2 投标文件有下列情况之一的，由评标委员会初审后按废标处理：

25.2.1 招标文件规定的格式之处未加盖投标人公章或未经法定代表人或授权代表签字或盖章。

25.2.2 在评标过程中，评标委员会发现投标人的报价明显低于其他投标报价，使得其投标报价可能低于其个别成本的，应当要求该投标人做出书面说明，并提供相关证明材料。投标人不能合理说明或者不能提供相关证明材料的，由评标委员会认定该投标人以低于成本报价竞标，其投标按废标处理。

26. 投标文件的澄清

26.1 评标委员会可以书面方式要求投标人对投标文件中含义不明确、对同类问题表述不一致或者有明显文字和计算错误的内容做必要的澄清、说明或者补正。

26.2 评标委员会在对实质上响应招标文件要求的投标进行报价评估时，应当按下述原则进行修正：

26.2.1 用数字表示的数额与用文字表示的数额不一致时，以文字数额为准。

26.2.2 单价与工程量的乘积与总价之间不一致时，以单价为准。若单价有明显的小数点错位，应以总价为准，并修改单价。

27. 评标标准及方法

本工程采用综合评分法，对投标文件中的以下内容打分。

27.1　投标报价基本分30分。

投标报价基本分为30分。全部有效投标人报价的算术平均值的50%与招标人标底价的50%之和作为评标基准值。投标报价与评标基准值相比，每低1%，在基本分基础上加1.5分，最多加15分，低于10%以上者(不含10%)的，低出部分每低1%，在满分基础上扣3分，扣完为止。投标报价与评标基准值相比，每高1%，在基本分的基础上扣1.5分，扣完为止。

27.2　投标工期4分。

符合招标文件工期要求得2分；与要求工期相比，每低10天且有相应的工期保证措施加1分，最多加2分。

27.3　工程质量4分。

符合招标文件要求得2分，有可行的技术、经济、组织措施者加0～2分。

27.4　施工组织设计0～28分。

对本工程施工的各关键点、难点及其处理措施0～3分；施工方法0～3分；施工组织机构0～1分；劳动力计划及主要施工机械计划和主要材料供应计划0～3分；确保工程质量的技术组织措施0～8分；确保工程安全施工的组织措施0～2分；确保文明施工的组织措施0～2分；确保工期的技术组织措施、施工总进度表或工期网络图0～2分；施工平面布置图0～2分；与其他项目的配合0～2分。

27.5　企业和项目经理业绩(0～12分)(以获奖证书、质量鉴定书、合同等有效文件原件为准并与投标书复印件对照)。

27.5.1　企业在近三年获得国家奖项的，每项得2分；省级奖项的，每项得1分；市级奖项的，每项得0.5分(本项最高3分)。

27.5.3　近三年来项目经理获得优秀项目经理国家级得2分，省级得1分，市级得0.5分(本项最高3分)。

27.6　招标人对投标人的综合评价(4～7分)。

招标人对投标人的综合评价以招标人开标时向评标委员会汇报考察情况，由评委酌情打分，最低4分，最高7分。

28. 计分办法

评委根据招标文件、投标文件，按照评分办法，统一认定投标人的硬指标分值再加上评委个人评判分值，得出每个评委对投标人的评标分数。投标人的最终得分为所有评委对其打分的算术平均值。计分过程按四舍五入取至小数点后两位，最终得分取至小数点后一位。

29. 定标

投标人的排名按得分顺序从高到低排列。评标委员会写出评标报告向招标人推荐3名合格中标候选人。原则上讲，招标人应按评标委员会依法推荐的中标候选人顺序确定中标人。

(六)授予合同

30. 合同授予标准

招标人将把合同授予能够最大限度满足招标文件中规定的各项综合评价标准，能够满足招标文件的实质性要求，并且经评审的投标价格最合理的投标人。

31. 中标通知

确定中标人后，招标人以书面形式向中标人发出中标通知书。

32. 履约保证金（可为现金、汇票、银行保函形式）

在收到中标通知书后的 5 天内，中标人应按规定向招标人提交履约保证金（或银行保函），履约保证金数额为中标价的 10％。履约保证金在主体工程竣工、验收合格后 15 天内退还。

33. 合同的签署

中标通知书发出后的 30 天内招标人与中标人签订合同。

第三章　合同条款

本合同条款使用中华人民共和国原建设部、国家工商行政管理局于 2013 年印发的《建设工程施工合同（示范文本）》（GF—2017—0201），以下条款要求投标人在投标书中的承诺书做出实质性响应。

一、工期与质量

（1）本工程计划开工日期为 2017 年 4 月 1 日，计划竣工日期为 2018 年 1 月 16 日，计划总工期为 290 日历天。投标单位在此范围内自报竣工日期。

（2）招标、投标双方在承包合同中签订的竣工日期，中标单位不得延误，否则按延误工期天数，每天处以工程总价 0.2％的罚款（该工程决算后执行奖罚对等原则）。

（3）因招标单位责任影响中标单位工程的施工进度，竣工日期由双方商定。因不可抗力造成工期延误，由双方商定延长工期。

（4）工程质量等级：优良。

（5）招标单位派驻施工现场的代表、委托监理公司进驻现场的总监理工程师和监理工程师有权处理一切与工程质量有关的问题，并负责工程质量的日常监督和中间检查、变更、验收的签证。

（6）发生施工质量事故，由中标单位负责处理。招标单位要求中标单位返工，工期不顺延，中标单位必须保证对工程质量、合同、工期的承诺。

二、材料设备供应

（1）工程材料由中标单位组织供应，中标单位应对材料的质量、数量负责并提供材料的出厂检验合格证，同时，建设单位和监理单位有权随时进行抽查和送交质量检验部门进行检验。

（2）为确保工程进度，急需购买的部分材料、高级装饰材料、市场短缺材料，中标单位应将其货源地、质量、价格等内容通知招标单位，经招标单位同意后方可办理。招标单位对此差价负责承担。

（3）本工程所购设备和材料应符合设计要求，达到国家规定质量标准，现场监理人员有权核查，防止不合格产品用于工程。

三、支付、竣工验收及其他

（1）中标单位应在每月前 5 天向建设单位报送月、季度施工作业计划，一式两份，并应确保其计划的具体实现。计划应注明需要招标单位配合的工作和将要进行安装的设备的名称、数量、具体供应时间。中标单位按国家统计局的规定及格式，在每月 30 日前向招标单位报送月完成工作量统计和月报表及形象进度，一式三份，并附有进度说明。经招标单位签认后，据此支付工程进度款。

（2）本工程合同签订后一个月内或不迟于开工前7日内，预付工程合同价款的10%作为工程预付款，预付款待工程款支付至合同价的60%时一次扣回。工程款支付采用按月进度付款方式：每月25日中标人向招标人报送已完工程量报表，经监理工程师、招标人验收合格并签字认可后，按实际完成量的80%付款。待工程竣工经验收合格，且结算完毕后一个月内付至工程价款的97%，剩余3%留作质量保修金，待缺陷责任期满且无质量问题后一月内一次付清（无息）。

（3）工程竣工后，中标单位应将下列资料移交招标单位。

1）修改后的竣工图四套。

2）设计修改变更通知单。

3）材料出厂合格证或试验报告（原件）。

4）工程试验报告（包括钢筋试验数据、混凝土试验和检验记录）。

5）隐蔽工程施工验收记录。

6）未按设计和设计变更施工的工程明细表及附图。

7）施工、事故、缺陷的处理明细表及附图。

8）工程竣工验收报告。

竣工资料应齐全完整，装订成册，一式两份，否则招标单位有权拒绝验收。

（4）中标单位确认的承包工程达到工程质量标准并备齐工程资料后移交，写出申请竣工验收报告，需交招标单位驻现场代表提出申请组织验收。

（5）招标单位在收到竣工验收申请后，认为工程符合验收条件，应在7日内开始组织验收。

（6）工程验收后办理移交手续，工程保修期按国家规定执行，在此时间内，凡属施工原因造成的问题，中标单位必须无偿返修。如果中标单位不能够返修，招标单位将另行委托其他单位承修，其费用由中标单位支付。

四、中标人必须承担总承包责任，不得转包工程；若发现中标人转包工程，视为中标人违约，招标人有权终止合同，另选施工队伍，履约保证金不予退还。

五、验收合格后两年内为缺陷责任期。在缺陷责任期内如出现施工质量缺陷或由于施工质量而引起的纠纷，应由中标人承担责任及损失。

六、根据规定，投标人在标书中必须对农民工工资保障金做出明确承诺：一旦中标，投标人将按照中标价的2%足额缴纳农民工工资保障金。如果承包的工程项目中出现拖欠农民工工资的情况，可由住房城乡建设主管部门从该保障金中先予划支。无此项承诺者在评标时将实行一票否决，作为废标处理。

七、中标人接到中标通知书后，保证在7个工作日内向招标人缴纳合同总价10%的履约保证金，作为中标人在合同期内履行约定义务的担保，招标人同时向中标人提供相应的支付担保。若不能按时、足额缴纳履约保证金，其投标保证金将被没收，且招标人有权另选中标人。

八、若投标人对本招标文件的主要合同条款有异议或不能完全响应，必须在投标文件中以偏离表的方式加以详细说明。除说明原因外，还应说明具体的偏离量。凡没有详细说明偏离量的，视为完全接受招标文件的所有内容及条件。

第四章　合同文件格式

一、合同协议书格式（略）

二、通用合同条款格式（略）

通用合同条款采用国家工商行政管理局和原建设部颁布的《建设工程施工合同（示范文本）》（GF—2017—0201）中的通用条款。

三、专用合同条款格式（略）

专用合同条款参照国家工商行政管理局和原建设部颁布的《建设工程施工合同（示范文本）》（GF—2017—0201）的合同专用条款内容，结合本工程实际情况制定，是对合同通用条款的补充和修改，两者若有矛盾，以专用条款为准。

四、承包人承揽工程项目一览表（略）

五、发包人供应材料设备一览表（略）

六、工程质量保修书（略）

七、发包人支付担保书格式（略）

第五章　工程量清单（略）

一、工程量清单说明

（1）本工程量清单是根据招标文件中包括的、有合同约束力的图纸以及有关工程量清单的国家标准、行业标准、合同条款中约定的工程量计算规则编制。约定计量规则中没有的子目，其工程量按照有合同约束力的图纸所标示尺寸的理论净量计算。计量采用中华人民共和国法定计量单位。

（2）本工程量清单应与招标文件中的投标人须知、通用合同条款、专用合同条款、技术标准和要求及图纸等一起阅读和理解。

（3）本工程量清单仅是投标报价的共同基础，实际工程计量和工程价款的支付应遵循合同条款的约定和第七章"技术标准和要求"的有关规定。

（4）补充子目工程量计算规则及子目工作内容说明：_____。

二、投标报价说明

（1）工程量清单中的每一子目须填入单价或价格，且只允许有一个报价。

（2）工程量清单中标价的单价或金额，应包括所需人工费、施工机械使用费、材料费、其他（运杂费、质检费、安装费、缺陷修复费、保险费，以及合同明示或暗示的风险、责任和义务等），以及管理费、利润等。

（3）工程量清单中投标人没有填入单价或价格的子目，其费用视为已分摊在工程量清单中其他相关子目的单价或价格之中。

（4）暂列金额的数量及拟用子目的说明：_____。

（5）暂估价的数量及拟用子目的说明：_____。

三、工程量清单格式

（1）投标总价表（略）。

（2）单位工程费汇总表（略）。

（3）分部分项工程清单计价表（略）。

（4）措施项目清单计价表（略）。

(5)其他项目清单计价表(略)。

(6)零星工作费表(略)。

(7)措施项目费分析表(略)。

(8)分部分项工程清单综合单价分析表(略)。

(9)主要材料价格表(略)。

(10)规费分析计算表(略)。

第六章　图纸(略)

一、图纸目录

二、图纸

第七章　工程技术规范

依据施工图纸和设计文件要求，本招标工程项目的材料、设备、施工必须达到下列现行中华人民共和国及省、市、行业的一切有关工程建设标准、法规、规范的要求。如下述标准及规范要求有不同，则以较严格者为准。

(1)《工程测量规范》(GB 50026—2007)。

(2)《建筑地基基础工程施工质量验收标准》(GB 50202—2018)。

(3)《建筑桩基技术规范》(JGJ 94—2008)。

(4)《建筑地基处理技术规范》(JGJ 79—2012)。

(5)《地下防水工程质量验收规范》(GB 50208—2011)。

(6)《混凝土结构工程施工质量验收规范》(GB 50204—2015)。

(7)《混凝土质量控制标准》(GB 50164—2011)。

(8)《砌体结构工程施工质量验收规范》(GB 50203—2011)。

(9)《屋面工程质量验收规范》(GB 50207—2012)。

(10)《建筑地面工程施工质量验收规范》(GB 50209—2010)。

(11)《普通混凝土配合比设计规程》(JGJ 55—2011)。

以上规范如有变化，以最新发布的为准。

第八章　投标文件商务部分格式

(1)投标函(略)。

(2)投标文件主要内容汇总表(略)。

(3)工程量清单计价表(略)。

(4)法定代表人身份证明文件(略)。

(5)授权委托书(略)。

(6)缴纳投标担保的证明(略)。

(7)对招标文件中所列合同主要条款的承诺书(略)。

(8)联合体协议书(略)。

第九章　投标文件技术部分格式

投标文件技术部分内容包括施工组织设计、项目管理机构配备情况、拟分包项目情况等。

投标人编制施工组织设计时应采用文字并结合图表形式说明施工方法拟投入本标段的主要施工设备情况、拟配备本标段的试验和检测仪器设备情况、劳动力计划等结合了工程特点提出切实可行的工程质量、安全生产、文明施工、工程进度、技术组织措施，同时，应对关键工序、复杂环节重点提出相应技术措施，如冬雨期施工技术、减少噪声、降低环境污染、地下管线及其他地上设施的保护和加固措施等。

施工组织设计除采用文字表述外还有相应的图表。

技术部分主要附表包括：

(1)拟投入本标段的主要施工设备表(略)。

(2)拟配备本标段的试验和检测仪器设备表(略)。

(3)劳动力计划表(略)。

(4)施工进度计划表(略)。

(5)施工总平面图(略)。

(6)临时用地表(略)。

第十章　投标文件综合资信部分格式

综合资信部分主要包括项目管理机构配备情况；建筑企业在建筑市场活动中行为规范(主要指质量、安全、招标、投标活动)无不良行为；对不良行为的认定以住房城乡建设主管部门通报为准；企业综合实力、信誉、综合施工能力、近三年以来类似工程业绩。

主要表格包括：

(1)项目管理机构组成表(略)。

(2)主要人员简历表(略)。

(3)拟分包情况表(略)。

(4)投标人基本情况表(略)。

(5)近年财务状况表(略)。

(6)近年完成类似项目表(略)。

(7)正在施工和新承接的项目情况表(略)。

(8)近年发生的诉讼和仲裁情况表(略)。

(9)其他材料(略)。

项目小结

本项目根据招标人进行招标工作的时间顺序，先后介绍了建筑工程招标概念、招标前期准备、招标公告或投标邀请书的编制、资格审查文件的编制、招标文件的编制、建设工程招标标底的编制和建设工程招标控制价的编制，最后安排了一份实际工程的招标文件以供识读。本项目中附有大量来源于实际工作的表格，读者可以根据本项目最后的实际工程项目的招标文件，模拟招标人的身份，练习填写完成书中的表格，从而达到掌握招标各项工作的目的。

本项目的学习重点是资格审查文件的编制和招标文件的编制。

思考与练习

一、单项选择题

1. 下列使用国有资金的项目中，必须通过招标方式选择施工单位的是（　　）。
   A. 某水利工程，其单项施工合同估算价600万元
   B. 利用资金实行以工代赈需要使用农民工
   C. 某军事工程，其重要设备的采购单项合同估算价100万元
   D. 某福利院工程，其单项施工合同估算价300万元且施工主要技术采用某专有技术

2. 《招标投标法》规定，招投标活动应当遵循公开、公平、公正和诚实信用的原则。公开原则，首先要求招标信息公开，其次还要求（　　）公开。
   A. 评标方式　　　　　　　　　　　B. 招投标过程
   C. 招标单位　　　　　　　　　　　D. 投标单位

3. 按照《招标投标法》及相关规定，必须进行施工招标的工程项目是（　　）。
   A. 施工企业在其施工资质许可范围内自建自用的工程
   B. 属于利用扶贫资金实行以工代赈需要使用农民工的工程
   C. 施工主要技术采用特定的专利或者专有技术工程
   D. 经济适用房工程

二、填空题

1. 某污水处理建设项目需采购一批设备，按照规定必须进行招标采购的标准是单项合同估算价在_____万元以上。

2. 招标人对已发出的招标文件进行必要的澄清或者修改的，应以书面形式通知所有招标文件收受人，通知的时间应至少在要求提交投标文件截止时间前_____。

3. 一项工程采用邀请招标时，参加投标的单位不得少于_____家。

4. 《招标投标法》规定，依法必须招标的项目，自招标文件发出之日起至投标人提交投标文件截止之日，最短不得少于_____天。

三、判断题

1. 招标人可以自行决定是否编制标底。　　　　　　　　　　　　　　　　（　　）

2. 编制依法必须进行招标的项目的资格预审文件和招标文件，应当使用住房和城乡建设部制定的标准文本。　　　　　　　　　　　　　　　　　　　　　　（　　）

3. 招标人不得组织单个或者部分潜在投标人踏勘项目现场。　　　　　　　（　　）

4. 招标人可根据招标的项目情况在招标文件中设定最高限价或最低限价。（　　）

四、简答题

1. 国有资金占控股或者主导地位的依法必须进行招标的项目，应当公开招标；有哪些情形的，可以邀请招标？

2. 依据《招标投标法》及其实施条例，哪些情形可以不进行招标？

3. 公开招标与邀请招标的区别是什么？

五、论述题

1. 请叙述公开招标的主要流程(资格审查采用资格预审)。

2. 我国工程招标方式有哪些?简述它们的优缺点及适用范围。

六、案例分析题

[案例一]

背景材料: 某省一级公路××路段全长 224 km,本工程采取公开招标的方式,共分 20 个标段,招标工作从 2012 年 7 月 2 日开始,至 8 月 30 日结束,历时 60 天。招标工作的具体步骤如下:

(1)成立招标组织机构。

(2)发布招标公告和资格预审通告。

(3)进行资格预审。7 月 16—20 日出售资格预审文件,47 家省内外施工企业购买了资格预审文件,其中的 46 家于 7 月 22 日递交了资格预审文件。经招标工作委员会审定后,45 家单位通过了资格预审,每家被允许投 3 个以下的标段。

(4)编制招标文件。

(5)编制标底。

(6)组织投标。7 月 28 日,招标单位向上述 45 家单位发出资格预审合格通知书。7 月 30 日,向各投标人发出招标文件。8 月 5 日,召开标前会。8 月 8 日,组织投标人踏勘现场,解答投标人提出的问题。8 月 20 日,各投标人递交投标书,每标段均有 5 家以上投标人参加竞标。8 月 21 日,在公证员出席的情况下,当众开标。

(7)组织评标。评标小组按事先确定的评标办法进行评标,对合格的投标人进行评分,推荐中标单位和后备单位,写出评标报告。8 月 22 日,招标工作委员会听取评标小组汇报,决定中标单位,发出中标通知书。

(8)8 月 30 日,招标人与中标单位签订合同。

问题:

(1)上述招标工作内容的顺序作为招标工作先后顺序是否妥当?如果不妥,请确定合理的顺序。

(2)简述编制招标工作的实施步骤。

[案例二]

背景材料: 某市越江隧道工程全部由政府投资。该项目为该市建设规划的重要项目之一,且已列入地方年度固定资产投资计划,概算已经主管部门批准,征地工作尚未全部完成,施工图及有关技术资料齐全。现决定对该项目进行施工招标。因估计除本市施工企业参加投标外,还可能有外省市施工企业参加投标,故业主委托咨询单位编制了两个标底,准备分别用于对本市和外省市施工企业投标价的评定。业主对投标单位就招标文件所提出的所有问题统一做了书面答复,并以备忘录的形式分发给各投标单位,为简明起见,采用表格形式,见下表。

答疑记录表

序号	问题	提问单位	提问时间	答复
1				
……				
n				

在书面答复投标单位的提问后，业主组织各投标单位进行了施工现场踏勘。在投标截止日期前10天，业主书面通知各投标单位，由于某种原因，决定将收费站工程从原招标范围内删除。

问题：

(1)该项目的标底应采用什么方法编制？简述其理由。

(2)业主对投标单位进行资格预审应包括哪些内容？

(3)该项目施工招标在哪些方面存在问题或不当之处？请逐一说明。

七、项目实训

模拟编制某项目的施工招标文件。

资料准备：(1)工程有关批文。

(2)项目施工图纸。

(3)模拟工程现场。

实训分组：按招标人、投标人、评标人、监督人的角色划分小组。

实训要求：(1)招标文件应尽量详细完整。

(2)采用标准招标文件格式。

(3)通过角色扮演充分发挥学生的主动性。

注意事项：(1)投标人不少于3家。

(2)评标人不少于5人，且应为单数。

案例分析

案例集锦

参考答案

项目三　建设工程投标

大国工匠

知识目标

通过本项目的学习，了解建设工程投标的基本概念、投标报价的组成及编制方法；熟悉工程项目投标的一般程序；初步掌握投标报价技巧；掌握建设工程投标文件编制的方法。

技能目标

通过本项目的学习，能够具有初步投标决策和报价技巧的能力；能够具备完整编制简单投标文件的能力。

素质目标

通过本项目的学习，培养学生的诚信意识，在投标工作中，不相互串标，保证投标资料的真实性，不弄虚作假。

任务一　建设工程投标概述

一、建设工程投标的一般程序

建设工程施工投标是法制性、政策性很强的工作，必须依照特定的程序进行，这在《招标投标法》和《房屋建筑和市政基础设施工程施工招标投标管理办法》中都有严格的规定，将这些规定与实际工作相结合，总结为如图 3-1 所示的建设工程投标程序。

(一)投标的前期工作

投标的前期工作包括获取并查证投标信息、前期投标决策和筹建投标班子并委托投标代理人三项内容。

1. 获取并查证投标信息

收集并跟踪项目投标信息是市场经营人员的重要工作，经营人员应建立广泛的信号网络，不仅要关注各招标机构公开的招标公告和公开发行的报刊、网络，还要建立与建设管理行政部门、建设单位、设计院、咨询机构的良好关系，以便尽早了

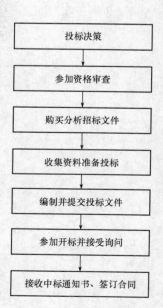

图 3-1　建设工程投标程序

解建设项目的信息，为项目投标工作做充分的准备。

在工程项目投标活动中，需要收集的信息涉及面很广，其主要内容可以概括为以下几个方面：

（1）项目的自然环境。项目的自然环境主要包括工程所在地的地理位置和地形、地貌及气象状况，还包括气温、湿度、主导风向、平均降水量、洪水、台风及其他自然灾害状况等。

（2）项目的市场环境。项目的市场环境主要包括建筑材料、施工机械设备、燃料、动力、供水和生活用品的供应情况、价格水平，还包括近年批发物价、零售物价指数以及今后的变化趋势和预测；劳务市场情况，如工人的技术水平、工资水平、有关劳动保护和福利待遇的规定；金融市场情况，如银行贷款的难易程度及银行利率等。

（3）项目的社会环境。投标人首先应当了解与项目有关的政治形势、国家政策等，即国家对该项目采取鼓励政策还是限制政策，同时，还应了解在招投标活动中以及在合同履行过程中有可能适用的法律。

（4）竞争环境。掌握竞争对手的情况，是投标策略中的一个重要环节，也是投标人参加投标能否获胜的重要因素。其主要工作是分析竞争对手的实力和优势以及在当地的信誉；了解对手投标报价的动态，与业主之间的人际关系，掌握竞争对手的情况以便同相权衡，从而分析自己取胜的可能性和制定相应的投标策略。

（5）项目方面的情况。工程项目方面的情况包括工作性质、规模、发包范围；工程的技术规模和对材料性能及工人技术水平的要求；总工期及分批竣工、交付使用的要求；施工场地的地形、地质、地下水水位、交通运输、给水排水、供电、通信条件的情况；工程项目资金来源；对购买器材和雇工有无限制条件工程价款的支付方式；监理工程师的资历、职业道德和工作作风等。

（6）业主的信誉。业主的信誉包括业主的资信情况、履约态度、支付能力、在其他项目上有无拖欠工程款的情况、对实施的工程需求的迫切程度，以及对工程的工期、质量、费用等方面的要求。

（7）投标人自身情况。投标人对自己内部情况、资料也应当进行归档管理，这类资料主要用于招标人要求的资格审查和本企业履行项目的可能性，包括反映本单位技术能力、管理水平、信誉工程业绩等的各种资料。

（8）有关报价的参考资料。有关报价的参考资料如当地近期类似工程项目的施工方案、报价、工期及实际成本等资料，同类已完工程的技术经济指标，本企业承担过类似工程项目的实际情况。

为使投标工作有良好的开端，投标人必须做好查证信息工作。多数公开招标项目属于政府投资或国家融资的工程，在报刊等媒体刊登招标公告或资格预审公告。但是，经验告诉我们，对于一些大型或复杂的项目，获悉招标公告后再做投标准备工作，时间仓促，投标易处于被动状态。因此，要提前注意信息、资料的积累整理，提前跟踪项目。

2. 前期投标决策

投标人在证实招标信息真实可靠后，为了避免出现风险，投标人同时还要对招标人工作作风、信誉和支付工程价款的能力等方面进行了解，一定要选择那些支付能力强、工作作风正派、诚实信用、守法的业主，这样才能正确决定是否投标。

3. 筹建投标班子并委托投标代理人

在确定参加投标活动后，为了确保在投标竞争中获得胜利，投标人在投标前应建立专门的投标班子，负责投标事宜，投标班子的人员必须诚信、精干、积极、认真，对公司忠诚，保守报价机密且经验丰富。为迎接技术和管理方面的挑战，在竞争中取胜，承包商的投标班子应该由以下三种类型的人才组成：

（1）经营管理类人才（决策人）。其主要职责是正确做出项目的投标报价策略，一般由总经济师、部门经理或副经理负责。

（2）专业技术类人才（技术负责人）。其主要职责是制定各种施工方案和施工技术措施，一般由总工程师、技术部长或主任工程师负责。

（3）商务金融类人才（投标报价人）。其主要职责是根据投标工作机构确定的项目报价策略、项目施工方案和各种技术组织措施，按照招标文件的要求，合理确定项目的投标报价。一般由造价工程师或预算员担任。还可以委托投标代理人开展各项工作，投标代理人应具备的条件：有精深的业务知识和丰富的投标代理经验；有较高的信誉，代理机构应诚信可靠，能尽力维护委托人的合法权益，忠实地为委托人服务；有较强的活动能力，信息灵通；有相当的权威性和影响力及一定的社会背景。

物业管理招投标
—3：成立团队、科
学分工、制定策略

（二）参加资格预审

在决定投标项目后，经营人员要注意招标公告何时发布。在招标公告发布后，按照公告要求及时报名，严格依据招标公告要求的资料准备，并要突出企业的优势。资格预审文件应简明准确、美观大方。特别注意要严格按照要求的时间和地点报送资格预审文件，否则会失去参加资格预审的资格。

《招标投标法》第十八条规定，招标人可以根据招标项目本身的要求，在招标公告或者投标邀请书中，要求潜在投标人提供有关资质证明文件和业绩情况，并对潜在投标人进行资格审查；国家对投标人的资格条件有规定的，依照其规定。招标人不得以不合理的条件限制或者排斥潜在投标人，不得对潜在投标人存在待遇歧视。由此可见，进行资格审查是法律赋予招标人的一项权利。

能否通过资格预审是投标过程中的第一关，在资格预审工作中应注意以下事项：

（1）平时应注意有关资料的积累，该复印的提前复印，并保管好，有些资料可以储存在计算机内，在针对某个项目需要资格预审时，再将有关资料调出来，并加以补充、完善。如果平时不积累资料，完全靠临时收集，则往往会达不到业主要求而失去机会。

（2）认真填好资格预审表的重点部位，如施工招标，招标单位在资格审查中考虑的重点一般是投标单位的施工经验、施工水平和施工组织能力等方面，投标单位应通过认真阅读资格预审须知，领会招标单位的意图，认真填好资格预审表。

（3）利用联合投标来降低风险。在投标决策阶段，研究并确定今后本公司发展的地区和项目时，注意收集信息，如果有合适的项目，及早动手做资格预审的申请准备。如果发现某个方面的缺陷（如资金、技术水平、经验年限等）不是本公司自身可以解决的，则应考虑寻找适宜的伙伴，组成联合体来参加资格预审。

（4）做好递交资格预审申请后的跟踪工作。资格预审申请呈交后，应注意信息跟踪工作，以便发现不足之处，及时补送资料。

总之，资格预审文件不仅起到了通过资格预审的作用，而且还是企业重要的宣传资料。

(三)购买和分析招标文件

1. 购买招标文件

投标人在通过资格预审后，就可以在规定的时间内向招标人购买招标文件。购买招标文件时，投标人应按招标文件的要求提供投标保证金、图纸押金等。

2. 分析招标文件

购买到招标文件之后，投标人应认真阅读招标文件中的所有条款。招标文件是投标和报价的重要依据，对其理解的深度将直接影响投标结果，因此，应组织有力的设计、施工、商务、估价等专业人员仔细分析研究。

(1)投标人购买招标文件后，首先要检查上述文件是否齐全。按目录检查是否有缺页、缺图表，有无字迹不清的页、段，有无翻译错误、含糊不清、前后矛盾之处，发现有上述现象的，应立即与招标部门交涉，令其补齐或修改。

(2)在检查后，组织投标班子的全体人员从头至尾认真阅读一遍。负责技术部分的专业人员，重点阅读技术卷、图纸，商务、估价人员精读投标须知和报价部分。

(3)认真研读完招标文件后，全体人员相互讨论、解答招标文件中存在的问题，做好备忘录，等待现场踏勘了解，或在答疑会上以书面形式提出质询，要求招标人澄清，投标人可以从以下三个方面做好备忘录：

1)属于招标文件本身的问题，如图纸的尺寸与说明不一，工程量清单上的错漏，技术要求不明，文字含糊不清，合同条款中的一些数据缺漏，可以在投标截止期前 28 天内，以书面形式向招标人提出质疑，要求给予澄清。

2)与项目施工现场有关的问题，拟出调查提纲，确定重点要解决的问题，通过现场踏勘了解，如果考察后仍有疑问，也可以向招标人提出问题要求澄清。

3)如果发现的问题对投标人有利，可以在投标时加以利用或在以后提出索赔要求，这类问题投标人一般在投标时是不提的，待中标后情势有利时提出获取索赔。

(4)研究招标文件的要求，掌握招标范围，熟悉图纸、技术规范工程量清单，熟悉投标书的格式、签署方式、密封方法和标志，掌握投标截止日期，以免错失投标机会。

(5)研究评标办法，分析评标办法和合同授予标准，我国常用的评标标准有两种方式，即综合评议法和经评审的最低投标报价法。

(6)研究合同协议书、通用条款和专用条款，合同形式是总价合同还是单价合同、价格是否可以调整。分析拖延工期的罚款、保修期的长短和保证金的额度，研究付款方式、违约责任等。根据权利、义务关系分析风险，将风险考虑到报价中。

(四)收集资料、准备投标

购买招标文件后，投标人就应进行具体的投标准备工作。投标准备工作包括参加现场踏勘、参加投标预备会、计算和复核工程量、制定投标策略、编制施工规划或施工组织设计等内容。

1. 现场踏勘

投标单位拿到招标文件后，应进行全面、细致的调查研究。若有疑问或不清楚的问题需要招标单位予以澄清和解答的，应在收到招标文件后的 7 日内以书面形式向招标单位提出。为获取与编制投标文件有关的必要的信息，投标单位要按照招标文件中注明的现场踏勘(也称现场勘察、现场考察)的时间和地点，进行现场踏勘。《招标投标法》第二十一条规定，招标人根据招标项目的具体情况，可以组织潜在投标人踏勘现场。现场踏勘既是投标人的权利，也是招标人的义务，投标人在报价以前必须认真地进行施工现场踏勘，全面、仔细地调查、了解工地及其周围的政治、经济、地理等情况，投标单位参加现场踏勘的费用由投标单位自己承担。招标单位一般在招标文件发出后，就着手考虑安排投标单位进行现场踏勘等准备工作，并在现场踏勘中对投标单位给予必要的协助。

投标单位进行现场踏勘的内容，主要包括以下几个方面：

(1)现场是否达到招标文件规定的条件，如三通一平等。

(2)投标工程与其他工程之间的关系，与其他承包商或分包商之间的关系。

(3)工地现场形状和地貌、地质、地下水条件、水文、管线设置等情况。

(4)施工现场的气候条件，如气温、降水量、湿度、风力等。

(5)现场的环境，如交通、电力、水源、污水排放、有无障碍物等。

(6)临时用地、临时设施搭建等，工程施工过程中临时使用的工棚、材料堆场及设备设施所占的地方。

(7)工地附近的治安情况。

除调查施工现场的情况外，还应了解工程所在地的政治形势、经济形势、法律法规、风俗习惯、自然条件、生产和生活条件，调查发包人和竞争对手。通过调查，采取相应对策，提高中标的可能性。

2. 参加投标预备会

投标预备会一般在现场踏勘之后的1~2天内举行。研究招标文件后存在的问题，以及在现场踏勘后仍存在的疑问，投标人代表应以书面形式在标前会议上提出，招标人将以书面形式答复。这种书面答复同招标文件同样具有法律效力。

3. 计算和复核工程量

工程量的多少将直接影响工程计价和中标的机会，无论招标文件是否提供工程量清单，投标人都应该认真按照图纸计算工程量。投标单位是否校核招标文件中的工程量清单或校核得是否准确，直接影响投标报价和中标机会。因此，投标单位应认真对待。通过认真校核工程量，投标单位在大体确定了工程总报价之后，估计某些项目工程量可能增加或减少的，就可以相应地提高或降低单价。

发现工程量有重大出入的，特别是漏项的，可以找招标单位核对，要求招标单位认可，并给予书面确认。这对于固定单价合同来说尤其重要。

4. 制定投标策略

在对投标项目、招标文件、竞争对手进行了透彻研究后，就可以根据自身的情况决定投标的策略，这关系到如何报价、如何进行施工组织设计。

5. 编制施工规划或施工组织设计

施工规划和施工组织设计都是关于施工方法、施工进度计划的技术经济文件，是指导施工生产全过程组织管理的重要设计文件，是进行现场科学管理的主要依据之一。但两者相比，施工规划的深度和范围没有施工组织设计详尽、精细，施工组织设计的要求比施工规划的要求详细得多，编制起来要比施工规划复杂些。所以在投标时，投标单位一般只要编制施工规划即可，施工组织设计可以在中标以后再编制。这样，就可避免未中标的投标单位因编制施工组织设计而造成人力、物力、财力上的浪费。但有时在实践中，招标单位为了让投标单位更充分地展现实力，常常要求投标单位在投标时就要编制施工组织设计。

施工规划或施工组织设计的内容，一般包括施工程序，施工方案，施工方法，施工进度计划，施工机械、材料、设备的选定和临时生产、生活设施的安排，劳动力计划以及施工现场平面和空间的布置。

施工规划或施工组织设计的编制依据，主要是设计图纸、技术规划、复核完成的工程量，招标文件要求的开工、竣工日期，以及对市场材料、机械设备、劳动力价格的调查。编制施工规划或施工组织设计，要在保证工期和工程质量的前提下，尽可能使成本最低、利润最大。

6. 编制投标报价

工程报价决策是投标活动中最关键的环节，直接关系到能否中标。因此，投标报价是投标的一个核心环节，投标人要考虑施工的难易程度、竞争对手的水平、工程风险、企业目前的经营状况等多方面因素，根据工程价格构成对工程进行合理估价，确定切实可行的利润方针，正确计算和确定投标报价。投标单位不得以低于成本的报价竞标。

(五)编制和提交投标文件

经过前期的准备工作之后，投标人开始进行投标文件的编制工作，投标人编制投标文件时，应按照招标文件的内容、格式和顺序要求进行。投标文件应当对招标文件提出的实质性要求和条件做出响应，一般不能带任何附加条件，否则将导致投标无效。

投标文件编写完成后，应按招标文件中规定的截止日期前将准备好的所有投标文件密封送达投标地点，投标人可以在递交投标文件以后，在规定的投标截止期之前，以书面形式向招标人递交修改或撤回其投标文件的通知。在投标截止期以后，不得更改投标文件。

(六)参加开标会议并接受评标期间询问

投标人在编制和提交完投标文件后，应按时参加开标会议，开标会议由投标人的法定代表人或其委托代理人参加。如果是法定代表人参加，一般应持有法定代表人资格证明书；如果是委托代理人参加，一般应持有授权委托书。许多地方规定，不参加开标会议的投标人，其投标文件将不予启封。

在评标期间，评标委员会要求澄清投标文件中不清楚问题的，投标单位应积极予以说明、解释、澄清。澄清投标文件一般可以采用向投标单位发出书面询问，由投标单位书面做出说明、澄清或召开澄清会的方式，澄清中，投标单位不得更改标价、工期等实质性内容，开标后和定标前提出的任何修改声明或附加优惠条件，一律不得作为评标的依据。

(七)接受中标通知书、签订合同并提供履约担保

经过评标，投标人被确定为中标人后，应接受招标人发出的中标通知书，招标人和中标人应当自中标通知书发出之日起 30 日内订立书面合同，合同内容应依据招标文件、投标文件的要求和中标的条件签订，合同正式签订之后，应按要求将合同副本分送有关主管部门备案。

二、建设工程投标策略

投标策略是指在市场竞争的环境下，投标人为解决企业在投标过程中的对策问题，从而争取获得中标所采取的一系列措施。投标策略的确定应当全面考虑工程项目和市场供求的实际情况，并在做好投标管理工作的基础上进行。投标策略运用的恰当与否，对投标人在投标中能否中标以及是否盈利具有决定性的影响。

投标策略的基本原则是使投标决策能够达到经济性和有效性。所谓经济性，是指投标人能合理运用自身有限资源，发挥自身优势，积极承揽工程，使其实际能力与工程项目任务平衡，获得经济效益。所谓有效性，是指投标人综合考虑了投标的多种因素，能保证自身目标可以实现的基础，所采取的决策方案是合理可行的。

1. 建设工程投标决策

建设工程投标决策是指建设工程承包商为实现其生产经营目标，针对建设工程招标项目，而寻求并实现最优化的投标行动方案的活动。它包括三个方面的含义：其一，针对项目招标是投标或是不投标；其二，如去投标，投什么性质的标；其三，投标中如何采用以长制短、以优胜劣的策略和技巧。第一个方面内容一般称为前期决策；后两个方面称为后期决策或综合决策。

投标决策的正确与否，关系到能否中标和中标后的效益，关系到施工企业的发展前景和职工的经济利益。因此，企业必须充分认识投标决策的重要意义。

2. 投标决策阶段的划分

投标决策可以分为两个阶段进行，即投标的前期决策和投标的后期决策。

(1)投标的前期决策。投标的前期决策必须在投标人参加投标资格预审前完成。决策的主要依据是招标公告，以及公司对招标工程、业主情况的调研和了解的程度。如果是国际工程，还包括对工程所在国和工程所在地的调研和了解程度。前期阶段必须对是否投标做出论证。

(2)投标的后期决策。如果决定投标，即进入投标的后期决策阶段，它是指从申报投标资格预审资料至投标报价期间完成的决策研究阶段。主要研究如投什么性质的标，以及在投标中采取什么策略等问题。

3. 投标决策的分类

(1)按性质分类，投标可分为风险标和保险标两种。

1)风险标：投标人通过前期阶段的研究，明知工程承包难度大、风险大，且技术、设备、资金上都有未解决的问题，但由于本企业任务不足、处于窝工状态，或因为工程盈利丰厚，或为了开拓市场而决定参加投标，同时设法解决存在的问题，即风险标。投标后，如问题解决得好，可取得较好的经济效益，也可锻炼出一支好的施工队伍，使企业更上一层楼。解决得不好，企业的信誉就会受到损害，严重者可能导致企业亏损。因此，投风险标必须审慎决策。

2)保险标：投标人对可以预见的情况，从技术、设备、资金等重大问题都有解决的对策之后再投标，称为投保险标。企业经济实力较弱，经不起失误的打击，则往往投保险标。当前我国施工企业多数都愿意投保险标，特别是在国际工程承包市场。

(2)按效益分类，投标可分为盈利标和保本标两种。

1)盈利标：投标人如果认为招标工程是本企业的强项、竞争对手的弱项，或建设单位意向明确，或本企业虽任务饱满但利润丰厚，才考虑让企业超负荷运转时，此种情况下的投标，称为投盈利标。

2)保本标：当企业无后继工程，或已经出现部分窝工时，必须争取中标，但招标的工程项目本企业又无优势可言，竞争对手又多，此时就应该投保本标，至多投薄利标。

4. 影响投标决策的因素

做出科学正确的、有利于企业发展的决策，其基础工作是进行广泛、深入的调查研究，掌握大量有关投标主客观环境的详尽信息。所谓"知己知彼，百战不殆"，这个"己"就是影响投标决策的主观因素，"彼"就是影响投标决策的客观因素。

(1)影响投标决策的主观因素。影响投标决策的主观因素就是投标人自己的条件，它是投标决策的决定性因素，主要从技术、经济、管理、信誉等方面进行分析，是否达到招标的要求、能否在竞争中取胜。

1)技术因素。

①拥有精通与招标工程相关业务的各种专业人才，如估算师、建筑师工程师、会计师和管理专家等。

②具有与招标项目有关的设计、施工及解决技术难题的能力。

③有国内外与招标项目同类型工程的施工经验。

④拥有与招标项目相适应的一定的固定资产及机具设备。

⑤具有一定技术实力的合作伙伴，如实力强的分包商、合营伙伴和代理人。

2)经济因素。

①具有垫付资金的实力。建筑市场是买方市场，施工企业在交易中处于劣势，工程价款的支付方式一般由业主决定。要了解招标项目的工程价款支付方式，比如说预付款多少，什么时间和条件下支付等。在工程开工到预付款支付之间是否有垫资施工的能力，尤其对于大的造价高的工程更要注意。有些国际工程中，发包人要求"带资承包工程""实物支付工程"，根本没有预付款。所谓"带资承包工程"，是指工程由承包人筹资兴建，从建设中期或建成后某一时期开始，发包人分批偿还承包人的投资及利息，但有时这种利率低于银行贷款利息。承包这种工程时，承包人需投入大部分工程项目建设投资，而不只是一般承包所需的少量流动资金。所谓"实物支付工程"，是指有的发包方用该国滞销的农产品、矿产品折价支付工程款，而承包人推销上述物资而谋求利润将存在一定的难度。因此，遇上这种项目需要慎重对待。

②具有投入新增固定资产和机具设备及其投入的资金。大型施工机械的投入，不可能一次摊销，因此，新增施工机械将会占用一定的资金。另外，为完成项目必须要有一批周转材料，如模板、脚手架等，这也是占用资金的组成部分。

③具有一定的资金周转用来支付施工款。因为对已完成的工程量需要监理工程师确认后并经过一定手续、一定时间后才能将工程款拨入。

④具有支付或办理各种担保的能力。承包工程项目需要担保的方式多种多样，如投标担保、预付款担保、履约担保等，担保的金额会与工程造价成一定的比例，工程造价越高，担保金额越高。

⑤具有支付各种税款和保险的能力。特别是对于国际工程，税种很多、税率也很高。

⑥具有承担不可抗力风险的实力。要深入分析招标项目可能遇到的各种不可抗力的风险，包括自然的和社会的两个方面，分析其是否具有抵抗风险的能力。

3)管理因素。建筑承包市场属于买方市场，承包工程的合同价格由作为买方的发包方起支配作用，所以，在建筑市场交易中承包商处于劣势。为打开承包工程的局面，往往把利润压低赢得项目，为此，承包人必须在成本控制上下功夫，向管理要效益，如缩短工期、进行定额管理、辅以奖罚办法，减少管理人员，一专多能，节约材料，采用先进的施工方法不断提高技术水平，特别是要有重质量、重合同的意识，并有相应的切实可行的措施。

4）信誉因素。企业拥有良好的商业信誉是在市场长期生存的重要标准，也是赢得更多项目的无形资本，要树立良好的信誉，必须遵守法律和行政法规，按市场惯例办事，认真履行合同，使施工安全，工期和质量有保证。

（2）影响投标决策的客观因素。

1）发包人和监理工程师的情况。发包人的合法民事主体资格、支付能力、履约信誉、工作方式，监理工程师在以往的工程中处理问题的公正性和合理性等。

2）竞争对手和竞争形势。投标与否，要注意竞争对手的实力、优势、历年来的报价水平、在建工程情况等。竞争对手的在建工程也十分重要。如果竞争对手的在建工程即将完工，可能急于获得新承包项目，投标报价不会很高；如果竞争对手在建工程规模大、时间长，如仍参加投标，则投标报价可能很高。从竞争形势来看，投标人要善于预测竞争形势，推测投标竞争的激烈程度，认清主要的竞争对手。例如，大中型复杂项目的投标以大型承包公司为主，这类企业技术能力强，适应性强，中小型承包公司主要选择中小型项目作为投标对象，具有熟悉当地材料、劳动力供应渠道，管理人员比较少、有自己惯用的特殊施工方法等优势。

3）风险因素。国内工程承包风险相对较少，主要是自然风险、技术风险和经济风险，这类风险可以通过采取相应的措施进行防范。

4）法律、法规情况。

5. 投标决策方法

一般来说，投标项目的选择决策方法分为两种，即定性决策方法和定量决策方法。

（1）定性决策方法。定性选择投标项目，主要依靠企业投标决策人员，也可以聘请有关专家，按确定的投标标准，根据个人经验和科学的分析研究方法，选择投标项目。这种方法虽然有一定的局限性，但操作简单，应用较为广泛。

投标决策工作，应建立在掌握大量信息的基础上，从影响投标决策的主观因素出发，根据项目特点，结合本企业的经营状况，充分预测对手的投标策略，全面分析考虑选标投标对象。

1）承包商应选择下列工程投标：

①与本企业的业务范围相适应，特别能够发挥企业优势的项目。

②工期适当、建设资金落实、承包条件合理、风险较小，本企业有实力竞争取胜的项目。

③有助于本企业创名牌和提高社会信誉的项目。

④虽有风险，但属于本企业要开拓的新技术、新业务领域，能提高企业知名度的工程项目。

⑤企业开拓新的市场时，对于有把握做好的项目，都应参加投标。

⑥本企业的市场占有份额受威胁的情况，应采用保本策略参加投标。

⑦业主与本企业有长期合作关系的。

2）对于下列工程，承包商应主动放弃投标：

①对工程规模、技术要求超过本企业技术等级的项目。

微课：投标策略

②本企业业务范围和经管能力之外的项目。

③本企业生产任务饱满，招标工程的获利水平较低或风险较大的项目。

④本企业资质等级、信誉、施工水平明显不如竞争对手的项目。

（2）定量决策方法。决策理论和方法也可以用在投标项目选择决策上，包括权数计分评价法、决策树法、线性规划法和概率分析法等。这里介绍权数计分评价法和决策树法。

1）权数计分评价法。权数计分评价法就是对影响决策的不同因素设定权重，对不同投标工程的这些因素评分，最后加权平均得出总分，选择得分最高者。通过权数计分评价法，可以对某一投标招标项目投标机会做出评价，即利用本公司过去的经验确定一个 $\sum W \times C$ 值，例如，0.6 以上即可投标；还可以同时对若干个项目进行评分，对可以考虑投标的项目，选择 $\sum W \times C$ 值最高的项目作为重点，投入足够的投标资源。注意，选择投标项目时注意不能单纯看 $\sum W \times C$ 值，还要分析权数大的指标有几个，分析重要指标的等级，如果太低，则不宜投标，见表 3-1。

表 3-1　权数计分评价法选择投标项目表

投标考虑的指标	权数 /W	等级/C					指标得分 /W×C
		好	较好	一般	较差	差	
管理条件	0.15		0.8				0.12
技术水平	0.15	1.0					0.15
机械设备实力	0.05	1.0					0.05
对风险的控制能力	0.15			0.6			0.09
实现工期的可能性	0.10			0.6			0.06
资金支付条件	0.10		0.8				0.08
与竞争对手实力比较	0.10				0.4		0.04
与竞争对手投标积极性比较	0.10		0.8				0.08
今后的机会	0.05				0.4		0.02
劳务和材料条件	0.05	1.0					0.05
$\sum W \times C$							0.74

2）决策树法。决策树法是决策者构建出问题的结构，将决策过程中可能出现的状态及其概率和产生的结果，用树枝状的图形表示出来，便于分析、对比和选择。

决策树是以方框和圆圈为节点，方框节点代表决策点，圆圈节点代表状态点，也可称之为方案节点，是用直线连接而成的一种树状结构图，每条树枝代表方案可能的一种状态及其发生概率的大小。决策树的绘制从左到右，最左边的机会点中，概率和最大的机会点所代表的方案为最佳方案。

三、建设工程投标技巧

建设工程投标技巧是指建设工程承包商在投标过程中所形成的各种操作技能和诀窍。建设工程投标活动的核心和关键是报价问题，因此，投标报价的技巧至关重要。

投标不仅要靠一个企业的实力，为了提高中标的可能性和中标后的利益，投标人一定要研究投标报价的技巧，即在保证质量与工期的前提下，寻求一个好的报价。在报价时，对什么工程定价应高、什么工程定价可低，或在一个工程中，在总价出入不大的情况下，哪些单价宜高、哪些单价宜低，都有一定的技巧。技巧运用的好与坏，得当与否，在一定程度上可以决定工程能否中标和盈利。因此，它是不可忽视的一个环节。

(一)不平衡报价法

不平衡报价法又称前重后轻法，是清单投标中投标人的一种常用的投标报价技巧。其是指一个工程项目的投标报价，在总价基本确定以后，如何进行内部各个项目报价的调整，以期既不提高总价，也不影响中标，又能在结算时得到更理想的经济效益。总的来讲，不平衡报价法以"早收钱"和"多收钱"为指导原则。

通常采用不平衡报价有下列几种情况：

(1)早收钱。对能早期结账收回工程款的项目(如临时设施费、基础工程、土方开挖、桩基等)的单价可报以较高价，以利于资金周转；对后期项目(如装饰、电气设备安装等)单价可适当降低。由于工程款项的结算一般都是按照工程施工的进度进行的，在投标报价时就可以把工程量清单里先完成的工作内容的单价调高，后完成的工作内容的单价调低。尽管后面的单价可能会赔钱，但由于在履行合同的前期早已收回了成本，减少了内部管理的资金占用，有利于施工流动资金的周转，财务应变能力也得到提高，因此只要保证整个项目最终能够盈利就可以了。采用这样的报价办法不仅能平衡和舒缓承包商资金压力的问题，还能使承包商在工程发生争议时处于有利地位，因此，就有索赔和防范风险的意义。

(2)多收钱。估计今后工程量可能增加的项目，单价可适当定得高一些，这样在最终结算时可多盈利。将工程量可能减少的项目单价降低，工程结算时损失不大。无论由于工程量清单有误或漏项，还是由于设计变更引起新的工程量清单项目或清单项目工程数量的增减，均应按照实际调整。因此，如果承包人在报价过程中判断出标书工程数量明显不合理，就可以获得多收钱的机会。

上述两种情况要统筹考虑，对于工程量有误的早期工程，如果实际工程量可能小于工程量清单表中的数量，就不能盲目抬高价格，要进行具体分析后再确定。

(3)图纸内容不明确或有错误，估计修改后工程量要增加的，其单价可提高；而工程内容不明确的，其单价可降低。

(4)对于工程量不明的项目，如果没有工程量，只填单价，其单价宜高，以便在以后结算时多盈利，又不影响报价。如果工程量有暂定值，需具体分析，再决定报价，方法同清单工程量不准确的情况。

(5)有时在其他项目费中会有暂定工程，这些工程还不能确定是否施工，也有可能分包给其他施工企业，或者在招标工程中的部分专业工程，业主也有可能分包，如钢结构工程、装饰工程、玻璃幕墙工程。在这种情况下要具体分析，如果能确定自己承包，价格可以高些。如果自己承包的可能性小，价格应低些，这样可以拉低总价，自己施工的部分就可以报高些。将来结算时，自己不仅不会损失，反而能够获利。

不平衡报价法在工程项目中运用得比较普遍，是一种投标策略。对于不同的工程项目，应根据工程项目的不同特点以及施工、条件等来考虑采用不平衡报价法。不平衡报价法采用的前提是工程量清单报价，它在国际工程承包市场已运用了多年，现在已经正式在全国范围内推广，它强调的是"量价分离"，即工程量和单价分开，投标时承包商报的是单价而不是总价，总价等于单价乘以招标文件中的工程量，最终结算时以实际发生量为准。而这个总价是理念上的总价，或者说只是评标委员会在比较各家报价的高低时提供的一个总的大致参考值，实际上承包商拿到的总收入等于在履约过程中通过验收的工程量与相应单价的乘积。

值得注意的是，在使用不平衡报价法时，不能过高或者过低，否则容易引起评标委员会的注意，导致废标，一般幅度应为 15%～30%，而且报价高低互抵，不影响总价。

(二)多方案报价法

多方案报价法是利用工程说明书或合同条款不够明确之处，以争取达到修改工程说明书和合同为目的的一种报价方法。当工程说明书或合同条款有一些不够明确之处时，往往使投标人承担较大风险，为了减少风险就必须提高工程单价，增加"不可预见费"，但这样做又会因报价过高而增加被淘汰的可能性。多方案报价法就是为对付这种两难局面而出现的。

其具体做法是在标书上报两个报价，一是按原工程说明书与合同条款报一个价；二是加以注解，如"工程说明书或合同条款可作某些改变时"，则可降低多少的费用，使报价成为最低，以吸引业主修改说明书和合同条款。承包商决定采用多方案报价法，通常主要有以下两种情况：

(1)如果发现招标文件中的范围很不具体、很不明确，或条款内容很不清楚、很不公正，或对技术规范的要求过于苛刻，可先按招标文件中的要求报一个价，然后再说明假如招标人对合同要求做某些修改，报价可降低多少。

(2)如发现设计图中存在某些不合理并可以改进的地方或可以利用某项新技术、新工艺、新材料替代的地方，或者发现自己的技术和设备满足不了招标文件中设计图的要求，可以先按设计图的要求报一个价，然后再另附上一个修改设计的比较方案，或说明在修改设计的情况下，报价可降低多少，通常也称作修改设计法。

多方案报价法具有以下特点：

(1)多方案报价法是投标人为用户服务经营思想的体现。

(2)多方案报价法要求投标人有足够的商务经验或技术实力。

(3)招标文件明确表示不接受替代方案时，应放弃多方案报价法。

运用这种方法时应注意，当招标文件明确提出可以提交一个(或多个)补充方案时，招标文件可以报多个价，如果明确不允许使用，绝对不能使用，否则会导致废标。

(三)突然降价法

突然降价法是指在投标最后截止时间内，采取突然降价的手段，确定最终投标报价的一种方法，这是一种为迷惑竞争对手而采用的竞争方法。由于投标竞争激烈，犹如一场没有硝烟的战争，所谓兵不厌诈，可在整个报价过程中，先有意泄露一些假情报，有意泄露一些虚假情况，如先按一般情况报价或表现出自己对该工程兴趣不大，到投标快要截止时，才突然降价，采用这种方法时，一定要在准备投标报价的过程中考虑好降价的幅度，在临近投标截止日期前，根据信息情况分析判断，再做出最后的决策。

采用这种方法时，要注意两点：一是在编制初步的投标报价时，对基础数据要进行有效的泄密防范，同时，将假消息通过各种渠道、采用各种手段透漏给来刺探的竞争对手；二是一定要在准备投标报价时，预算工程师和决策人要充分地分析各细目的单价、考虑好降价的细目，并计算出降价的幅度，到投标快截止时，根据情报信息与分析判断，再做出最后决策。这种方法是隐真示假智胜对手，强调的是时间效应。如鲁布革水电站引水系统工程招标时，日本大成公司知道它的主要竞争对手是前田公司，因而，在临近开标时把总报价突然降低 8.04%，取得最低标，为以后中标打下基础。

(四)先亏后盈报价法

先亏后盈报价法是一种无利润甚至亏损报价法，它可以看作战略上的"钓鱼法"。一般分为两种情况：一种是承包商为了占领某一市场，或为了在某一地区打开局面，不惜代价只求中标，先亏是为了占领市场，当打开局面后，就会带来更多的盈利；另一种是大型分期建设项目的系列招标活动中，承包商先以低价甚至亏本争取到小项目或先期项目，然后再利用由此形成的经验、临时设施，以及创立的信誉等竞争优势，以大项目或二期项目的中标收入来弥补前面的亏空并赢得利润。如伊拉克的中央银行主楼招标，德国霍夫丝曼公司就以较低标价击败所有对手，在巴格达市中心搞了一个样板工程，成了该公司在伊拉克的橱窗和广告，而整个工程的报价几乎没有分文盈利。

采取这种手段的投标人必须具有较好的资信条件，提出的施工方案要先进可行，并且投标书做到全面响应。与此同时，投标人也要加强对公司优势的宣传力度，让招标人对拟定的施工方案感到满意，并且认为投标书中就满足招标文件提出的工期、质量、环保等要求的措施切实可行。否则即使报价再低，招标人也不一定选用，相反，招标人还会认为标书存在着重大缺陷。而且投标人也应注意分析获得二期项目的可能性，若开发前景不好、后续资金来源不明确、实施二期项目遥遥无期，也不宜考虑采用先亏后盈报价法。

(五)扩大标价法

扩大标价法又称为逐步升级法。这种投标报价的方法是将投标看成协商的开始，首先对技术规范和图纸说明书进行分析，把工程中的难题，如特殊基础等费用最多的部分抛弃（在报价单中加以注明）、将标价降至无法与之竞争的数额，利用这种"最低标价"来吸引招标人，从而取得与招标人商谈的机会，再逐步进行费用最多部分的报价。

扩大标价法是投标人针对招标项目中的某些要求不明确、工程量出入较大等有可能承担重大风险的部分提高报价，从而规避意外损失的一种投标技巧。例如，在建设工程施工投标中，校核工程量清单时发现某些分部分项工程的工程量、图纸与工程量清单有较大的差异，并且业主不同意调整，而投标人也不愿意让利的情况下，就可对有差异部分采用扩大标价法报价，其余部分仍按原定策略报价。

(六)联合体法

联合体法在大型工程投标时比较常用，即两三家公司。如果单独投标会出现经验、业绩不足或工作负荷过大而造成高报价，失去竞争优势，而如果联合投标，可以做到优势互补、利益共享、风险共担，相对提高了竞争力和中标概率。

总而言之，任何技巧和策略在其失败时就是一种风险，如何才能运用恰当，需要在实践中去锻炼。投标人只有不断地总结投标报价的经验和教训，才能提高其报价水平，提高企业的中标率。

任务二　建设工程投标报价的编制

一、投标报价的编制依据

"13 计价规范"规定，投标报价应根据下列依据编制和复核：

(1)"13计价规范"与专业工程计量规范。

(2)国家或省级、行业建设主管部门颁发的计价办法。

(3)企业定额,国家或省级、行业建设主管部门颁发的计价定额。

(4)招标文件、招标工程量清单及其补充通知、答疑纪要。

(5)建设工程设计文件及相关资料。

(6)施工现场情况、工程特点及投标时拟定的施工组织设计或施工方案。

(7)与建设项目相关的标准、规范、技术资料。

(8)市场价格信息或工程造价管理机构发布的工程造价信息。

(9)其他的相关资料。

二、投标报价的组成和编制方法

(一)建设工程投标报价的费用组成

根据 2013 年 3 月 31 日中华人民共和国住房和城乡建设部与中华人民共和国财政部印发的《建筑安装工程费用项目组成》(建标〔2013〕44 号文件),建筑安装工程费用项目按费用构成要素组成划分为人工费、材料费、施工机具使用费、企业管理费、利润、规费和税金。建筑安装工程费用按工程造价形成顺序划分为分部分项工程费、措施项目费、其他项目费、规费和税金。

(1)人工费。人工费是指按工资总额构成规定,支付给从事建筑安装工程施工的生产工人和附属生产单位工人的各项费用。其内容包括计时工资或计件工资、奖金、津贴补贴、加班加点工资、特殊情况下支付的工资。

(2)材料费。材料费是指施工过程中耗费的原材料、辅助材料、构配件、零件、半成品或成品、工程设备的费用。其内容包括材料原价、运杂费、运输损耗费、采购及保管费。

(3)施工机具使用费。施工机具使用费是指施工作业所发生的施工机械、仪器仪表使用费或其租赁费。施工机械使用费以施工机械台班耗用量乘以施工机械台班单价表示,施工机械台班单价应由下列七项费用组成:折旧费、大修理费、经常修理费、安拆费及场外运费、人工费、燃料动力费、税费。仪器仪表使用费是指工程施工所需使用的仪器仪表的摊销及维修费用。

(4)企业管理费。企业管理费是指建筑安装企业组织施工生产和经营管理所需的费用。其内容包括管理人员工资、办公费、差旅交通费、固定资产使用费、工具用具使用费、劳动保险和职工福利费、劳动保护费、检验试验费、工会经费、职工教育经费、财产保险费、财务费、税金、其他。

(5)利润。利润是指施工企业完成所承包工程获得的盈利。

(6)规费。规费是指按国家法律、法规规定,由省级政府和省级有关权力部门规定必须缴纳或计取的费用。其内容包括社会保险费(养老保险费、失业保险费、医疗保险费、生育保险费、工伤保险费)、住房公积金、工程排污费。其他应列而未列入的规费,按实际发生计取。

(7)税金。税金是指国家税法规定的应计入建筑安装工程造价内的税金。

(二)建设工程投标报价的编制方法

1. 工料单价法

根据工程施工图纸及技术说明,计算各分部分项工程工程量,再套用相应项目定额单价确定直接费，再按照规定的费用定额和取费程序计算间接费、利润、规费和税金，汇总后形成工程造价。

2. 综合单价法

根据工程施工图纸及技术说明，按照建设工程工程量清单计价规范中工程量计算规则，计算出分部分项工程量，再确定其综合单价。其综合单价应包括人工费、材料费、机械费、管理费、利润以及一定范围内的风险费。然后按照相应的计算方法，计算措施项目费、其他项目费、规费和税金，汇总后得出相应的工程造价。

2003 年 7 月 1 日起，我国开始实施《建设工程工程量清单计价规范》（GB 50500—2003），自此，建设工程计价模式开始发生变革，计价方式与国际接轨，体现了公平竞争的市场机制。2008 年 12 月 1 日起，开始实施《建设工程工程量清单计价规范》（GB 50500—2008）。2013 年 7 月 1 日起，开始实施《建设工程工程量清单计价规范》（GB 50500—2013）及各专业工程计量规范。我国建设项目工程量清单计价方法的应用更为完善、明确。

三、工程量清单报价的编制

工程量清单是指投标人根据招标人提供的反映工程实体消耗和措施性消耗的工程量清单，遵循"标价按清单，施工按图纸"的原则，自主确定工程量清单的单价和合价，最终确定投标报价的一种计价方法。

工程量清单计价是指投标单位完成由招标单位提供的工程量清单所需的全部费用，包括分部分项工程费、措施项目费、其他项目费、规费和税金。

工程报价＝分部分项工程费＋措施项目费＋其他项目费＋规费＋税金

工程量清单应采用综合单价计价。综合单价是指完成一个规定计量单位的分部分项工程量清单项目或措施清单项目所需的人工费、材料费、施工机械使用费和企业管理费与利润，以及一定范围内的风险费用。

建设工程工程量清单综合单价分析的步骤和方法，主要有以下几点。

（一）列出单价分析表

单价分析通常列表进行，将每个单项工程和每个单项工程中的所有项目分门别类，一一列出，制成表格。列表时要特别注意应包括施工设备、劳务、管理、材料、安装、维护、保险、利润，政策性文件规定及合同包含的所有风险、责任等各项应有费用，不能遗漏或重复列项，投标人没有列出或填写的项目，招标人将不予支付，并认为此项费用已包括在其他项目之中了。

（二）对每项费用进行计算

按照工程量清单计价的综合单价费用组成，分别对人工费、材料费、机械使用费、管理费、利润的每项费用进行计算。

管理费、利润因工程规模、技术难易程度、施工场地、工期长短及企业资质等级条件而异，一般应由投标人根据工程情况自行确定报价。实践中也可由各地区、各部门依工程规模大小、技术难易程度、工期长短等划分不同工程类型，编制年度市场价格水平，分别制定具有上下限幅度的指导性费率（即费用比率系数），供投标人编制投标报价时参考。

（三）填写正式的工程量清单综合单价分析表

在将上述各项费用计算出来后，就可以填写正式的工程量清单综合单价分析表。但为慎重起见，投标人在填写正式报价单之前，应再做一次审核，因为经上述分析计算得出的价格，一般只是待定的暂时标价，需要做进一步全面比较、权衡后才能做最后决策，要特别注意不能漏项或重复计算，并选择恰当的投标价格方式（价格固定方式或价格调整方式）。

任务三　建设工程投标文件的编制

建设工程投标文件是整个投标活动的书面成果，是招标人判断投标人是否参加投标的依据，也是评标委员会进行评审和比较的对象，中标的投标文件还和招标文件一起成为招标人和中标人订立合同的法定依据。因此，投标人必须高度重视建设工程投标文件的编制和提交工作。

一、投标文件的组成

建设工程投标文件，是建设工程投标单位单方面阐述自己响应招标文件要求，旨在向招标单位提出愿意订立合同的意思表示，是投标单位确定、修改和解释有关投标事项的各种书面表达形式的统称。从合同订立过程来分析，建设工程投标文件在性质上属于一种要约，其目的是向招标单位提出订立合同的意愿。建设工程投标文件作为一种要约，必须符合一定的条件才能发生约束力，这些条件主要包括以下几项：

（1）必须明确向招标单位表示愿以招标文件的内容订立合同的意思。

（2）必须对招标文件提出的实质性要求和条件做出响应，不得以低于成本的报价竞标。

（3）必须由有资格的投标单位编制。

（4）必须按照规定的时间、地点递交给招标单位。

凡不符合上述条件的投标文件，将被招标单位拒绝。

建设工程投标文件是由一系列有关投标方面的书面资料组成的。一般来说，投标文件由以下几个部分组成。

（一）投标函部分

投标函部分主要是对招标文件中的重要条款做出响应，包括法定代表人身份证明书、授权委托书、投标函及投标函附录、投标担保等文件。

（1）法定代表人身份证明书、授权委托书是证明投标人的合法性及商业资信的文件，应如实填写。如果法定代表人亲自参加投标活动，则不需要有授权委托书。但一般情况下，法定代表人都不亲自参加，因此，用授权委托书来证明参与投标活动代表进行各项投标活动的合法性。

（2）投标函是承包商向发包方发出的要约，表明投标人完全愿意按照招标文件的规定完成任务。写明自己的标价、完成的工期、质量承诺，并对履约担保、投标担保等做出具体、明确的意思表示，加盖投标人单位公章，并由其法定代表人签字和盖章。

（3）投标函及附录是明示投标文件中的重要内容和投标人承诺的要点。

（4）投标担保是用来确保合格者投标及中标者签约和提供发包人所要求的履约保函和预付款担保。可以采用现金、现金支票、保兑支票、银行汇票和在中国注册的银行出具的银行保函，保险公司或担保公司出具的投标保证书等多种形式，金额一般不超过投标价的

2%。投标人按招标文件的规定提交投标担保，投标担保属于投标文件的一部分。未提交视为没有实质上响应招标文件，导致废标。

招标文件规定投标担保采用银行保函方式的，投标人提交由担保银行按招标文件提供的格式文本签发的银行保函，保函的有效期应当超出投标有效期30天。

招标文件规定投标担保采用支票或现金方式时，格式文本上注明已提交的投标保证的支票或现金的金额。

(二)商务标部分(投标报价部分)

技术标和商务标的区别

商务标部分因报价方式的不同而有不同的文本，按照目前"13计价规范"的要求，商务标应包括投标总价及工程项目总价表、单项工程费汇总表、单位工程费汇总表、分部分项工程量清单计价表、措施项目清单计价表、其他项目清单计价表、零星工作项目计价表、分部分项工程量清单综合单价分析表、措施费项目分析表和主要材料价格表。

(三)技术标部分

对于大中型工程和结构复杂、技术要求高的工程来说，技术标往往是能否中标的决定性因素。技术标通常由施工组织设计、项目管理班子配备情况、项目拟分包情况、企业信誉及实力四部分组成。其具体内容如下。

1. 施工组织设计

标前施工组织设计可以比中标后编制的施工组织设计更简略，一般包括工程概况及施工部署、分部分项工程主要施工方法、工程投入的主要施工机械设备情况、劳动力安排计划、确保工程质量的技术组织措施、确保安全生产及文明施工的技术组织措施、确保工期的技术组织措施等。其中包括以下附表：

(1)拟投入工程的主要施工机械设备表。

(2)主要工程材料用量及进场计划。

(3)劳动力计划表。

(4)施工总平面布置图及临时用地表。

2. 项目管理班子配备情况

项目管理班子配备情况主要包括负责项目管理班子配备情况表、项目经理简历表、项目技术负责人简历表和项目管理班子配备情况辅助说明资料等。

3. 项目拟分包情况

如果投标决策中标后拟将部分工程分包出去，应按规定格式如实填表，如果没有工程分包出去，则在规定表格上填"无"。

4. 企业信誉及实力

企业概况、已建和在建工程、获奖情况及相应的证明资料。

二、投标文件编制的步骤

编制投标文件首先要满足招标文件的各项实质性要求，其次要贯彻企业从实际出发决策确定的投标策略和技巧，按招标文件规定的投标文件格式文本填写，其具体步骤如下。

(一)前期准备工作

(1)招标信息跟踪。公开招标的项目所占比例很小，而邀请招标项目在发布信息时，业主已经完成了考察及选择投标单位的工作。

（2）报名参加投标资格审查。投标人获得招标信息后，应及时报名，向招标人表明愿意并参加投标，以便获得资格审查的机会。

（3）研究招标文件。

1）组建投标机构。确定该工程项目投标文件的编制人员。一般由三类人员组成，即经营管理类人员、技术专业类人员和商务金融类人员。投标机构负责掌握市场动态，积累有关资料、研究招标文件、决定投标策略、计算标价、编制施工方案和投标文件等。

2）收集有关文件和资料。投标人应收集现行的规范、预算定额、费用定额、政策调价文件，以及各类标准图等，上述文件和资料是编制投标报价书的重要依据。

3）分析研究招标文件。招标文件是编制投标文件的主要依据，也是衡量投标文件响应性的标准，投标人必须仔细分析研究。重点放在投标须知、合同专用条款、技术规范、工程量清单和图纸等部分。要领会业主的意图，掌握招标文件对投标报价的要求，预测到承包该工程的风险，总结存在的疑问，为后续的踏勘现场、标前会议、编制标前施工组织设计和投标报价做准备。

4）研究评标办法。分析评标办法和授予合同标准，据以采取投标策略，我国常用的评标办法和授予合同标准有两种方式，即综合评议法和最低评标价法。

5）参加招标人组织的施工现场勘察和答疑会。投标人的投标报价一般被认为是在经过现场考察的基础上，考虑了现场的实际情况后编制的，在合同履行中不允许承包人因现场考察不周方面的原因调整价格。投标人应做好下列现场勘察工作：

①现场勘察前充分准备。认真研究招标文件中的发包范围和工作内容、合同专用条款、工程量清单、图纸及说明等，明确现场勘察要解决的重点问题。

②制定现场勘察提纲。按照"保证重点，兼顾一般"的原则有计划地进行现场勘察，重点问题一定要勘察清楚，尽可能多了解一些一般情况。

③向招标人提出对招标文件中存在的问题，招标人将以书面形式回答。提出疑问时应注意方式方法，特别要注意不能引起招标人反感。

6）市场调查及询价。材料和设备在工程造价中一般达到50%以上，报价时应谨慎对待材料和设备供应。通过市场调查和询价，了解市场建筑材料价格和分析价格变动趋势，随时随地能够报出体现市场价格和企业定额的各分部分项工程的综合单价。

(二)投标报价工作

1）编制投标文件。

①编制施工组织设计。施工组织设计是评标时考虑的主要因素之一。标前施工组织设计又称施工规划，其内容包括施工方案、施工方法、施工进度计划、用料计划、劳动力计划、机械使用计划、工程质量和施工进度的保证措施、施工现场总平面图等，由投标班子中的专业技术人员编制。

②校核或计算工程量。如果招标文件同时提供了工程量清单和图纸，投标人一定根据图纸对工程量清单的工程量进行校对，因为它直接影响投标报价和中标机会。校核时，以招标人规定的范围和方法为依据，如果招标人规定中标后调整工程量清单的误差或按实际完成的工程量结算工程价款，投标人应详细、全面地进行校对，为今后的调整做准备；如果招标人采用固定总价合同，工程量清单的差错不予调整的，则不必详细、全面地进行校对，只需对工程量大和单价高的项目进行校对，工程量差错较大的子项采用扩大标

价法报价，以避免损失过大。在招标文件仅提供施工图纸的情况下，计算工程量，为投标报价做准备。

校核工程量的目的包括核实承包人承包的合同数量义务，明确合同责任；查找工程量清单与图纸之间的差异，为中标后调整工程量或按实际完成的工程量结算工程价款做准备；通过校核，掌握工程量清单的工程量与图纸计算的工程量的差异，为应用报价技巧做准备。

③物资询价。招标文件中指明的特殊物资应通过询价做采购方案比较。

④分包询价。总承包商会把部分专业工程分包给专业承包商。

⑤估算初步报价。报价是投标的核心，它不仅影响中标机会，也是中标后盈亏的决定因素之一。

2）报价分析决策。

①分析报价。初步报价提出后，应对其进行多方面分析，探讨初步报价的合理性、竞争性、盈利性和风险性，做出最终报价决策。

②响应招标文件要求，分析招标文件隐藏机会。投标人不得变更招标文件。

③替代方案。有些业主欢迎投标人在按招标文件要求之外，根据其经验制定科学、合理的替代方案，再编制一份投标书。

三、投标文件编制的注意事项

（1）投标人编制投标文件时必须使用招标文件提供的投标文件表格格式。但表格可以按同样格式扩展。投标保证金、履约保证金的方式，按招标文件有关条款的规定可以选择。填写表格时，凡要求填写的空格都必须填写。否则，即被视为放弃该项要求。未填写重要的项目或数字（如工期、质量等级、价格等）的，将被作为无效或作废的投标文件处理。将投标文件按规定的日期送交招标单位，等待开标、决标。

（2）编制的投标文件，正本仅一份，副本则按招标文件中要求的份数提供，同时，要明确标明"正本"和"副本"字样。投标文件正本和副本如有不一致之处，以正本为准。

（3）投标文件正本与副本均应使用不褪色的墨水打印或手写。各种投标文件的填写都要字迹清晰、端正，补充设计图纸要整洁、美观。

（4）所有投标文件均由投标人的法定代表人签署、加盖印鉴，并加盖法人单位公章。

（5）填报的投标文件应反复校核，保证分项和汇总计算均无错误。全套投标文件均应无涂改，除非这些删改是根据招标人的要求进行的，或者是投标人造成的必须修改的错误。如投标人造成涂改或行间插字，则所有这些地方均应由投标文件签字人签字并加盖印章。有时施工组织设计为暗标，即投标人名称被隐藏，保证评标人打分无倾向性，不会对相熟企业打高分。这时对施工、组织设计的打印格式应有极严格的要求，包括字体、字号、行间距等要求，绝不允许涂改和行间插字。

（6）如招标文件规定投标保证金为合同总价的某百分比时，开具投标保函不要太早，以防泄漏报价。但有的投标人提前开出并故意加大保函金额，以麻痹竞争对手的情况也是存在的。

（7）投标文件应严格按照招标文件的要求进行密封，避免由于密封不合格造成废标。投标单位应将投标文件的正本和每份副本分别密封在内层包封中，再密封在一个外层包封中，并在内包封上明确标明"正本"和"副本"字样。内层和外层包封都应写明招标单位名称和地址、合同名称、工程名称、招标编号，并注明开标时间以前不得开封。在内层包封上还应写明投标单位的名称与地址、邮政编码，以便投标逾期送达时能原封退回。如果内外层包封没有按上述规定密封并加写标志，招标单位将不承担投标文件错放或提前开封的责任，由此造成的提前开封的投标文件将被拒绝，并退还给投标单位。投标文件递交至招标文件前附表所述的单位和地址。

(8)认真对待招标文件中关于废标的条件，以免被判为无效标书而前功尽弃。

投标文件有下列情形之一的，在开标时将被作为无效或作废的投标文件，不能参加评标：

1)投标文件未按规定标志、密封的。

2)未经法定代表人签署或未加盖投标人公章或未加盖法定代表人印鉴的。

3)未按规定的格式填写，内容不全或字迹模糊辨认不清的。

4)投标截止时间以后送达的投标文件。

任务四　投标文件的提交

一、投标文件的复核

在投标承包工程中，报价是投标的核心，报价正确与否直接关系到投标的成败。为了增强报价的准确性，提高中标率和经济效益，要在投标报价正式确认以前，对报价进行审查、核算，以减少和避免投标报价的失误。除此以外，还应善于认真总结经验教训，采取相应对策从宏观角度对承包工程总报价进行控制。可采用多种方法对报价进行审核与评估。

质疑书

1. 根据一定时期本地区内各类项目的单位工程造价指标

不同类型工程的单位工程造价指标形式也不同，房屋工程按平方米造价表示，铁路、公路按公里造价表示，铁路桥梁、隧道按每延米造价表示，公路桥梁按桥面平方米造价表示。施工企业可按照各个国家和地区的情况，分别统计、收集各种类型工程的单位工程造价指标，在新项目投标报价时作为参考，以控制报价。这样做，既方便又适用，有益于提高中标率和经济效益。

2. 根据全员劳动生产率指标

全员劳动生产率即全体人员每工日的生产价值，这是一项很重要的经济指标，它对工程报价进行宏观控制是很有效的，尤其当一些综合性大项目难以用单位工程造价分析时，显得更为有用。但非同类工程，机械化水平悬殊的工程，不能绝对相比，要持分析态度。

3. 根据各类单位工程用工用料正常指标

单位工程用工用料正常指标是指正常情况下单位工程工料的合理用量。例如，我国铁路隧道施工部门根据所积累的大量施工经验，统计分析出各类围岩隧道的每延米隧道用工、用料正常指标；房建部门对房建工程每平方米建筑面积所需劳力和各种材料的数量也都有一个合理的指数。单位工程用工用料正常指标可对工程造价进行宏观控制。国外工程也如此，常见的为房屋建筑工程每平方米建筑面积用工用料量，见表3-2。

表 3-2　房屋建筑工程每平方米建筑面积用工用料数量表

建筑类型	人工工日 /m²	水泥/kg	钢材/kg	木材 /m³	砂子 /m³	碎石 /m³	砖砌体 /m³	水/t
砖混结构楼房	4.0～4.5	150～200	20～30	0.04～0.05	0.3～0.4	0.2～0.3	0.35～0.45	0.7～0.9
多层框架楼房	4.5～5.5	220～240	50～65	0.05～0.06	0.4～0.5	0.4～0.6	—	1.0～1.3
高层框架楼房	5.5～6.5	230～260	60～80	0.06～0.07	0.45～0.55	0.45～0.65		1.2～1.5

注：木材主要是木模板需要量，如果采用钢模板，木材可大大减少。

4. 根据各分项工程价值的正常比例

各分项工程价值的正常比例是控制报价准确度的重要指标之一。例如，一栋楼房是由基础、墙体、楼板、屋面、装饰、水电、各种专用设备等分项工程构成的，它们在工程价值中都有一个合理的大体比例。国外房建工程中主体结构工程（包括基础、框架和砖墙三个分项工程）的价值约占总价的 55%，水电工程约占 10%，其余分项工程的合计价值约占35%。例如，某房建工程，各分项工程价值占总价的百分比如下：基础 9.07%；钢筋混凝土框架 37.09%；砖墙（非承重）9.54%；楼地面 10.32%；装饰 10.40%；屋面 5.46%；门窗 8.48%；上、下水道 4.96%；室内照明 4.68%。

5. 根据各类费用的正常比例

任何一个工程的费用都是由人工费、材料设备费、施工机械费、间接费等各类费用组成的，它们之间都有一个合理的比例。国外工程一般是人工费占总价的 15%～20%；材料设备费（包括运费）占 45%～65%；机械使用费占 10%～30%；间接费约占 25%。

6. 根据预测成本比较控制法

将一个国家或地区的同类型工程报价项目和中标项目的预测成本资料整理汇总储存，作为下一轮投标报价的参考，可以此衡量新项目报价是否科学、合理。若承包商曾对企业在同一地区的同类工程报价进行累积和统计，还可以采用线性规划、概率统计的方法进行计算。

7. 根据个体分析整体综合控制法

综合工程项目往往包括若干个相对独立的个体工程，评估其总造价时，应首先对各个体工程进行分析，然后再对整个工程项目进行综合研究和控制。例如，某国一铁路工程，每公里造价为 208 万美元，似乎大大超出常规造价，但经分析此造价是线、桥、房屋、通信信号等个体工程的合计价格，其中，线、桥工程造价为 112 万美元/千米，是正常价格；房建工程造价为 77 万美元/千米，占铁路总价的 37%，其比例似乎过高，但该房建工程不仅包括沿线车站等的房屋，还包括一个大货场的房建工程，每平方米的造价并不高。经上述一系列综合分析，可认定该工程的价格是合理的。

8. 根据综合定额估算法

综合定额估算法即是采用综合定额和扩大系数估算工程所需工料数量及工程造价进行估算是在掌握工程实施经验和资料的基础上的一种估价方法。一般来说，这种估算结果比较接近实际，尤其是在采用其他宏观指标对工程报价难以核准的情况下，该法更显出它的优点。其程序如下：

（1）确定选控项目。任何工程报价的工程细目都有几十或几百项。为便于采用综合定额进行工程估算，首先应将这些项目有选择地归类，合并成几种或几十种综合性项目，称为

"可控项目"，其价值占工程总价的 75%～80%。有些工程细目工程量小、价值不大，又难以合并归类的，可不合并，此类项目称为"未控项目"，其价值占工程总价的 20%～25%。

（2）编制综合定额。对上述选控项目编制相应的定额，要求能体现出选控项目用工用料的较实际的消耗量，这类定额称综合定额。综合定额应在平时编制完好，以备估价时使用。

（3）根据可控项目的综合定额和工程量，计算出可控项目的用工总数及主要材料数量。

（4）估测"未控项目"的用工总数及主要材料数量。"未控项目"用工数量占"可控项目"用工数量的 20%～30%；用料数量占"可控项目"用料数量的 5%～20%。为选好这个比率，平时做工程报价详细计算时，应认真统计"未控项目"与"可控项目"价值的比率。

（5）根据上述（3）、（4）将"可控项目"和"未控项目"的用工总数及主要材料数量相加，求出工程总用工数和主要材料总数量。

（6）根据（5）计算的主要材料数量及实际单价，求出主要材料总价。

（7）根据（5）计算的总工数及劳务工资单价，求出工程人工费。

（8）工程材料费＝主要材料总价×扩大系数（1.5～2.5）。选取扩大系数时，钢筋混凝土及钢结构等含钢量多、装饰贴面少的工程，应取低值；反之，应取高值。

（9）工程总价＝（人工费＋材料费）×系数。该系数的取值，承包工程为 1.4～1.5，"经援"项目为 1.3～1.35。

上述计算程序中所选用的各种比例和系数仅供参考，不可盲目套用。

综合定额估算法，属宏观审核工程报价的一种手段，不能以此代表详细的报价资料，报价时仍应按招标文件的要求详细计算。

综合应用上述指标和办法，做到既有纵向比较又有横向比较，还有系统的综合比较，再做些与报价有关的考察、调研，就会改善新项目的投标报价工作，减少和避免报价失误，取得中标承包工程的好成绩。

二、投标文件的签字、盖章、装订、密封

（1）投标文件应用不褪色的材料书写或打印，并由投标人的法定代表人或其委托代理人签字或盖单位章。委托代理人签字的，投标文件应附法定代表人签署的授权委托书。投标文件应尽量避免涂改、行间插字或删除。如果出现上述情况，改动之处应加盖单位章或由投标人的法定代表人或其授权的代理人签字确认。

（2）投标文件正本一份，副本份数见投标人须知前附表。正本和副本的封面上应清楚地标记"正本"或"副本"的字样。当副本和正本不一致时，以正本为准。

（3）投标文件的正本与副本应分别装订成册，并编制目录。

（4）投标文件的正本与副本应分开包装，加贴封条，并在封套的封口处加盖投标人单位章。

（5）投标文件的封套上应清楚地标记"正本"或"副本"字样，封套上应写明的其他内容见投标人须知前附表。

（6）若未按要求密封和加写标记的投标文件，招标人不予受理。

三、投标文件的提交、修改与撤回

投标人应在规定的投标截止时间前递交投标文件。招标人收到投标文件后，应当签收保存，不得开启。在招标文件要求提交投标文件的截止时间后送达的投标文件，招标人应当拒收。

投标人递交投标文件的地点见投标人须知前附表。递交投标文件的最佳方式是直接或委托代理人送达，以便获得招标代理机构已收到投标文件的回执。如果以邮寄方式送达，投标人必须留出邮寄的时间，保证投标文件能够在截止日之前送达招标人指定的地点。投标单位递交投标文件不宜太早，一般在招标文件规定的截止日期前一两天内密封并送交指定地点比较好。

招标文件澄清、答疑书

除投标人须知前附表另有规定外，投标人所递交的投标文件不予退还。

逾期送达的或者未送达指定地点的投标文件，招标人不予受理。

在规定的投标截止时间前，投标人可以修改或撤回已递交的投标文件，但应以书面形式通知招标人。在投标截止日期以后，不能更改投标文件。投标单位的补充、修改或撤回通知，应按招标文件中投标须知的规定编制、密封、加写标志和递交，并在内层包封标明。补充、修改的内容为投标文件的组成部分。根据投标须知的规定，在投标截止时间与招标文件中规定的投标有效期终止日之间的这段时间内，投标单位不能撤回投标文件，否则其投标保证金将不予退还。

投标人修改或撤回已递交投标文件的书面通知应按照要求签字或盖章。招标人收到书面通知后，向投标人出具签收凭证。签收人要记录投标文件递交的日期和地点以及密封状况，签收人签名后应将所有递交的投标文件妥善保存。

物业管理招投标——4：开标前夕、变故频出

投标文件有效期为开标之日至招标文件所写明的时间期限内，在此期限内，所有投标文件均有效，招标人需在投标文件有效期截止前完成评标，向中标单位发出中标通知书以及签订合同协议书。特殊情况下，如招标人在原定投标文件有效期内可根据需要向投标人提出延长投标文件有效期的要求，投标人应立即以传真等书面形式对此向招标人做出答复，投标人可以拒绝招标人的要求，而不会因此被没收投标担保（保证金）。同意延期的投标人应相应延长投标保证金的有效期，但不得因此而提出修改投标文件的要求。如果投标人在投标文件有效期内撤回投标文件，其投标担保（保证金）将被没收。

任务五　建设工程投标文件实例

工程施工投标文件封皮（略）。
工程施工投标文件目录（略）。

第一部分　商务部分

一、投标函及投标函附录
二、投标主要内容汇总表
三、工程量清单计价表
1. 投标总价表
2. 单位工程费汇总表
3. 分部分项工程清单计价表

4. 措施项目清单计价表

5. 其他项目清单计价表

6. 零星工作费表

7. 措施项目费分析表

8. 分部分项工程清单综合单价分析表

9. 主要材料价格表

10. 规费分析计算表

四、法定代表人身份证明

五、授权委托书

六、缴纳担保的证明

七、履约承诺书(表 3-3)

表 3-3　履约承诺书

_____：(招标人名称)

　　经本投标人认真核查，我公司承诺相应本工程招标文件中关于合同主要条款的要求，郑重承诺如下：

　　[招标文件第三部分合同主要条款(内容略)]。

　　如违反承诺，我公司自愿承担由此引起的法律责任。特此声明。

申请人：_____(盖单位章)

_____年_____月_____日

八、联合体协议书(表 3-4)

表 3-4　联合体协议书

　　_____(所有成员单位名称)自愿组成_____(联合体名称)联合体，共同参加_____(项目名称)_____标段施工投标。现就联合体投标事宜订立如下协议。

　　1. _____(某成员单位名称)为_____(联合体名称)牵头人。

　　2. 联合体牵头人合法代表联合体各成员负责本招标项目投标文件编制和合同谈判活动，并代表联合体提交和接收相关的资料、信息及指示，并处理与之有关的一切事务，负责合同实施阶段的主办、组织和协调工作。

　　3. 联合体将严格按照招标文件的各项要求，递交投标文件，履行合同，并对外承担连带责任。

　　4. 联合体各成员单位内部的职责分工如下：_____。

　　5. 本协议书自签署之日起生效，合同履行完毕后自动失效。

　　6. 本协议书一式_____份，联合体成员和招标人各执一份。

　　注：本协议书由委托代理人签字的，应附法定代表人签字的授权委托书。

　　牵头人名称：_____(盖单位章)

　　法定代表人或其委托代理人：_____(签字)

　　成员一名称：_____(盖单位章)

　　法定代表人或其委托代理人：_____(签字)

　　成员二名称：_____(盖单位章)

　　法定代表人或其委托代理人：_____(签字)

　　……

_____年_____月_____日

第二部分　技术部分

一、分部分项工程的主要施工方法

二、工程投入的主要施工机械计划

三、劳动力安排计划

四、确保工程质量的技术组织措施

五、确保安全生产的技术组织措施

六、确保文明施工的技术组织措施

七、确保工期的技术组织措施

八、施工进度计划或施工网络计划

九、施工总平面图

第三部分　综合资信部分

一、项目管理机构组成表

二、主要人员简历表

三、拟分包情况表

四、投标人基本情况表

五、近年财务状况表

六、近年完成类似项目表

七、正在施工和新承接的项目情况表

八、近年发生的诉讼和仲裁情况表

九、其他材料

【扩充阅读】

十大常见不规范投标

案例一：先斩后奏

某化学公司为了扩大生产，想在某地区内建造一间新厂房，于是向有关部门申请办理各项审批手续。为了赶工期，在各项审批未批准前，该公司对新厂房的建设进行了招标。公司请了代理公司编制招标文件，发布招标公告。有6家单位看了招标文件后，决定参与投标。于是，潜在投标人在踏勘了现场后，认真地制作了标书。在投标的当日，6家潜在投标人按时来到了投标地点，却被化学公司的工作人员告知，由于该项目的审批未批准，故本次招标取消。原来新厂房的厂址临近市区，由于污染问题，市政府不批准在该地区建立化工厂。

案例二：度身招标

某大型国营煤矿企业对修建职工宿舍进行招标，其内部已经选定了几家以前曾经在本单位做过工程的关系较好的施工单位进行投标，于是在招标公告中其公布参加投标的条件中有一条：曾经在本煤矿有过工程业绩。最后，除已经确定的那几家施工单位，其他施工单位均无法参加投标。

案例三：倾向招标

据某知情人士透露，一家国有企业在办公楼项目招标时，在招标开始前就内定了一个关系比较好的单位作为中标单位，但通过公开招标竞争的方式并不能保证其中标。于是，作为该项目评标委员会主任委员的该国有企业的一位副总在评标过程中介绍各家投标单位的情况时，介绍其他投标单位时这位副总只是简单介绍一下，而在介绍那家内定的中标单位时说，这家投标单位曾经跟我们合作过，在工程管理和人员配备上比较合适，各方面跟我们都配合得很好，对这方面招标人是非常看重的，请评委充分考虑。最后，评标结果出来时，这位副总所重点提到的那家单位是中标单位。

案例四：隐性公告

某招标项目属于大型基础设施，关系到社会公共利益，根据《招标投标法》必须进行招标。因某种原因，该项目的招标人希望 A 单位中标。但如果通过正常途径进行招标，招标人无法掌控招标的结果，于是招标人利用了公告发布这一环节：招标人将招标公告只发布在了某一发行量不大的不知名的地方报纸上。结果只有少数几家单位来投标，除 A 单位，其他两家投标单位的实力均比较弱。在评标的时候，评委推荐 A 单位中标，招标人如愿以偿地让自己事先内定的 A 单位中标。

案例五：借鸡生蛋

林某自己有一个建筑企业，在人员、设备、施工技术等方面实力均比较欠缺。沈某是一个大型建筑企业的老总，该企业在行业内的知名度很高。林某和沈某是高中同学，关系甚密。一次，某单位为修建办公大楼招标，公告中公布的该工程投标单位的资质条件、公司业绩等要求，林某的公司均不能满足。于是林某找到沈某，请沈某的公司前去投标，中标后由林某的公司实施该工程，林某的公司付给沈某的公司一笔"感谢费"。结果沈某的公司成为该工程的中标单位，但实际是林某的公司在修建该工程。最终因林某公司的承建能力问题导致工程质量不合格，工期延误。

案例六：排斥投标

某企业为扩建厂房进行招标，但其只想让几个关系好的施工单位来参加投标，于是该企业在资格预审时对所有报名的单位进行评分。由于资格预审的程序、评审方式不公开，又是采用打分的方式进行，个人操作的空间很大，最后该企业只让跟自己关系好的几个施工单位通过了资格预审。

案例七：请人陪标

某房地产公司对某房建工程进行招标。招标公告发布之后，某建筑公司与该房地产公司进行私下交易，最后房地产公司决定将此工程给这家建筑公司。为了减小竞争，由房地产公司出面邀请了几家私交比较好的施工单位前来投标，并事先将中标意向透露给这几家参与投标的单位，暗示这几家施工单位投标书制作得马虎一些。后来，在投标的时候，被邀请的几家单位和某建筑公司一起投标，但是由于邀请的几家单位的投标人未认真制作，报价都比较高，最后评委推荐某建筑公司为中标候选人。某建筑公司如愿承包了此项工程。

案例八：张冠李戴

据建筑公司知情人士透露：某市进行市政道路招标，其公司参与了投标。其公司在该市从事过此种工程，并且与该市合作得非常愉快。故此工程，该市仍然希望该公司中标。但是评标的结果是其公司名列第三名。由于业主的评标办法没有在招标文件中公布，于是业主更改评标办法后，又重新将评标的评委组织起来，再次进行评议，最终使得其公司中标。

案例九：串通中标

某学校对学生宿舍楼进行招标。由于该学校与一家建筑公司有长期的业务往来，故此次仍然希望这家建筑公司中标。于是双方达成默契，在招标时，该学校要求该建筑公司在投标报价时尽量压低投标报价，以确保中标。在签合同时，再将工程款提高，果然在开标时，该公司的报价为最低价，经评委审议，最终推荐此公司为中标候选人。学校向该公司发中标通知书。在签合同前，该公司以材料涨价为由，将原投标报价提高了10%，结果提高后的工程造价高于开标时所有投标人的报价，与招标学校签订了施工合同。

案例十：阴阳合同

某房地产公司通过招标选择建筑公司为其施工，该市所有招标均要求进市交易中心。为了应付主管部门的检查，该房地产公司按照市招标办的程序及要求发放招标公告、出售招标文件、投标开标、评标。在签订合同时，中标人暗中与房地产公司磋商，在利益的驱动下，房地产公司重新起草签订了一份新的合同，该份新合同提高了招标投标文件中的价款。房地产公司清楚这样一份内容与招标投标文件不同的合同在主管部门那里一定审核不过，于是招标人为了应付检查，又和中标人签订了一份与投标文件内容不一致的合同，但是双方约定以私下签订的合同为准。

项目小结

本项目首先讲述了投标的过程以及投标的策略和技巧，之后着重讲授了投标报价的编制、投标文件的编制，以及相关的密封、装订、签字、递交等规定。本项目的主要内容和教学重点是投标文件编制的步骤和方法。通过本项目的学习，应该具备参与建设工程投标活动的基本能力。

思考与练习

一、单项选择题

1. 甲、乙两个工程承包单位组成施工联合体投标，甲单位为施工总承包一级资质，乙单位为二级资质，则该施工联合体应按(　　)资质确定等级。

   A. 一级　　　　　　　　B. 二级　　　　　　　　C. 三级　　　　　　　　D. 特级

2. 《工程建设项目施工招标投标办法》和《工程建设项目货物招标投标办法》中，关于投标保证金最高限额的规定说法正确的是(　　)。

   A. 投标保证金一般不得超过投标总价的1%，最高不超过50万元

   B. 投标保证金一般不得超过投标总价的2%，最高不超过80万元

   C. 投标保证金一般不得超过投标总价的2%，最高不超过50万元

   D. 投标保证金一般不得超过投标总价的1%，最高不超过80万元

3. 当出现招标文件中的某项规定与招标人对投标人质疑问题的书面回答不一致时，应以(　　)为准。

   A. 招标文件中的规定　　　　　　　　　　B. 现场考察时招标单位的口头解释

C. 招标单位在会议上的口头解答　　　　D. 发给每个投标人的书面质疑解答文件

4. 某工程项目在估算时算得成本是 1 000 万元，概算时算得成本是 950 万元，预算时算得成本是 900 万元，投标时某承包商根据自己企业定额算得成本是 800 万元。根据《招标投标法》规定，投标人不得以低于成本的报价竞标，该承包商投标时报价不得低于（　　）万元。

A. 1 000　　　　　B. 950　　　　　　C. 900　　　　　　D. 800

二、填空题

1. 经过评标，投标人被确定为中标人后，应接受招标人发出的中标通知书。招标人和中标人应当自_____之日起 30 日内订立书面合同，合同内容应依据招标文件、投标文件的要求和中标的条件签订。

2. 所谓投标有效期，是指自_____至_____之时。招标文件应当规定一个适当的投标有效期，以保证招标人有足够的时间完成评标以及与中标人签订书面合同。

3. _____又称前重后轻法，其是清单投标中投标人的一种常用的投标报价技巧，是指一个工程项目的投标报价，在总价基本确定以后，如何进行内部各个项目报价的调整，以期既不提高总价，又不影响中标，还能在结算时得到更理想的经济效益。

4. 投标担保时用来确保合格者投标及中标者签约和提供发包人所要求的履约担保和预付款担保，可以采用_____、_____、_____、银行汇票和在中国注册的银行出具的银行保函，保险公司或担保公司出具的投标保证书等多种形式，金额一般不超过投标价的 2%，最高不得超过 80 万元。

5. 工程清单是指投标人根据招标人提供，反映_____和_____的工程量清单。

三、判断题

1. 标前施工组织设计又称为施工规划，内容包括施工方案、施工方法、施工进度计划、用料计划、劳动力计划、机械使用计划、工程质量和施工进度的保证措施、施工现场总平面图等，由投标班子中的专业技术人员编制。　　　　　　　　　　　　　　　　（　　）

2. 招标文件规定投标担保采用银行保函方式的，投标人提交由担保银行按招标文件提供的格式文本签发的银行保函，保函的有效期应当超出投标有效期 20 天。　　（　　）

3. 在评标期间，评标委员会要求澄清投标文件中不清楚问题的，投标单位应积极予以说明、解释、澄清。　　　　　　　　　　　　　　　　　　　　　　　　　　　（　　）

4. 投标单位为了能够中标，可以以低于成本的报价进行竞标。　　　　　　（　　）

5. 投标人撤回已提交的投标文件，应当在投标截止时间前书面通知招标人。招标人已收取投标保证金的，应当自收到投标人书面撤回通知之日起 5 日内退还。　　（　　）

四、简答题

1. 某施工企业投标一施工项目，准备采用不平衡报价法，请简述不平衡报价法的基本内容。

2. 影响投标决策的因素有哪些？

3. 请解释什么是联合体投标。

4. 编制投标报价的依据有哪些？

5. 投标报价的步骤有哪些？

五、论述题

请陈述影响投标报价计算的主要因素。

六、案例分析题

[案例一]

背景材料： 某承包商编制投标文件，将技术标和商务标分别封装，在封口处加盖本单位公章和项目经理签字后，在投标截止日期前1天上午将投标文件报送业主。次日（投标截止日当天）下午，在规定开标时间前1小时，该承包商又递交了一份补充材料报送业主，声明将原报价降低4%。但是业主单位有关人员认为，根据国际上"一标一投"的惯例，一个承包商不得递交两份投标文件，因而拒收承包商的补充材料。

开标会在招标办的工作人员组织下召开，市公证处公证员到会，各投标单位代表到场。开标前，公证处人员对投标单位资质进行审查，并对所有投标文件进行审查，确认所有投标文件均有效后开标。

该项目投标过程中存在哪些问题？

[案例二]

背景材料： 某工程设计已完成，施工图纸具备，施工现场已完成"三通一平"工作，已具备开工条件。在招投标过程中，发生了以下事项：

（1）招标阶段：招标代理机构采用公开招标方式代理招标，编制了标底（800万元）和招标文件。要求工作总工期为365天。按国家工期定额规定，该工程工期应为400天。通过资格预审参加投标的共有A、B、C、D、E五家施工单位。开标结果是这五家投标单位的报价均高出标底价近300万元，这一异常引起了招标人的注意。为了避免招标失败，业主提出由代理机构重新复核标底。复核标底后，确认是由于工作失误，漏算了部分工程项目，致使标底偏低。在修正错误后，代理机构重新确定了新的标底。A、B、C三家单位认为新的标底不合理，向招标人提出要求撤回投标文件。由于上述问题导致定标工作在原定的投标有效期内一直没有完成。为早日开工，该业主更改了原定工期和工程结算方式等条件，指定了其中一家施工单位中标。

（2）投标阶段：A单位为不影响中标，又能在中标后取得较好收益，在不改变总报价基础上对工程内部各项目报价进行了调整，提出了正式报价，增加了所得工程款的现值；D单位在对招标文件进行估算后，认为工程价款按季度支付不利于资金周转，决定在按招标文件要求报价之外，另建议业主将付款条件改为预付款降到5%，工程款按月支付；E单位首先对原招标文件进行了报价，又在认真分析原招标文件的设计和施工方案的基础上提出了一种新方案（缩短了工期且可操作性好），并进行了相应报价。

问题：

（1）根据工程的具体条件，造价工程师应向业主推荐采用何种合同？为什么？

（2）根据该工程特点和业主的要求，该工程的标底中是否应含有赶工措施费？为什么？

（3）上述招标工作存在哪些问题？

（4）A、B、C三家投标单位要求撤回投标文件的做法是否正确？为什么？

（5）如果招标失败，招标人可否另行招标？投标单位的损失是否应由招标人赔偿？为什么？

（6）在投标期间，A、D、E三家投标单位各采用了哪些报价技巧？

[案例三]

背景材料： 某建设单位准备建一座图书馆，建筑面积为5 000 m²，预算投资为400万元，工期为10个月。工程采用公开招标的方式确定承包商。按照《招标投标法》和《中华人民共和国建筑法》的规定，建设单位编制了招标文件，并向当地的住房城乡建设主管部门提出了招标申请，得到批准。

　　建设单位依照有关招标投标程序进行公开招标。由于该工程设计上比较复杂，根据当地建设局的建议，对参加投标单位的要求是不低于二级资质。拟参加此次投标的五家单位中A、B、D单位为二级资质，C单位为三级资质，E单位为一级资质，而C单位的法定代表人是建设单位某主要领导的亲戚。

　　建设单位招标工作小组在资格预审时出现了分歧，在犹豫不决时，C单位准备组成联合体投标，经C单位的法定代表人的私下活动，建设单位同意让C与A联合承包工程，并明确向A暗示，如果不接受这个投标方案，则该工程的中标将授予B单位。A单位为了中标，同意了与C组成联合体承包该工程。于是A和C联合投标获得成功，与建设单位签订了合同，A与C也签订了联合承包工程的协议。

　　问题：
　　(1)简述公开招标的基本程序。
　　(2)在上述招标过程中，作为该项目的建设单位其行为是否合法？为什么？
　　(3)A和C组成投标联合体是否有效？为什么？

七、项目实训

模拟编制某项目的施工投标文件。

资料准备：(1)工程有关批文。
　　　　　(2)项目施工图纸。
　　　　　(3)模拟工程现场。
　　　　　(4)施工图预算(可选用前导课程土建、装饰、安装预算的成果)。
　　　　　(5)施工组织设计或施工方案(可选用前导课程建筑施工组织设计与管理的成果)。

实训分组：按项目二划分的小组。
实训要求：(1)商务标和技术标应尽量详细、完整。
　　　　　(2)通过角色扮演，充分发挥学生的主动性。

＞案例分析

案例集锦

参考答案

项目四　建设工程开标、评标与定标

知识目标

通过本项目的学习，了解开标、评标、定标的基本概念；熟悉开标、评标、定标的程序及在决标过程中应该遵守的法律规定；掌握评标的标准、内容以及方法。

中国智慧

技能目标

通过本项目的学习，熟练掌握开标、评标、定标的程序；能够参与实际的工程开标、评标活动，从事具体的开标、评标及定标工作。

素质目标

通过本项目的学习，培养学生的敬业精神，评标中遵循公平、公正、科学择优的原则。

任务一　建设工程开标

一、开标的时间和地点

招投标活动经过招标阶段和投标阶段之后，便进入了开标阶段。开标是指在投标人提交投标文件的截止日期后，招标人依据招标文件所规定的时间、地点，在有投标人出席的情况下，当众公开开启投标人提交的投标文件，并公开宣布投标人的名称、投标价格以及投标文件中其他主要内容的活动。

《招标投标法》第三十四条规定，开标应当在招标文件确定的提交投标文件截止时间的同一时间公开进行；开标地点应当为招标文件中预先确定的地点。所以，开标应当按招标文件规定的时间、地点和程序，以公开方式进行。

（1）开标的时间。开标时间应当在提供给每一个投标人的招标文件中事先确定，以使每一个投标人都能事先知道开标的准确时间，以便届时参加，确保开标过程的公开、透明。

开标时间应与提交投标文件的截止时间相一致，将开标时间规定为提交投标文件截止时间的同一时间，其目的是防止投标中的舞弊行为。

出现以下情况时征得住房城乡建设主管部门的同意后，可以暂缓或者推迟开标时间：

1）招标文件发售后对原招标文件做了更正或者补充。

2）开标前发现有影响招标公正性的不正当行为。

3）出现突发事件等。

（2）开标的地点。为了使所有投标人都能事先知道开标地点并按时到达，开标地点也应当在招标文件中事先确定，以便使每一个投标人都能事先为参加开标活动做好充分的准备，如根据情况选择适当的交通工具，并提前做好机票、车票的预订工作等。招标人如果确有特殊原因，需要变动开标地点，则应当按照《招标投标法》第二十三条的规定对招标文件做出修改，作为招标文件的补充文件，书面通知每一个提交投标文件的投标人。

（3）开标应当以公开方式进行。除时间、地点，开标活动应当向所有提交投标文件的投标人公开外，开标程序也应公开。开标的公开进行，是为了保护投标人的合法权益。同时，也是为了更好地体现和维护公开、透明、公平、公正的招投标原则。

（4）开标的主持人和参加人。开标的主持人可以是招标人，也可以是招标委托的招标代理机构。开标时，为了保证开标的公开性，除必须邀请所有投标人参加外，也可以邀请招标监督部门、监察部门的有关人员参加，还可以委托公证部门参加。

二、开标的程序

根据《招标投标法》的相关规定，主持人按下列程序进行开标：

（1）投标人出席开标会的代表签到。投标人授权出席开标会的代表本人填写开标会签到表，招标人专人负责核对签到人身份，应与签到的内容一致。

（2）开标会议主持人宣布开标会程序、开标会纪律和当场废标的条件。

1）开标会纪律：

①场内严禁吸烟。

②凡与开标无关人员不得进入开标会场。

③参加会议的所有人员应关闭寻呼机、手机等，开标期间不得大声喧哗。

④投标人代表有疑问应举手发言，参加会议人员未经主持人同意，不得在场内随意走动。

2）投标文件有下列情形之一的，招标人不予接收投标文件：

①逾期送达的或未送达指定地点的。

②未按招标文件要求密封的。

开标过程和检查标书密封照片

物业管理招投标—5：数载磨剑、今朝开标、夙愿得成

（3）公布在投标截止时间前递交投标文件的投标人名称，并点名再次确认投标人是否派人到场。

（4）主持人介绍主要与会人员。主持人宣布到会的开标人、唱标人、记录人、公证人员及监督人员等有关人员的姓名。

（5）按照投标人须知前附表的规定检查所有投标文件的密封情况。一般来说，主持人会请招标人和投标人的代表共同（或委托公证机关）检查各投标书密封情况，不符合招标文件要求的投标文件应当场废标，不得进入评标。

（6）按照投标人须知前附表的规定确定并宣布投标文件的开标顺序。一般按《招标投标法》规定，以投标人递交投标文件的时间先后为顺序开启标书，但有时也会按反顺序开启标书。

（7）设有标底的，公布标底。标底是评标过程中衡量投标人报价的参考依据之一。

（8）唱标人依开标顺序依次开标并唱标。由指定的开标人（招标人或招标代理机构的工作人员）在监督人员及与会代表的监督下当众拆封所有投标文件，拆封后应当检查投标文件

组成情况并记入开标会记录，开标人应将投标书和投标书附件以及招标文件中可能规定需要唱标的其他文件交唱标人进行唱标。唱标的主要内容一般包括投标报价、工期和质量标准、投标保证金等，在递交投标文件截止时间前收到的投标人对投标文件的补充、修改同时宣布，在递交投标文件截止时间前收到投标人撤回其投标的书面通知的投标文件时不再唱标，但须在开标会上说明。

（9）开标会记录签字确认。开标会记录应当如实记录开标过程中的重要事项，包括开标时间、开标地点、出席开标会的各单位及人员、唱标的内容等，招标人代表、招标代理机构代表、投标人的授权代表、记录人及监督人等应当在开标会记录上签字确认，对记录内容有异议的可以注明。

（10）主持人宣布开标会结束，投标文件、开标会记录等送封闭评标区封存。

三、无效的投标文件与废标的判定

（1）弄虚作假的情况。在评标过程中，评标委员会发现投标人以他人的名义投标、串通投标，以行贿手段谋取中标或者以其他弄虚作假方式投标的，该投标人的投标应作废标处理。

（2）报价低于其个别成本的情况。在评标过程中，评标委员会发现投标人的报价明显低于其他投标报价或者在设有标底时明显低于标底，使得其投标报价可能低于其个别成本的，应当要求该投标人做出书面说明并提供相关证明材料。投标人不能合理说明或者不能提供相关证明材料的，由评标委员会认定该投标人以低于成本报价竞标，其投标应作废标处理。

（3）投标人不具备资格条件或者其投标文件不符合形式要求的情况。投标人资格条件不符合国家有关规定和招标文件要求的，或者拒不按照要求对投标文件进行澄清、说明或者补正的，评标委员会可以否决其投标。

按照原建设部的规定，建设项目的投标有下列情况的也应当按照废标处理：

1）未密封。

2）无单位和法定代表人或其代理人的印鉴，或未按规定加盖印鉴。

3）未按规定的格式填写，内容不全或关键字迹模糊、辨认不清。

4）逾期送达。

5）投标人未参加开标会议。

（4）投标未能在实质上响应的招标文件的情况。评标委员会应当审查每份投标文件是否对招标文件提出的所有实质性要求和条件做出响应。未能在实质上响应的投标，应作废标处理。如果投标文件与招标文件有重大偏差，也认为未能对招标文件做出实质性响应。

任务二　建设工程评标

所谓评标，是指按照规定的评标标准和方法，对各投标人的投标文件进行评价比较和分析，从中选出最佳投标人的过程。

评标是招投标活动中十分重要的阶段，评标是否真正做到公平、公正，决定着整个招投标活动是否公平和公正，评标的质量决定着能否从众多投标竞争者中选出最能满足招标项目各项要求的中标者。所以，评标活动应该遵循公平、公正、科学、择优的原则，在严格保密的情况下进行。

一、评标组织的组成及要求

1. 评标活动组织

评标应由招标人依法组建的评标委员会负责，招标人按照法律的规定，挑选符合条件的人员组成评标委员会，负责各投标文件的评审工作。招标人组建的评标委员会应按照招标文件中规定的评标标准和方法进行评标工作，对招标人负责，从投标竞争者中评选出最符合招标文件各项要求的投标者，最大限度地实现招标人的利益。

2. 对评标委员会的要求

（1）评标委员会须由下列人员组成：

1）招标人的代表。招标人的代表参加评标委员会，是在评标过程中充分表达招标人的意见，与评标委员会的其他成员进行沟通并对评标的全过程实施必要的监督。

2）相关技术方面的专家。由招标项目相关专业的技术专家参加评标委员会，是对投标文件所提方案技术上的可行性、合理性、先进性和质量可靠性等技术指标进行评审比较，以确定在技术和质量方面确能满足招标文件要求的投标。

3）经济方面的专家。经济方面的专家对投标文件所报的投标价格、投标方案的运营成本、投标人的财务状况等投标文件的商务条款进行评审比较，以确定在经济上对招标人最有利的投标。

4）其他方面的专家，根据招标项目的不同情况，招标人还可聘请除技术专家和经济专家以外的其他方面的专家参加评标委员会，例如，对一些大型的或国际性的招标采购项目，还可聘请法律方面的专家参加评标委员会，以对投标文件的合法性进行审查把关。

（2）评标委员会成员人数及专家人数要求。评标委员会成员人数须为 5 人以上的单数。评标委员会成员人数不宜过少，否则不利于集思广益，从经济、技术各方面对投标文件进行全面的分析比较。当然，评标委员会成员人数也不宜过多，否则会影响评审工作效率，增加评审费用。要求评审委员会成员人数须为单数，以便于在各成员评审意见不一致时，可按照多数通过的原则产生评标委员会的评审结论，推荐中标候选人或直接确定中标人。

评标委员会成员中，有关技术、经济等方面的专家的人数不得少于成员总数的 2/3，以保证各方面专家的人数在评标委员会成员中占绝对多数，充分发挥专家在评标活动中的权威作用，保证评审结论的科学性、合理性。招标人的代表不得超过成员总数的 1/3。

（3）评标委员会专家条件要求。参加评标委员会的专家应当同时具备以下条件：

1）从事相关领域工作满 8 年。

2）具有高级职称或者具有同等专业水平。

3）能够认真、公正、诚实、廉洁地履行职责。

4）身体健康，能够承担评标工作。

（4）评标委员会专家选择途径规定。

1）由招标人从国务院有关部门或省、自治区、直辖市人民政府有关部

微课：评标
委员会

门提供的专家名册或者招标代理机构的专家库内的相关专业的专家名单中确定。

2）对于一般招标项目，可以采取随机抽取的方式确定；而对于特殊招标项目，由于其专业要求较高、技术要求复杂，则可以由招标人在相关专业的专家名单中直接确定。

(5)评标委员会职业道德与保密规定。

1)评标委员会成员应当客观、公正地履行职责，遵守职业道德，对所提出的评审意见承担个人责任。

2)评标委员会成员不得与任何投标人或者与招标结果有利害关系的人进行私下接触，不得收受投标人、中介人、其他利害关系人的财务或其他好处。

3)与投标人有利害关系的人不得进入相关项目的评标委员会。与投标人有利害关系的人，包括投标人的亲属、与投标人有隶属关系的人员或者中标结果的确定涉及其利益的其他人员。若与投标人有利害关系的人已经进入评标委员会，经审查发现以后应按照法律规定更换，评标委员会的成员自己也应主动退出。

4)评标委员会成员的名单在中标结果确定前应当保密，以防止有些投标人对评标委员会成员采取行贿等手段，以谋取中标。

5)评标委员会成员和参与评标的有关工作人员不得对外透露对投标文件的评审和比较、中标候选人的推荐情况以及与评标有关的其他情况。

二、评标的原则

建设工程评标、定标活动应当遵循公平、公正、科学和择优的原则。公平是指在评标定标过程中所涉及的一切活动对所有投标人都应该一视同仁，不得倾向某些投标人而排斥其他投标人；公正是指在对评标文件的评比中，应以客观内容为标准，不以主观好恶为标准，不能带有成见；科学是指评标办法要科学、合理；评标的根本目的就是择优，所以，在评标过程中及中标结果的确定上都应以最优的投标人作为中标候选人，不能违反原则而以招标人的意图来确定中标结果。

三、评标的程序

评标的目的是根据招标文件中确定的标准和方法，对每个投标人的标书进行评价和比较，以便选出最佳投标人。评标一般按以下程序进行。

1. 评标准备工作

(1)认真研究招标文件，应熟悉以下内容：

1)招标的目标。

2)招标工程项目的范围和性质。

3)主要技术标准和商务条款，或合同条款。

4)评标标准、方法及相关因素。

(2)编制供评标使用的各种表格资料。

微课：评标的
原则和程序

2. 初步评审(简称初审)

初步评审是指从所有的投标书中筛选出符合最低要求标准的合格投标书，剔除所有无效投标书和严重违法的投标书。初步评标工作比较简单，但却是非常重要的一步。因为通过初评筛选，可以减少详细评审的工作量，保证评审工作的顺利进行。

3. 详细评审(简称终审)

在完成初步评标以后，下一步就进入到详细评定和比较阶段。只有在初评中确定为基本合格的投标文件，才有资格进入详细评定和比较阶段。在详细评标阶段，评标委员会根据招标文件确定的评标标准和方法，对初审合格的投标文件的技术部分与商务部分做进一步的评审和比较。

4. 编写并上报评标报告

除招标人授权直接确定中标人外，评标委员会按照评标后投标人的名次排列，向招标人推荐1～3名中标候选人。当然，如果经评审，评标委员会认为所有投标都不符合招标文件的要求，它可以否决所有投标，这时强制招标项目应重新进行招标。评标委员会完成评标后，应当向招标人提交书面评标报告并抄送有关行政监督部门。评标报告应当如实记载以下内容：

(1)基本情况和数据表。

(2)评标委员会成员名单。

(3)开标记录。

(4)符合要求的投标人一览表。

(5)废标情况说明。

(6)评标标准、评标方法或者评标因素一览表。

(7)经评审的价格或者评分比较一览表。

(8)经评审的投标人排序。

(9)直接确定的中标人或推荐的中标候选人名单与签订合同前要处理的事宜。

(10)澄清、说明、补正事项纪要。

评标报告由评标委员会全体成员签字。对评标结论持有异议的评标委员会成员可以书面方式对每个投标人的标书进行评价和比较，以评述其不同意见和理由。评标委员会成员拒绝在评标报告上签字且不陈述其不同意见和理由的，视为同意评标结论。评标委员会应当对此做出书面说明并记录在案。

四、评标的具体办法

1. 评标标准

评标必须以招标文件规定的标准和方法进行，任何未在招标文件中列明的标准和方法均不得采用，对招标文件中已标明的标准和方法不得有任何改变。这是保证评标公平、公正的关键，也是国际通行的做法。

一般来说，工程评标标准包括价格标准和非价格标准。其中，非价格标准主要有工期、质量、资格、信誉、施工人员和管理人员的素质、管理能力、以往的经验等。

2. 评标内容

工程项目的评标主要分两步进行，首先进行初步评审，即对标书的符合性评审；然后，进行详细评审，即对标书的商务性评审和技术性评审。其具体的评审内容如下：

(1)初步评审。在正式评标前，评标委员会要对所有投标文件进行符合性审查，判定投标文件是否完整、有效以及有无重大偏差，从而在投标文件中筛选出符合基本要求的投标人，投标书只有通过初审才可进入详细评审阶段。初审的主要项目包括以下内容：

1)证明文件。

①法定代表人签署的授权委托书是否有效。

②投标书的签署、附录填写是否符合招标文件要求。

③联营体的联营协议是否符合有关法律、法规等的规定。

2)合格性检查。

①通过资格预审的合法实体、项目经理是否在投标时被更改。

②投标人所报标书是否符合投标人须知的各项条款。

3)投标保证金。

①投标保证金是否符合投标人须知的要求。

②银行保函形式提供投标保证金的，其措辞是否符合招标文件所提供的投标保函格式的要求。

③投标保证金有无金额小于或期限短于投标人须知中的规定。

④联营体投标的保证金是不是按招标文件要求，以联营体各方的名义提供的。

4)投标书的完整性。

①投标书正本是否有缺页，按招标文件规定应该每页进行小签的是否完成了小签。

②投标书中的涂改、行间书写、增加或其他修改是否有投标人或投标书签署人小签。

③投标书是否有完整的工程量清单报价。

5)实质性响应。

①对投标人须知中的所有条款是否有明确的承诺。

②商务标报价是否超出规定值。

③商务要求和技术规格是否有以下重大偏差：要求采用固定价格投标时提出价格调整的；施工的分段与所要求的关键日期或进度标志不一致的；以实质上超出所分包允许的金额和方式进行分包的拒绝承担招标文件中分配的重要责任和义务，如履约保函和保险范围等对关键性条款表示异议和保留，如适用法律、税收及争端解决程序等忽视"投标人须知"出现可导致拒标的其他偏差。

投标书违背上述任何一项规定，评标委员会认定给招标人带来损失且无法弥补的，将不能通过符合性审查(初审)。

但是，在评标过程中投标人标书有可能会出现实质上响应了招标文件，但个别处有细微的偏差，经补正后不会造成不公平的结果，所以，评标委员会可以书面形式要求投标人澄清或补正疑点问题，按要求补正后投标书有效。一般来说，通常有以下几方面的细微偏差需澄清或补正：投标文件中含义不明确、对同类问题表述不一致、书写有明显文字错误或计算错误的内容等。

如果投标人对上述问题不能合理说明或拒不按照要求对投标文件进行澄清、说明或者补正的，评标委员会可以否决其投标或在详细评审时可以对细微偏差作不利于投标人的量化，量化标准应在招标文件中规定。若投标人应评标委员会要求同意对有如细微偏差处书面澄清或补正，应注意澄清或补正应以书面形式进行并不得超出投标文件的范围或者改变投标文件的实质性内容。处理投标文件中不一致或错误的原则是：投标文件中的大写金额和小写金额不一致时，以大写金额为准；总价金额与单价金额不一致时，以单价金额为准，但单价金额小数点有明显错误的除外；对不同文字文本投标文件的解释发生异议的，以中文文本为准。

(2)详细评审。经初步评审合格的投标文件，评标委员会应当根据招标文件确定的评标标准和方法，对其商务标和技术标做进一步的评审。其主要内容包括以下几个方面：

1)商务性评审。商务性评审的目的是从成本、财务和经济分析等方面评定投标报价的合理性和可靠性，并估量授标给投标人后的不同经济效果。商务性评审的主要内容如下：

①将投标报价与标底进行对比分析，评价该报价是否可靠、合理。

②分析投标报价的构成和水平是否合理，有无严重的不平衡报价。

③审查所有保函是否被接受。

④进一步评审投标人的财务实力和资信程度。

⑤投标人对支付条件有何要求或给予招标人何种优惠条件。

⑥分析投标人提出的财务和支付方面的建议的合理性。

⑦是否提出与招标文件中的合同条款相悖的要求。

2)技术性评审。技术性评审的目的是确认备选的中标人完成本招标项目的技术能力以及其所提方案的可靠性。技术性评审的主要内容包括以下几个方面：

①投标文件是否包括招标文件所要求提交的各项技术文件，这些技术文件是否同招标文件中的技术说明或图纸一致。

②企业的施工能力。评审投标人是否满足工程施工的基本条件与项目部配备的项目经理、主要工程技术人员，以及施工员、质量员、安全员、预算员、机械员五大员的配备数量和资历。

③施工方案的可行性。主要评审施工方案是否科学、合理，施工方案、施工工艺流程是否符合国家、行业、地方强制性标准规范或招标文件约定的推荐性标准规范的要求，是否体现了施工作业的特点。

④工程质量保证体系和所采取的技术措施。评审投标人质量管理体系是否健全、完善，是否已经取得 ISO 9000 质量体系认证。投标书有无完善、可行的工程质量保证体系和防止质量通病的措施，以及满足工程要求的质量检测设备等。

⑤施工进度计划及保证措施。评审施工进度的安排是否科学、合理，所报工期是否符合招标文件的要求，施工分段与所要求的关键日期或进度安排标志是否一致，有无可行的进度安排横道图、网络图，有无保证工程进度的具体可行措施。

⑥施工平面图。评审施工平面图的布置是否科学、合理。

⑦劳动力、机具、资金需用计划及主要材料、构配件计划安排。评审有无合理的劳动力组织计划安排和用量平衡表，各工种人员的搭配是否合理，有无满足施工要求的主要施工机具计划，并注明到场施工机具产地、规格、完好率及目前所在地处于什么状态，何时能到场，能否满足要求施工中所需资金计划及分批、分期所用的主要材料、构配件的计划是否符合进度安排。

⑧评审在本工程中采用的国家、省住房城乡建设主管部门推广的新工艺、新技术、新材料的情况。

⑨合理化建议方面，在本工程上是否有可行的合理化建议，能否节约投资，有无对比计算数额。

⑩文明施工现场及施工安全措施，评审对生活区、生产区的环境有无保护与改善措施以及有无保证施工、安全的技术措施及保证体系。

3. 评标方法

建设工程招投标常用的评标办法有经评审的最低投标价法和综合评估法两种。

(1)经评审的最低投标价法。经评审的最低投标价法是以价格加上其他因素为标准进行评标的方法。以这种方法评标，首先将报价以外的商务部分数量化，并以货币折算成价格，与报价一起计算，形成评标价；然后，按价格高低排出次序，评标价是按照招标文件的规定对投标价进行修整、调整后计算出的标价。在质量标准及工期要求达到招标文件的规定的条件下，经评审的最低评标价的投标人应作为中标人或应该推荐为中标候选人，但是投标价格低于其成本的除外。中标人不一定是最低报价者。

经评审的最低投标价法的优点如下：

1）能最大限度地降低工程造价、节约建设投资。

2）符合市场竞争规律，优胜劣汰，更有利于施工企业加强管理，注重技术进步和淘汰落后技术。

3）可最大限度地减少招标过程中的腐败行为，将人为的干扰降到最低，使招标过程更加公平、公正、公开。

4）节省了评标的时间，减少了评标的工作量。

经评审的最低投标价法的缺点是利用经评审的最低投标价法进行评标的风险相对比较大。低的工程造价固然可以节省业主的成本，但是有可能造成投标单位在投标时盲目地压价，在施工过程中却没有采取有效的措施降低造价，而是以劣质的材料、低劣的施工技术等方法压低成本，导致工程质量下降，违背了最低报价法的初衷。

总之，经评审的最低投标价法主要适用于具有通用技术、统一的性能标准，并且施工难度不大、实行清单报价的建设工程施工招标项目。

（2）综合评估法。综合评估法是评标委员会对满足招标文件实质性要求的投标文件，按照规定的评分标准对确定好的评价要素，如报价、工期、质量、信誉、三材指标等进行打分，计算总得分，选择综合评分最高的投标人为中标人，但是投标价格低于其成本的除外，一般总计分值为 100 分，各因素所占比例和具体分值由招标人自行确定，并在招标文件中明确载明。

综合评估法的特点如下：

1）评标委员会根据招标项目的特点和招标文件中规定的需要量化的因素及权重（评分标准），将准备评审的内容进行分类，各类中再细化成小项，并确定各类及小项的评分标准。

2）评分标准确定后，每位评标委员会委员独立地对投标书分别打分，各项分数统计之和即该投标书的得分。

3）综合评分。如报价以标底为标准，报价低于标底 5％范围内为满分（假设为 50 分），高于标底 6％范围内和低于标底 8％范围内，比标底每增加 1％或比标底每减少 1％均扣减 2分，报价高于标底 6％以上或低于 8％以下均为 0 分计。同样报价以技术价为标准进行类似评分。

综合以上得分情况后，最终以得分的多少排出顺序，作为综合评分的结果。

可见，综合评估法是一种定量的评标办法，在评定因素较多而且繁杂的情况下，可以综合地评定出各投标人的素质情况和综合能力，它主要适用于技术复杂、施工难度较大的建设工程招标项目。

五、工程量清单招标、评标方法

当采用工程量清单招标时，一般用经评审的最低投标价法和综合计分法进行评标。对采用综合计分法评标的投标文件的评审可分为初步评审和详细评审两个阶段。初步评审是指评标委员会对所有投标文件的符合性、响应性和重大偏差，按招标文件的要求逐一审查的评审，经审查不符合招标文件要求的，不得进入详细评审阶段；详细评审是对初步评审合格的投标文件的技术标、商务标、综合标按照招标文件中明确的评标办法以列表、随机抽取的方式进行分析、比较和评审。

1. 招标控制价

国有资金投资的建设工程采用工程量清单方式招标，必须编制招标控制价。招标控制价应在招标时公布，招标人应将招标控制价及有关资料报送当地工程造价管理机构备查。招标控制价由招标人依据国家计价规范、所在地区现行计价依据的规定编制。材料价格可按当地造价管理部门发布的最近一期信息指导价格执行，也可由招标人根据市场价格确定。

投标人的投标报价高于招标控制价的，其投标应予以拒绝。

2. 废标条件

当投标人未响应招标文件实质性要求时，可按废标处理。下列情形可按废标处理：

(1)未按招标文件规定编制各项报价的。

(2)投标总报价与其组成部分，工程量清单项目合价与综合单价、综合单价与人材机(人工、材料、机械)用量相互矛盾，致使评标委员会无法正常评审判定的。

(3)规费、税金、安全文明施工增加费违背工程造价管理规定的。

(4)分部分项工程项目、措施费项目报价中的项目编码、项目名称、项目特征、计量单位和工程量与招标文件的清单不一致的。

(5)未按照暂列金额或者暂估价编制投标报价的。

(6)住房和城乡建设部《标准施工招标文件》规定的废标条件。

3. 不参与商务部分评审的内容

规费、税金、安全文明施工增加费属于不可竞争费用，应按各省(市)现行的计价办法的规定执行，不应参与商务标评分。

4. 评标基准价

评标基准价是指对各投标人报价进行评审时的比较基础。评标基准价可为各投标人报价的算术平均值，也可以为招标控制价和各投标人报价算术平均值的加权平均值。

各投标人报价的算术平均值的计算，为有效投标人投标报价(去掉一个最高报价和一个最低报价)的算术平均值。当有效投标总报价少于五家(不含五家)时，则把所有有效投标报价的算术平均值作为评标基准价。

5. 经评审最低投标价法

采用经评审最低投标价法的，应按下列程序进行评标：

(1)技术标的评审。评标委员会对投标人的技术标采用综合评议或综合计分做出可行或不可行的认定。对技术标可行或不可行有意见分歧的，以少数服从多数得出结论。认为技术标不可行的，应提出不可行的原因或理由。当技术标被认定为不可行的，其商务标不再评审。

(2)商务标的评审。评标委员会对技术标被认定为可行的标书的商务标，按有效投标总报价从低到高的顺序进行详细评审。评审内容包括分部分项工程量清单项目、主要材料项目、措施费项目。

1)分部分项工程量清单项目依据招标文件规定抽取 10～20 项，分析综合单价构成是否合理。分部分项工程量清单项目综合单价以有效投标人综合单价的算术平均值为基准价。当投标人的综合单价低于基准价12%的工程量清单项目数量超过抽取数量的50%时，评标委员会应对其质询。

2）主要材料项目依据招标文件规定抽取5～15项，分析材料单价构成是否合理。主要材料单价以有效投标人材料单价的算术平均值为基准价。当投标人的材料单价低于基准价12%的材料数量超过抽取数量的50%时，评标委员会应对其质询。

3）措施费项目以有效投标人措施费报价的算术平均值为基准价，低于基准价20%的措施费报价，评标委员会应对其质询。

以上三项中有一项不能合理说明或提供相应证明材料的，评标委员会应将其按废标处理。

6. 综合计分法评标

综合计分法是指评标委员会根据招标文件要求，对其商务标、技术标、综合标三部分进行综合评审。商务标的权重占60%，技术标的权重占30%，综合标的权重占10%。

（1）技术标的评标标准（30分）。

1）施工方案和技术措施   3～5分

2）质量管理体系与措施   3～5分

3）安全管理体系与措施   3～5分

4）环境保护管理体系与措施   3～5分

5）工程进度计划与措施   2～3分

6）节能减排，绿色施工   2～3分

7）施工总进度表或施工网络图   1～2分

8）施工总平面布置图   1～2分

以上项目若有缺项，该项为0分；不缺项的不低于最低分。

（2）商务标的评标标准（60分）。

1）投标报价的评审（30分）。投标报价与评标基准价相等得基本分20分。当投标报价低于评标基准价时，每低1%在基本分20分的基础上加2分，最多加10分；当投标报价低于评标基准5%以上（不含5%）时，每再低1%在满分30分的基础上扣3分，扣完为止。

2）分部分项工程项目综合单价的评审（15分）。分部分项工程量清单项目综合单价随机抽取15项清单项目。清单项目综合单价以各有效投标报价的（当有效投标人5名及以上时，去掉1个最高值、1个最低值）清单项目综合单价的算术平均值为基准价。在综合单价基准值95%～103%范围内（不含95%和103%）每项得1分，在评标基准值90%～95%范围内（含90%～95%）每项得0.5分，满分共计15分，超出该范围不得分。

3）措施费项目的评审（5分）。措施费项目基准值＝各投标人所报措施费项目费（当有效投标人5名及以上时，去掉1个最高值、1个最低值）的算术平均值。投标所报措施费与措施项目基准值相等得基本分3分。当投标报价低于措施项目基准值时，每低1%在基本分3分的基础上加0.2分；当投标报价低于措施项目基准值10%～15%（含15%）时，为5分；当投标报价低于措施项目基准值15%（不含15%）时，每低1%在满分5分的基础上扣0.4分，扣完为止；当高于措施费项目基准值时，每高1%时，在基本分3分的基础上扣0.2分，扣完为止。

4)主要材料单价的评审(10分)。主要材料项目单价选择10项材料，材料的单价以各有效投标报价(当有效投标人5名及以上时，去掉1个最高值、1个最低值)材料单价的算术平均值作为材料基准值。在材料基准值95%～103%范围内(不含95%～103%)每项得1分，在材料基准值90%～95%范围内(含90%～95%)每项得0.5分。超出该范围的不得分。

(3)综合标的评标标准(10分)。

1)企业和项目经理业绩　　　　　　　　　1～3分
2)业主考察　　　　　　　　　　　　　　1～3分
3)优惠条件的承诺　　　　　　　　　　　1～2分
4)质量、工期达到招标文件要求的具体措施　1～2分

投标人综合得分按下式计算：

$$投标人综合得分＝技术标得分＋商务标得分＋综合标得分$$

在评标委员会完成对技术标、商务标和综合标的汇总后，去掉一个最高分和一个最低分取平均值，作为该投标人的最终得分。

任务三　建设工程定标与签订合同

一、定标的原则

定标是招标人最后决定中标人的行为，《招标投标法》第四十一条规定，中标人的投标文件必须符合下列条件之一：能够最大限度地满足招标文件中规定的各项综合评价标准，能够满足招标文件的各项要求并经评审的价格最低，但投标价格低于成本的除外。

二、定标的流程

(1)招标人可以授权评标委员会直接确定中标人，招标人也可根据评标委员会推荐的中标候选人确定中标人。一般来说，应选择排名第一的候选人为中标人。若排名第一的中标候选人在自身原因的情况下，放弃中标或因不可抗力不能履行合同，或未按招标文件的要求提交履约保证金(或履约保函)的情况下不能与招标人签订合同的，招标人可以确定排名第二的中标候选人为中标人。

(2)中标人确定后，招标人应当向中标人发出中标通知书，同时将中标结果通知其他未中标的投标人，中标通知书其实相当于招标人对中标的投标人所做的承诺，对招标人和中标人具有法律效力。中标后招标人改变中标结果的，或者中标人放弃中标项目，应当依法承担法律责任。

(3)招标人确定中标人后15日内，应向有关行政监督部门提交招标投情况的书面报告。建设主管部门自收到招标人提交的招投标情况的书面报告之日起5日内，未通知招标人在招投标活动中有违法行为的，招标人方可向中标人发出中标通知书。

三、合同的签订

(1)招标人和中标人应当在中标通知书发出后的30日以内，按照招标文件和中标人的

投标文件订立书面合同，招标人和中标人不得再行订立背离合同实质性内容的其他协议，这项规定是要用法定的形式肯定招标的成果，或者说招标人、中标人双方都必须尊重竞争的结果，不得任意改变。

（2）招标文件要求中标人提交履约保证金的，中标人应当提交，这是采用法律形式促使中标人履行合同义务的一项特定的经济措施，也是保护招标人利益的一种保证措施。

（3）中标人应当按照合同约定履行义务，完成中标项目，中标人不得向他人转让中标项目，也不得将中标项目肢解后分别向他人转让，中标人按照合同约定或者经招标人同意，可以将中标项目的部分非主体、非关键性工作分包给他人完成，但不得再次分包，分包项目由中标人向招标人负责，接受分包的人承担连带责任。这项规定表明分包是允许的，但是有严格的条件和明确的责任，有分包行为的应当注意这些规定。

（4）双方签订正式的施工承包合同后，施工单位即可着手进行工程施工的各项准备工作。

四、建设工程开标、评标和定标附表

建设工程开标、评标和定标过程中的主要表格见表 4-1～表 4-5。

表 4-1 签到及投标文件送达时间登记表

开标时间：_____年___月___日___时___分

序号	投标人	投标文件送达时间	投标人法人代表签字	联系电话	备注
1					
2					
3					

表 4-2 开标记录表

开标时间：_____年___月___日___时___分

投标人	密封情况	保证金	投标报价	质量目标	工期	备注	签名

招标人代表： 　　　　　　　　　记录人： 　　　　　　　　　监标人：

表 4-3 初步评审记录表

工程名称：_____

序号	评审内容	投标人名称及评审意见			
1	投标书证明文件是否齐备				
2	投标函签字盖章				
3	投标文件完整性				
4	密封格式				
5	投标保证金				
6	投标书装订签字编码				
	初步评审最终结论				

说明：本表由全体评委在共同商议的基础上给出结论，评委之间意见不一致时，按照少数服从多数的原则确定

全体评委签名： 　　　　　　　　　　　　　　　日期： 年 月 日

表 4-4 百分制总评分表

	序号	评标内容	投标单位名称及得分		
商务部分 50 分	1	投标报价 50 分（基础 30 分），以下百分之几即表示几个百分点。 　本次评标的有效标范围为最低报价不得低于工程成本，评标采用公开修正标底的做法，即有效标投标报价的算术平均值为评标基准价，本次评标计分，保留两位小数计算，第三位小数四舍五入			
	2	凡投标报价实质上响应招标文件要求，为有效标得基础 30 分			
	3	投标报价与评标标底相比，每下浮一个百分点加 2 分，下浮至十个百分点加 20 分，最多加 20 分；投标报价与评标标底相比每上浮一个百分点减 2 分，上浮至十个百分点减 20 分，最多减 20 分			
企业信誉及业绩 20 分	1	质量承诺达到招标文件等级加 2 分			
	2	本工程投标建造师近两年内被评为省级优秀建造师加 1 分，被评为国家级优秀建造师加 2 分			
	3	企业资质特级资质加 4 分、一级资质加 3 分、二级资质加 2 分、三级资质加 1 分			
	4	投标建造师前两年度施工本专业类似工程（已竣工，以施工合同为准）加 1 分			
	5	企业通过 ISO 9001：2000 质量管理体系系列认证的加 2 分			
	6	企业通过 GB/T 28001—2001 职业健康安全管理体系认证的加 2 分			
	7	企业通过 ISO 14001：2004 环境管理体系系列认证的加 2 分			
	8	投标企业前两年获得省级"重合同、守信誉"加 1 分，获得国家级"重合同、守信誉"加 2 分			
	9	投标企业前两年获得省级"安全文明工地"加 1 分			
	10	投标企业前两年工程质量获省级奖加 1 分，获国家级奖加 2 分			
		注：以上证明材料（资质证书、营业执照、安全生产许可证、建造师证、荣誉证书等）应当真实、有效，以原件为准。遇有弄虚作假者，未携带原件者，投标建造师未到会场的，取消其投标资格。证书每一种均按获得的最高荣誉证书记分，记分时不重复、不累计			
技术部分 30 分	1	各分部工程主要施工方案 　各专家评委根据各投标单位的施工方案打分（分值为 1～6 分任意打取）			
	2	工程材料进场计划能满足施工要求并且本企业有生产加工能力的得 3 分；有常年合作单位（以合同为准）的得 2 分；采用其他方式满足生产的得 1 分			
	3	施工平面布置 　施工现场平面布置图，包括临时设施、现场交通、现场作业区、施工设备机具、安全通道、消防设施及通道的布置、成品、半成品、原材料的堆放等。布置合理的得 3 分，较合理的得 1 分			
	4	施工进度安排 　投标单位应提供初步的施工进度表且响应招标文件的有关违约责任，说明按投标工期进行施工的各个关键日期。初步施工进度表可采用横道图（或关键线路网络图表示）。施工进度计划与招标工期一致的得分：提前 3 天得 2 分，提前 5 天得 3 分			

	序号	评标内容	投标单位名称及得分		
技术部分 30分	5	项目管理机构及劳动力组织 项目管理机构至少应包括建造师、施工员、材料员、助理造价工程师、质量员、安全员、财务人员。劳动力计划应分工种、级别、人数按工程施工阶段配备劳动力(以证书原件为准/否则不得分)。配备合理得3分，较合理得2分，基本满足得1分			
	6	质量、工期保证措施体系 质量、工期保证措施应包括各分部、分项的措施。健全得3分，比较健全得2分，基本健全得1分			
	7	安全生产施工措施 安全措施合理。应有临街商户及行人安全出行措施、有临时用电防护措施等。措施合理得3分，较好得2分，基本满足得1分			
	8	文明施工措施合理，封闭围挡，防尘、防噪声、保证现场环境整治。措施合理得3分，较好得2分，基本满足得1分			
	9	冬雨期施工措施 措施合理得3分，较好得2分，基本满足得1分			

表 4-5　评标结果汇总表

序号	投标人名称	初步评审		详细评审	备注
		合格	不合格	分数排序	
1					
2					
…					
最终推荐中标候选人及排序		第一名：			
		第二名：			
		第三名：			

任务四　建设工程招标活动投诉处理

一、工程招投标活动的违规行为及责任追究

为了维护我国建设工程招投标市场的健康有序发展，《招标投标法》及实施细则、《中华人民共和国建筑法》《中华人民共和国合同法》等法律法规对工程招投标活动中的违规行为及责任追究做了详细规定。其主要内容如下：

（1）必须进行招标而不招标的项目，将必须进行招标的项目化整为零或者以其他任何方式规避招标的。

应责令限期改正，可以处项目合同金额千分之五以上千分之十以下的罚款；对全部或者部分使用国有资金的项目，可以暂停项目执行或者暂停资金拨付；对单位直接负责的主管人员和其他直接责任人员依法给予处分。

（2）招标代理机构违反规定，泄露应当保密的与招投标活动有关的情况和资料的，或者与招标人、投标人串通损害国家利益、社会公共利益或者他人合法权益的。

应处五万元以上二十五万元以下的罚款，对单位直接负责的主管人员和其他直接责任人员处单位罚款数额百分之五以上百分之十以下的罚款；有违法所得的，并处没收违法所得；情节严重的，暂停直至取消招标代理资格；构成犯罪的，依法追究刑事责任。给他人造成损失的，依法承担赔偿责任。前款所列行为影响中标结果的，中标无效。

（3）招标人以不合理的条件限制或者排斥潜在投标人的，对潜在投标人实行歧视待遇的，强制要求投标人组成联合体共同投标的，或者限制投标人之间竞争的。

应责令改正，可以处一万元以上五万元以下的罚款。

（4）依法必须进行招标的项目的招标人向他人透露已获取招标文件的潜在投标人的名称、数量或者可能影响公平竞争的有关招投标的其他情况的，或者泄露标底的。

应给予警告，可以并处一万元以上十万元以下的罚款；对单位直接负责的主管人员和其他直接责任人员依法给予处分；构成犯罪的，依法追究刑事责任。其所列行为影响中标结果的，中标无效。

（5）投标人相互串通投标或者与招标人串通投标的，投标人以向招标人或者评标委员会成员行贿的手段谋取中标的。

中标无效，处中标项目金额千分之五以上千分之十以下的罚款，对单位直接负责的主管人员和其他直接责任人员处单位罚款数额百分之五以上百分之十以下的罚款；有违法所得的，并处没收违法所得；情节严重的，取消其一至两年内参加依法必须进行招标的项目的投标资格并予以公告，直至由工商行政管理机关吊销营业执照；构成犯罪的，依法追究刑事责任。给他人造成损失的，依法承担赔偿责任。

（6）投标人以他人名义投标或者以其他方式弄虚作假，骗取中标的。

中标无效，给招标人造成损失的，依法承担赔偿责任；构成犯罪的，依法追究刑事责任。依法必须进行招标的项目的投标人有前款所列行为尚未构成犯罪的，处中标项目金额千分之五以上千分之十以下的罚款，对单位直接负责的主管人员和其他直接责任人员处单位罚款数额百分之五以上百分之十以下的罚款；有违法所得的，并处没收违法所得；情节严重的，取消其一年至三年内参加依法必须进行招标的项目的投标资格并予以公告，直至由工商行政管理机关吊销营业执照。

（7）依法必须进行招标的项目，招标人违反规定，与投标人就投标价格、投标方案等实质性内容进行谈判的。

应给予警告，对单位直接负责的主管人员和其他直接责任人员依法给予处分。其所列行为影响中标结果的，中标无效。

（8）评标委员会成员收受投标人的财物或者其他好处的，评标委员会成员或者参加评标的有关工作人员向他人透露对投标文件的评审和比较、中标候选人的推荐以及与评标有关的其他情况的。

应给予警告，没收收受的财物，可以并处三千元以上五万元以下的罚款，对有所列违法行为的评标委员会成员取消担任评标委员会成员的资格，不得再参加任何依法必须进行招标的项目的评标；构成犯罪的，依法追究其刑事责任。

(9)招标人在评标委员会依法推荐的中标候选人以外确定中标人的，依法必须进行招标的项目在所有投标被评标委员会否决后自行确定中标人的。

中标无效。责令改正，可以处中标项目金额千分之五以上千分之十以下的罚款；对单位直接负责的主管人员和其他直接责任人员依法给予处分。

(10)中标人将中标项目转让给他人的，将中标项目肢解后分别转让给他人的，违反本法规定将中标项目的部分主体、关键性工作分包给他人的，或者分包人再次分包的。

转让、分包无效，处转让、分包项目金额千分之五以上千分之十以下的罚款；有违法所得的，并处没收违法所得；可以责令停业整顿；情节严重的，由工商行政管理机关吊销营业执照。

(11)招标人与中标人不按照招标文件和中标人的投标文件订立合同的，或者招标人、中标人订立背离合同实质性内容的协议的。

应责令改正；可以处中标项目金额千分之五以上千分之十以下的罚款。

(12)中标人不履行与招标人订立的合同的。

履约保证金不予退还，给招标人造成的损失超过履约保证金数额的，还应当对超过部分予以赔偿；没有提交履约保证金的，应当对招标人的损失承担赔偿责任。中标人不按照与招标人订立的合同履行义务，情节严重的，取消其两年至五年内参加依法必须进行招标的项目的投标资格并予以公告，直至由工商行政管理机关吊销营业执照。

(13)任何单位违反本法规定，限制或者排斥本地区、本系统以外的法人或者其他组织参加投标的，为招标人指定招标代理机构的，强制招标人委托招标代理机构办理招标事宜的，或者以其他方式干涉招投标活动的。

应责令改正；对单位直接负责的主管人员和其他直接责任人员依法给予警告、记过、记大过的处分，情节较重的，依法给予降级、撤职、开除的处分。

(14)对招投标活动依法负有行政监督职责的国家机关工作人员徇私舞弊、滥用职权或者玩忽职守的。

构成犯罪的，依法追究刑事责任；不构成犯罪的，依法给予行政处分。

二、投诉及投诉的处理

国家发展和改革委员会、建设部、铁道部、交通部、信息产业部、水利部、中国民用航空总局七部委于2004年6月制定颁布了《工程建设项目招标投标活动投诉处理办法》，并自2004年8月1日起施行，根据2013年3月11日《关于废止和修改部分招标投标规章和规范性文件的决定》2013年令第23号修正。

《工程建设项目招标投标活动投诉处理办法》的制定颁布，是为了保护国家利益、社会公共利益和招投标当事人的合法权益，建立公平、高效的工程建设项目招投标活动投诉处理机制，适用于在我国境内工程建设项目招投标活动的投诉及其处理活动。

《工程建设项目招标投标活动投诉处理办法》规定，投标人或者其他利害关系人认为招投标活动不符合法律、法规和规章规定的，有权依法向有关行政监督部门投诉。各级招投标活动行政监督部门，应受理投诉并依法做出处理决定。行政监督部门应确定本部门内部负责受理投诉的机构及其电话、传真、电子信箱和通信地址，并向社会公布。

投诉人投诉时，应当提交投诉书。投诉书应当包括下列内容：

(1)投诉人的名称、地址及有效联系方式。

(2)被投诉人的名称、地址及有效联系方式。

(3)投诉事项的基本事实。

(4)相关请求及主张。

(5)有效线索和相关证明材料。

投诉人认为招投标活动不符合法律行政法规规定的，可以在知道或者应当知道之日起十日内提出书面投诉。行政监督部门收到投诉书后，应当在三个工作日内进行审查，对于不符合投诉处理条件的不予受理，并将不予受理的理由书面告知投诉人；对于符合投诉处理条件，但不属于本部门受理的投诉，书面告知投诉人向其他行政监督部门提出投诉；对于符合投诉处理条件并决定受理的，收到投诉书之日即为正式受理。

行政监督部门受理投诉后，应当调取、查阅有关文件，调查、核实有关情况。对情况复杂、涉及面广的重大投诉事项，有权受理投诉的行政监督部门可以会同其他有关的行政监督部门进行联合调查，共同研究后由受理部门做出处理决定。在投诉处理过程中，行政监督部门应当听取被投诉人的陈述和申辩，必要时可通知投诉人和被投诉人进行质证。

负责受理投诉的行政监督部门应当自受理投诉之日起三十个工作日内，对投诉事项做出处理决定，并以书面形式通知投诉人、被投诉人和其他与投诉处理结果有关的当事人。对于投诉缺乏事实根据或者法律依据的，或者投诉人捏造事实、伪造材料或者以非法手段取得证明材料进行投诉的，驳回投诉；对于投诉情况属实，招投标活动确实存在违法行为的，依据《招标投标法》《中华人民共和国招标投标法实施条例》及其他有关法规、规章进行处理。当事人对行政监督部门的投诉处理决定不服或者行政监督部门逾期未做处理的，可以依法申请行政复议或者向人民法院提起行政诉讼。

三、无效或失败招投标的处理

招标失败不同于招标无效。造成招标失败有以下三种原因：

(1)提交投标文件的投标人少于三个。

(2)在评标过程中按规定否决不合格标书或产生废标后的有效标书不足三个，使得投标明显缺乏竞争后，应评标委员会一致决定否决全部投标。

(3)经评委会评审，认为所有投标都不符合招标文件要求的，否决所有投标。

物业管理招投标
—6：专家点评

招标无效是指招标人或招标代理机构、评标委员会在招投标过程中，违反有关法律法规的规定，影响到了中标结果的合理性。

当招标失败或属无效招标的，都应依法重新招标。当因第一次招标时提交投标文件的投标人少于三个，在重新招标时投标人仍少于三个时，属于必须审批的项目，报经原审批部门批准后，可以不再进行招标；其他工程项目，招标人可以自行决定不再进行招标。

任务五　建设工程评标案例

【例 4-1】 综合评估法评标一

某企业新建的建设工程，进行公开招投标。根据该省关于施工招投标评标细则，业主要求投标单位将技术标和商务标分别装订报送，并且采用综合评估法评审。经招标领导小组研究，确定评标规定如下：

通过符合性审查和响应性检验，即初步评审投标书，按投标报价、主要材料用量、施工能力、施工方案、企业业绩和信誉等以定量方式综合评定。其分值设置为总分 100 分，其中投标报价 70 分；施工能力 5 分；施工方案 15 分；企业信誉和业绩 10 分。

1. 投标报价(70 分)

投标报价在复合标底价−6%～+4%(含+4%、−6%)范围内可参加评标，超出此范围者不得参加评标。复合标底价是指开标前由评标委员会负责人当众临时抽签决定的组合值。其设置范围是标底与投标人有效报价算术平均值的比值，分别为 0.2∶0.8、0.3∶0.7、0.4∶0.6、0.5∶0.5、0.6∶0.4、0.7∶0.3，评标指标是复合标底价在开标前由评标委员会负责人以当众随机抽取的方式确定浮动点后重新计算的指标价，其浮动点分别为 1%、0.5%、0、−0.5%、−1%、−1.5%、−2%。

$$评标指标＝复合标底价/(1＋浮动点绝对值)$$

投标报价等于评标指标价时得满分。投标报价与评标指标价相比每向上或向下浮动 0.5%扣 1 分(高于 0.5%，按 1%计；低于 0.5%，按 0.5%计)。

2. 施工能力(5 分)

(1)满足工程施工的基本条件者得 2 分(按工程规模在招标文件中提出要求)。

(2)项目主要管理人员及工程技术人员的配备数量和资历 3 分。其中，项目配备的项目经理资格高于工程要求者得 1 分；项目主要技术负责人具有中级以上技术职称者得 1 分；项目部配备了持证上岗的施工员、质量员、安全员、预算员、机械员者共得 1 分，其中，每一员持证得 0.2 分。不满足则该项不得分。

3. 施工方案(15 分)

(1)施工方案的可行性 2 分。主要施工方案科学、合理，能够指导施工，有满足需要的施工程序及施工大纲者得满分。

(2)工程质量保证体系和所采取的技术措施 3 分。投标人质量管理体系健全，自检体系完善。投标书符合招标文件及国家、行业、地方强制性标准规范的要求，并有完善、可行的工程质量保证体系和防止质量通病的措施，以及满足工程要求的质量检测设备者得满分。

(3)施工进度计划及保证措施 3 分。施工进度安排科学、合理，所报工期符合招标文件的要求，施工分段与所要求的关键日期或进度安排标志一致，有可行的进度安排横道图、网络图，有保证工程进度的具体可行措施者得满分。

(4)施工平面图 0.5 分。有布置合理的施工平面图者得满分。

(5)劳动力计划安排 1 分。有合理的劳动力组织计划安排和用工平衡表，各工种人员的搭配合理者得满分。

（6）机具计划1分。有满足施工要求的主要施工机具计划，并注明到场施工机具的产地、规格、完好率及目前所在地处于什么状态，何时能到场，满足要求者得满分。

（7）资金需用计划及主要材料、构配件计划0.5分。施工中所需资金计划及分批、分期所用的主要材料、构配件的计划符合进度安排者得满分。

（8）在本工程中拟采用国家、省住房城乡建设主管部门推广的新工艺、新技术、新材料能保证工程质量或节约投资，并有对比方案者得0.5分。

（9）在本工程上有可行的合理化建议并能节约投资，有对比计算数额者得0.5分。

（10）文明施工现场措施1分。对生活区、生产区的环境有保护与改善措施者得满分。

（11）施工安全措施1分。有保证施工安全的技术措施及保证体系并已取得安全认证者得满分。

（12）投标人已经取得ISO 9000质量体系认证者得1分。

4. 企业业绩和信誉（10分）

（1）投标的项目经理近五年承担过与招标工程同类工程者得0.75分。投标人近五年施工过与招标工程同类工程者得0.25分。

（2）投标的项目经理近三年每获得过一项国家鲁班奖工程者得1.5分；投标人近三年每获得过一项国家鲁班奖工程者得1分。投标的项目经理近两年每获得过一项省飞天奖工程者得1分；投标人近两年每获得过一项飞天奖工程者得0.75分。投标的项目经理上年度以来每获得过一项地（州、市）住房城乡建设主管部门颁发或受地（州、市）住房城乡建设主管部门委托的行业协会颁发的在当地设置的相当于优质工程奖项者得0.5分；投标人上年度以来每获得过一项上述奖项者得0.25分。本项满分8分，记满为止。

项目经理所创鲁班奖、飞天奖、其他质量证书的认证以交易中心备案记录为依据。同一工程按最高奖记分，不得重复计算。

（3）投标人上年度以来在省住房城乡建设主管部门组织或受省住房城乡建设主管部门委托的行业协会组织的质量管理、安全管理、文明施工、建筑市场执法检查中受表彰的，每项（次）加0.2分；受到地（州、市）住房城乡建设主管部门或受地（州、市）住房城乡建设主管部门委托的行业级的上述表彰的，每项（次）加0.1分。受住房城乡建设主管部门委托的由行业协会组织评选的，"三优一文明"获奖者（只记投标人）记分同上。上述各项（次）得分按最高级别计算，同项目不得重复计算。上述表彰获奖者为投标人下属二级单位（分公司、项目部、某工地等）的，只有该二级单位是投标的具体实施人时方可记分，投标人内部不得通用）记分按上述标准减半计算。本项满分1分，记满为止。

本次招标活动共有七家施工企业投标，项目开标后，他们的报价、工期、质量分别见表4-6。标底为3 600万元。

表4-6 投标单位的报价、工期、质量表

投标单位	A	B	C	D	E	F	G
报价/万元	3 500	3 620	3 740	3 800	3 550	3 650	3 680
工期/天	300	300	300	300	300	300	300
质量	合格	合格	合格	合格	合格	合格	合格

（1）评标的过程如下：

1)通过现场随机抽取计算复合标底价的权重值为 0.4∶0.6，复合标底价及投标报价的有效范围计算如下：

复合标底价＝3 600×0.4＋(3 500＋3 620＋3 740＋3 800＋3 550＋3 650＋3 680)/7×
0.6＝3 629(万元)

投标报价的有效范围为

上限 3 629×(1－6％)＝3 411(万元)

下限 3 629×(1＋4％)＝3 774(万元)

即投标报价的有效范围 3 411 万～3 774 万元。

在七家投标单位中，D 单位报价超出有效范围，退出评标，其余单位报价均符合要求。

2)现场通过随机方式抽取评标指标的浮动点为－0.5％，计算评标指标。

$$3\ 629/(1-0.5\%)=3\ 611(万元)$$

3)计算各投标单位报价得分值。

A 单位：－3.07％，扣 7 分，得 63 分。

同理计算，B、C、E、F、G 单位报价得分分别为 69 分、63 分、65 分、68 分、67 分，各投标单位报价得分见表 4-7。

表 4-7　各投标单位报价得分表

投标单位	A	B	C	E	F	G
得分	63	69	63	65	68	67

4)施工能力得分。评标委员会通过核对各投标施工单位的投标文件以及职称证、资格证的原始证明文件，分别给出各单位的施工能力得分。A 单位的施工能力的各位专家打分表见表 4-8，各单位的施工能力得分汇总表见表 4-9。

表 4-8　A 单位的施工能力的各位专家打分表

评委	1	2	3	4	5	6	7
得分	12.5	13	11.5	12	12.5	13.5	12
平均得分	12.4						
备注	在 2005 年取得 ISO 9000						

表 4-9　各单位的施工能力得分汇总表

投标单位	A	B	C	E	F	G
得分	5	5	4	5	5	5

5)施工方案评分。评标委员会的各位专家给每个投标单位的施工方案打分。最后去掉一个最高分和一个最低分后，计算算术平均数得出各评标单位的施工方案最后得分，见表 4-10 和表 4-11。

表 4-10　A 投标单位施工方案得分表

评委	1	2	3	4	5	6	7
得分	12.5	13	11.5	12	12.5	13.5	12
平均得分	12.4						
备注	在 2005 年取得 ISO 9000						

表 4-11　各投标单位施工能力汇总表

投标单位	A	B	C	E	F	G
得分	12.4	11.8	12.0	12.6	12.8	11.2

6)企业业绩和信誉得分。通过查看各获奖证书的原件，评标委员会按照评标规则得出各投标单位的企业业绩和信誉得分，各投标单位业绩和信誉汇总表见表 4-12。

表 4-12　各投标单位业绩和信誉汇总表

投标单位	A	B	C	E	F	G
得分	3.2	2.8	2.5	2.5	3.5	3.0

(2)各投标单位综合得分为

A：63＋5＋5＋12.4＋3.2＝88.6

B：69＋5＋5＋11.8＋2.8＝93.6

C：63＋5＋4＋12.0＋2.5＝86.5

E：65＋5＋5＋12.6＋2.5＝90.1

F：68＋5＋5＋12.8＋3.5＝94.3

G：67＋5＋5＋11.2＋3.0＝91.2

各投标单位综合得分从高到低顺序依次是 F、B、G、E、A、C，因此，中标候选人依次是 F、B、G。

【例 4-2】　综合评估法评标二

某建设工程项目采用公开招标方式，有 A、B、C、D、E、F 共 6 家承包商参加投标，经资格预审该 6 家承包商均满足业主要求。该工程采用两阶段评标法评标，评标委员会由 7 名委员组成，评标的具体规定如下。

1. 第一阶段：评技术标

技术标共计 40 分，其中，施工方案 15 分，总工期 8 分，工程质量 6 分，项目班子 6 分，企业信誉 5 分。

技术标各项内容的得分，为各评委评分去除一个最高分和一个最低分后的算术平均值。技术标合计得分不满 28 分者，不再评其商务标。

评标情况见表 4-13 和表 4-14。

表 4-13　各评委对六家承包商施工方案的评分汇总表

投标单位 ＼ 评委	一	二	三	四	五	六	七
A	13.0	11.5	12.0	11.0	11.0	12.5	12.5
B	14.5	13.5	14.5	13.0	13.5	14.5	14.5
C	12.0	10.0	11.5	11.0	10.5	11.5	11.5
D	14.0	13.5	13.5	13.0	13.5	14.0	14.5
E	12.5	11.5	12.0	11.0	11.5	12.5	12.5
F	10.5	10.5	10.5	10.0	9.5	11.0	10.5

表 4-14　各承包商总工期、工程质量、项目班子、企业信誉得分汇总表

投标单位	总工期	工程质量	项目班子	企业信誉
A	6.5	5.5	4.5	4.5
B	6.0	5.0	5.0	4.5
C	5.0	4.5	3.5	3.0
D	7.0	5.5	5.0	4.5
E	7.5	5.5	4.0	4.0
F	8.0	4.5	4.0	3.5

2. 第二阶段：评商务标

商务标共计 60 分。以标底的 50% 与承包商报价算术平均数的 50% 之和为评标价，但最高（最低）报价高于（低于）次高（次低）报价的 15% 者，在计算承包商报价算术平均数时不予考虑，且商务标得分为 15 分。

以评标价为满分（60 分），报价比评标价每下降 1%，扣 1 分，最多扣 10 分；报价比评标价每增加 1%，扣 2 分，扣分不保底。

标底和各承包商的报价汇总表见表 4-15。

表 4-15　标底和各承包商的报价汇总表　　　　　　　　　　　　万元

单位	A	B	C	D	E	F	标底
报价	13 656	11 108	14 303	13 098	13 241	14 125	13 790

评分的最小单位为 0.5，计算结果保留两位小数。

问题：

（1）该工程评标委员会人数是否合法？评标委员会两名委员由招标办专业干部组成，是否可行？

（2）请按综合得分最高者中标的原则确定中标单位。

（3）若该工程未编制标底，以各承包商报价的算术平均数作为基准价，其余评标规定不变，试按原定标原则确定中标单位。

分析要点：

本案例是考核评标方法的运用。本案例旨在强调两阶段评标法所需注意的问题和报价合理性的要求，虽然评标大多采用定量的方法，但实际情况是仍然在相当程度上受主观因素的影响，这在评定技术标中尤为突出，因此，需要在评标时尽可能减少这种影响。例如，本案例中将评委对技术标的评分去除最后分和最低分后再取算术平均数，其目的就在于此。商务标的评分似乎较为客观，但受评标具体规定的影响仍然较大。本案例通过问题（2）结果与问题（3）结果的比较，说明评标的具体规定不同，商务标的结果可能不同，甚至可能改变评标的最终结果。

针对本案例的评标规定，特意给出最高（最低）报价高于（低于）次高（次低）报价 15% 和技术标得满 28 分的情况，而实践中这两种情况是较少出现的。

案例评析：

（1）合法。不可行。注意回避原则。

（2）首先计算各投标单位施工方案的得分，见表 4-16。然后计算各承包单位技术标得分，见表 4-17。

表 4-16　各投标单位施工方案的得分

投标单位	一	二	三	四	五	六	七	平均得分
A	13.0	11.5	12.0	11.0	11.0	12.5	12.5	11.9
B	14.5	13.5	14.5	13.0	13.5	14.5	14.5	14.1
C	12.0	10.0	11.5	11.0	10.5	11.5	11.5	11.2
D	14.0	13.5	13.5	13.0	13.5	14.5	14.5	13.7
E	12.5	11.5	12.0	11.0	11.5	12.5	12.5	12.0
F	10.5	10.5	10.5	10.0	9.5	11.0	10.5	10.4

表 4-17　各承包单位技术标得分

投标单位	施工方案	总工期	工程质量	项目班子	企业信誉	合计
A	11.9	6.5	5.5	4.5	4.5	32.9
B	14.1	6.0	5.0	5.0	4.5	34.6
C	11.2	5.0	4.5	3.5	3.0	27.2
D	13.7	7.0	5.5	5.0	4.5	35.7
E	12.0	7.5	5.0	4.0	4.0	32.5
F	10.4	8.0	4.5	4.0	3.5	30.4

由于承包商 C 的技术标仅得 27.2 分，小于 28 分的最低限，故按规定不再评其商务标，实际上已作为废标处理。

计算各承包商的商务标得分。

先做是否超限的检验：

（13 098－11 108）/13 098＝15.19％＞15％

（14 125－13 656）/13 656＝3.43％＜15％

所以，承包商 B 的报价（11 108 万元）在计算评标价时不予考虑。

则评标价＝13 790×50％＋（13 656＋13 098＋13 241＋14 125）/4×50％＝13 660（万元）

各承包商的商务标评分见表 4-18。

表 4-18　各承包商的商务标评

投标单位	报价/万元	报价与基准价的比例/%	扣分	得分
A	13 656	（13 656/13 660）×100＝99.97	（100－99.7）×1＝0.03	59.97
B	11 108			15.00
D	13 098	（13 098/13 660）×100＝95.89	（100－95.89）×1＝4.11	55.89
E	13 241	（13 241/13 660）×100＝96.93	（100－96.93）×1＝3.07	56.93
F	14 125	（14 125/13 660）×100＝103.4	（103.4－100）×2＝6.8	53.20

各承包商综合得分见表 4-19。

表 4-19　各承包商综合得分

投标单位	技术标得分	商务标得分	综合得分
A	32.9	59.97	92.87
B	34.6	15.00	49.60
D	35.7	55.89	91.59
E	32.5	56.93	89.43
F	30.4	53.20	83.60

因此，中标单位为 A 单位。

(3)更换评标基准价计算方法后，解题过程相同，算得中标单位为 D 单位，得分为 92.51 分。

项目小结

本项目讲述了建设工程开标、评标和定标的相关知识，主要内容是要求掌握开标、评标和定标的流程，以及相关的法律规定。本项目的重点内容是掌握常用的评标方法，对于开标评标和定标过程中的一些常见问题，掌握其应对和处理方法。

思考与练习

一、单项选择题

1. 根据《招标投标法》的有关规定，下列不符合开标程序的是(　　)。
   A. 开标应当在招标文件确定的提交投标文件截止时间的同一时间公开进行
   B. 开标地点应当为招标文件中预先确定的地点
   C. 开标由招标人主持，邀请所有投标人参加
   D. 开标由住房城乡建设主管部门主持，邀请所有投标人参加

2. 根据《招标投标法》的有关规定，评标委员会由招标人的代表和有关技术、经济等方面的专家组成，成员人数为(　　)人以上的单数，其中，技术、经济等方面的专家不得少于成员总数的 2/3。
   A. 3　　　　　　　B. 5　　　　　　　C. 7　　　　　　　D. 9

3. 根据《招标投标法》的有关规定，(　　)应当采取必要的措施，保证评标在严格保密的情况下进行。
   A. 招标人
   C. 工程所在地住房城乡建设主管部门
   B. 评标委员会
   D. 工程所在地县级以上人民政府

4. 根据《招标投标法》的规定，评标委员会由招标人的代表和有关技术、经济等方面的专家组成。其中，技术、经济等方面的专家不得少于成员总数的(　　)。
   A. 1/2　　　　　　B. 1/3　　　　　　C. 2/3　　　　　　D. 3/4

5. 评标和定标应当在投标有效期结束日(　　)个工作日前完成。

A. 15　　　　　　B. 20　　　　　　C. 25　　　　　　D. 30

6. 在开标时，投标文件中出现投标人名称或组织机构与资格预审不一致时，招标人的处理方式是(　　)。

A. 不予受理　　　　　　　　　　B. 按废标处理

C. 请投标人予以更正　　　　　　D. 追究投标人的法律责任

7. 《招标投标法》规定，经过招标、评标、决标后，招标人与中标人订立书面合同的时间是中标通知书发出之日起(　　)个工作日内。

A. 14　　　　　　B. 20　　　　　　C. 30　　　　　　D. 40

二、多项选择题

1. 在开标时，投标文件(　　)，招标人不予受理。

A. 逾期送达的或未送达指定地点的

B. 未按招标文件的要求密封的

C. 无单位盖章并无法定代表人或法定代表人授权的代理人签字或盖章的

D. 未按规定的格式填写，内容不全或关键字迹模糊、无法辨认的

E. 投标人名称或组织结构与资格预审不一致的

2. 根据《招标投标法》的有关规定，下列说法不符合开标程序的有(　　)。

A. 开标应当在招标文件确定的提交投标文件截止时间的同一时间公开进行

B. 开标由招标人主持，邀请中标人参加

C. 在招标文件规定的开标时间前收到的所有投标文件，开标时都应当当众予以拆封和宣读

D. 开标由建设行政主管主持，邀请中标人参加

E. 开标过程应当记录并存档备查

3. 下列关于评标委员会的叙述，符合《招标投标法》有关规定的有(　　)。

A. 评标由招标人依法组建的评委会负责

B. 评标委员会由招标人的代表和有关技术、经济等方面的专家组成，成员人数为5人以上的单数

C. 评标委员会由招标人的代表和有关技术、经济方面的专家组成，其中，技术、经济等方面的专家不得少于总数的1/2

D. 与投标人有利害关系的人不得进入相关项目的评标委员会

E. 评标委员会成员的名单在中标结果确定前应当保密

4. 下列关于评标的确定，符合《招标投标法》有关规定的有(　　)。

A. 招标人应当采取必要的措施保证评标在严格保密的情况下进行

B. 评标委员会完成评标后，应当向招标人提出书面评标报告，并决定合格的中标候选人

C. 招标人可以授权评标委员会直接确定中标人

D. 评标委员会经评审，认为所有投标都不符合招标文件要求的，可以否决所有投标

E. 任何单位和个人不得非法干预、影响评标的过程和结果

5. 下列情况属于重大偏差的有(　　)。

A. 没有按照招标文件要求提供投标担保或所提供的投标担保有瑕疵

B. 投标文件没有投标人授权代表签字和加盖公章

C. 投标文件载明的招标完成期限超过招标文件规定的期限

D. 明显不符合技术规格、技术标准的要求

E. 不符合招标文件中规定的其他非实质性要求

6. 投标文件(　　)，由评标委员会初审后按废标处理。

A. 无单位盖章并无法定代表人或法定代表人授权的代理人签字或盖章的

B. 未按规定的格式填写，内容不全或关键字迹模糊、无法辨认的

C. 投标人递交两份投标文件，其中一份是按招标文件规定提交备选投标方案的

D. 投标人名称或组织机构与资格预审时不一致的

E. 未按招标文件的要求提交投标保证金

7. 在建设工程招投标开标时，投标文件有下列情形之一的，招标人不予受理的是(　　)。

A. 未按招标文件的要求密封的

B. 未按招标文件的要求提交投标保证金的

C. 未按规定的格式填写并且内容不全的

D. 无单位盖章且无法定代表人签字的

三、案例题

[案例一]

背景资料： 某国有企业计划投资 700 万元新建一栋办公大楼选取中标单位，共有 A、B、C、D、E 五家投标单位参加了投标，开标时出现了以下情形：

（1）A 投标单位的投标文件未按招标文件的要求而是按该企业要求，建设单位委托了一家符合资质要求的监理单位进行该工程的施工招标代理工作，由于招标时间紧，建设单位要求招标代理单位采取内部议标的方式的习惯做法密封；

（2）B 投标单位虽按招标文件的要求编制了投标文件但有一页文件漏打了页码；

（3）C 投标单位投标保证金超过了招标文件中规定的金额；

（4）D 投标单位投标文件记载的招标项目完成期限超过招标文件规定的完成期限；

（5）E 投标单位某分项工程的报价有个别漏项。

为了在评标时意见统一，根据建设单位的要求评标委员会由 6 人组成，其中 3 人是建设单位的总经理、总工程师和工程部经理，3 人由建设单位以外的评标专家库中抽取；经过评标委员会评标，最终由低于成本价格的投标单位确定为中标单位。

问题：

（1）采取的内部招标方式是否妥当？说明理由。

（2）五家投标单位的投标文件是否有效或应被淘汰？分别说明理由。

（3）评标委员会的组建是否妥当？若不妥，请说明理由。

（4）确定的中标单位是否合理？请说明理由。

[案例二]

背景资料： 某大型工程，由于技术难度大，对施工单位的施工设备和同类工程施工经验要求高，而且对工期的要求也比较紧迫。业主在对有关单位和在建工程考察的基础上，仅邀请了 3 家国有一级施工企业参加投标，并预先与咨询单位和该 3 家施工单位共同研究确定了施工方案。业主要求投标单位将技术标和商务标分别装订报送。经招标领导小组研究确定的评标规定如下：

(1)技术标共 30 分，其中，施工方案 10 分(因已确定施工方案，各投标单位均得 10 分)、施工总工期 10 分、工程质量 10 分。满足业主总工期要求(36 个月)者得 4 分，每提前 1 个月加 1 分，不满足者不得分；业主希望该工程今后能被评为省优工程，自报工程质量合格者得 4 分，承诺将该工程建成省优工程者得 6 分(若该工程未被评为省优工程将扣罚合同价的 2％，该款项在竣工结算时暂不支付给承包商)，近三年内获鲁班工程奖每项加 2 分，获省优工程奖每项加 1 分。

(2)商务标共 70 分。报价不超过标底(35 500 万元)的±5％者为有效标，超过者为废标。报价为标底的 98％者得满分(70 分)，在此基础上，报价比标底每下降 1％，扣 1 分，每上升 1％，扣 2 分(计分按四舍五入取整)。各投标单位的有关情况见表 4-20。

表 4-20　各投标单位的有关情况

投标单位	报价/万元	总工期/月	自报工程质量	鲁班工程奖	省优工程奖
A	35 642	33	优良	1	1
B	34 364	31	优良	0	2
C	33 867	32	合格	0	1

问题：

(1)该工程采用邀请招标方式且仅邀请 3 家施工单位投标，是否违反有关规定？为什么？

(2)请按综合得分最高者中标的原则确定中标单位。

(3)若改变该工程评标的有关规定，将技术标增加到 40 分，其中，施工方案 20 分(各投标单位均得 20 分)，商务标减少为 60 分，是否会影响评标结果？为什么？若影响，应由哪家施工单位中标？

四、项目实训

模拟某项目的开标、评标、定标现场

资料准备：①招标文件。

②投标文件。

实训分组：按项目二划分的小组。

实训要求：①熟悉评标委员会的组成。

②熟悉评标办法。

③通过角色扮演充分发挥学生的主动性。

注意事项：根据各小组完成项目施工招投标资料和开标现场表现情况，老师给予点评。

📁➤ 案例分析

案例集锦

参考答案

项目五　建设工程施工合同管理

爱岗敬业

任务一　施工合同概述

一、建设工程施工合同的概念

建设工程施工合同是指发包人与承包人为完成商定的建筑安装工程施工任务，为明确双方的权利和义务而订立的协议。其核心是发包人提供必要的施工条件并支付价款，承包人完成建筑产品。施工合同的当事人是发包人和承包人，双方是平等的民事主体。承发包双方签订施工合同，必须具备相应的资质条件和履行施工合同的能力。

建设工程施工合同是工程建设中的主要合同，国家立法机关、国务院、住房城乡建设主管部门十分重视施工合同的规范工作，专门制定了一系列的法律、法规、示范文本等，用以规范建设工程施工合同的签订和履行。

二、建设工程施工合同的作用

(1)施工合同明确了在施工阶段承包人和发包人的权利与义务。施工合同起着明确建设工程发包人和承包人在施工中权利与义务的重要作用。施工合同的签订，使发包人和承包人清楚地认识到己方和对方在施工合同中各自承担的义务与享有的权利，以及双方之间权利和义务的相互关系；也使双方认识到施工合同的正确签订，只是履行合同的基础。而合同的最终实现，还需要发包人和承包人双方严格遵守合同的各项条款和条件，全面履行各自的义务，才能享受其权利，最终完成工程任务。

(2)施工合同是施工阶段实行监理的依据。目前，我国大多数工程都实行建设监理，监理单位受发包人的委托，对承包人的施工质量、施工进度、工程投资和安全生产进行监督，监理单位对承包人的监督应依据发包人和承包人签订的施工合同进行。

(3)施工合同是保护建设工程施工过程中发包人和承包人权益的依据。依法成立的施工合同，在实施过程中承包人和发包人的权益都受到法律保护。当一方不履行合同，造成对方的权益受到侵害时，就可以以施工合同为依据，根据有关法律追究违约方的法律责任。

三、建设工程施工合同的分类及适用范围

按照承包工程计价方式，可将建设工程施工合同分为总价合同、单价合同和成本加酬金合同。

1. 总价合同

所谓总价合同，是指根据合同规定的工程施工内容和有关条件，业主应付给承包商的款额是一个规定的金额，即明确的总价。这种合同一般要求投标人按照招标文件要求报一个总价，在这个价格下完成合同规定的全部项目。总价合同也称作总价包干合同，根据施工招标时的要求和条件，当施工内容和有关条件不发生变化时，业主付给承包商的价款总额就不发生变化。如果由于承包人的失误导致投标价计算错误，合同总价格也不予调整。

固定总价合同与固定单价合同

总价合同又可分为固定总价合同和可调总价合同两种。

(1)固定总价合同。固定总价合同的价格计算是以图纸及规定、规范为基础，工程任务和内容明确，业主的要求和条件清楚，合同总价一次包死、固定不变，即不再因为环境的变化和工程量的增减而变化。在这类合同中承包商承担了全部的工作量和价格的风险，因此，承包商在报价时对一切费用的价格变动因素以及不可预见因素都做了充分估计，并将其包含在合同价格之中。

对业主而言，在合同签订时就可以基本确定项目的总投资额，对投资控制有利。在双方都无法预测的风险条件下和可能有工程变更的情况下，承包商承担了较大的风险，业主的风险较小。但是，工程变更和不可预见的困难也常常引起合同双方的纠纷或者诉讼，最终导致其他费用的增加。

当然，在固定总价合同中还可以约定，当发生重大工程变更、累计工程变更超过一定幅度或者其他特殊条件下，可以对合同价格进行调整。因此，需要定义重大工程变更的含义、累计工程变更的幅度与什么样的特殊条件才能调整合同价格，以及如何调整合同价格等。

采用固定总价合同，双方结算比较简单，但是由于承包商承担了较大的风险，因此报价中不可避免地要增加一笔较高的、不可预见的风险费。承包商的风险主要有两个方面：一是价格风险；二是工作量风险。价格风险有报价计算错误、漏报项目、物价和人工费上涨等；工作量风险有工程量计算错误、工程范围不确定、工程变更或者由于设计深度不够所造成的误差等。

固定总价合同适用于工程量小、工期短，估计在施工过程中环境因素变化小、工程条件稳定并合理；工程设计详细，图纸完整、清楚，工程任务和范围明确；工程结构和技术简单，风险小；投标期相对宽裕，承包商可以有充足的时间详细考察现场，复核工程量，分析招标文件，拟订施工计划；合同条件中双方的权利和义务十分清楚，合同条件完备。

(2)可调总价合同。合同价格是以图纸及规定、规范为基础，按照时价进行计算，得到

包括全部工程任务和内容的暂定合同价格。其是一种相对固定的价格，在合同执行过程中，由于通货膨胀等原因而使所使用的工、料成本增加时，可以按照合同约定，对合同总价进行相应的调整。因此，通货膨胀等不可预见因素的风险由业主承担。对承包商而言，其风险相对较小；但对业主而言，不利于其进行投资控制，突破投资的风险就增大了。

在工程施工承包招标时，施工期限在一年左右的项目一般实行固定总价合同，通常不考虑价格调整的问题，以签订合同时的单价和总价为准，物价上涨的风险全部由承包商承担。但是，对建设周期一年以上的工程项目一般实行可调总价合同。

（3）总价合同的特点和应用。采用总价合同时，对发包工程的内容及其各种条件都应基本清楚、明确，否则承发包双方均有蒙受损失的风险。因此，一般是在施工图设计完成，施工任务和范围比较明确，业主的目标、要求和条件都清楚的情况下才采用总价合同。对业主来说，由于设计花费时间长，因此开工时间较晚，开工后的变更容易带来索赔，而且在设计过程中也难以吸收承包商的建议。

总价合同的特点如下：

1）发包单位可以在报价竞争状态下确定项目的总造价，可以较早确定或者预测工程成本。

2）业主的风险较小，承包人将承担较多的风险。

3）评标时易于迅速确定最低报价的投标人。

4）在施工进度上能极大地调动承包人的积极性。

5）发包单位能更容易、更有把握地对项目进行控制。

6）必须完整而明确地规定承包人的工作。

7）必须将设计和施工方面的变化控制在最小限度内。

2. 单价合同

当发包工程的内容和工程量一时不能明确、具体地予以规定时，则可以采用单价合同形式，单价合同相对于总价合同最明显的特点，就是承包商需要就所报的工程价格进行分解，以表明每一分部分项工程的单价。即根据计划工程内容和估算工程量，在合同中明确每项工程内容的单位价格（如每米、每平方米或者每立方米的价格），实际支付时则根据实际完成的工程量乘以合同单价计算应付的工程款。单价合同中的总价仅仅是一个近似的价格，最后真正的工程价格是以实际完成的工程量为依据计算出来的，而这个工程量一般来讲是不可能完全与工程量清单中所给出的工程量相同的。

单价合同的特点是单价优先，例如，国际咨询工程师联合会（FIDIC）《土木工程施工合同》中，业主给出的工程量清单表中的数字是参考数字，而实际工程款则按实际完成的工程量和承包商投标时所报的单价计算，虽然在投标报价、评标以及签订合同中，人们常常注重总价格，但在工程款结算中以单价优先，对于投标书中明显的数字计算错误，业主有权先作修改再评标。当总价和单价的计算结果不一致时，应以单价为准调整总价。

单价合同主要有以下几种类型：

（1）估计工程量单价合同。发包人在准备此类合同的招标文件时，委托咨询单位按分部分项工程列出工程量表并填入估算的工程量，承包人投标时在工程量表中填入各项的单价，据此计算出总价作为投标报价之用。但在每月结账时，以实际完成的工程量结算。在工程全部完成时以竣工图最终结算工程的总价格。这种合同由于能够估计出大体的工程量，因而适用于图纸等技术资料比较完善的项目。有的合同上规定，当某一单项工程的实际工程量比招标文件上的工程量相差一定百分比时，双方可以讨论改变单价，因为这时可变成本虽然没有变化，但是固定成本分摊到单位工程量上的成本却发生了变化，这种变化导致了利润率的变化，但单价调整的方法和比例最好在签订合同时即写明，以免以后发生纠纷。

（2）纯单价合同。纯单价合同适用于施工图纸不完善，还无法估计出相对准确的工程量的情况。此时，招标文件只向投标人给出各分项工程时的工作项目一览表、工程范围及必要的说明，而不提供工程量，承包人只要给出表中各项目的单价即可，将来施工时按实际工程量计算。有时，也可由发包人一方在招标文件中列出单价，而投标一方提出修改意见，双方磋商后确定最后的承包单价。

由于单价合同允许随工程量变化而调整工程总价，业主和承包商都不存在工程量方面的风险，因此对合同双方都比较公平。另外，在招标前，发包单位无须对工程范围做出完整的、详尽的规定，从而可以缩短招标准备时间，投标人也只需对所列工程内容报出自己的单价，从而缩短投标时间。

对业主的不足之处是：若采用单价合同，业主需要安排专门力量来核实已经完成的工程量，需要在施工过程中花费不少精力，协调工作量大。另外，用于计算应付工程款的实际工程量可能超过预测的工程量，即实际投资容易超过计划投资，对投资控制不利。

单价合同又可分为固定单价合同和可调单价合同。在固定单价合同的条件下，无论发生哪些影响价格的因素都不对单价进行调整，因而，对承包商而言就存在一定的风险。当采用可调单价合同时，合同双方可以约定一个估计的工程量。当实际工程量发生较大变化时，可以对单价进行调整。同时，还应该约定如何对单价进行调整；当然也可以约定，当通货膨胀达到一定水平或者国家政策发生变化时，可以对哪些工程内容的单价进行调整以及如何调整等。因此，承包商的风险相对较小。固定单价合同适用于工期较短、工程量变化幅度不会太大的项目。

3. 成本加酬金合同

成本加酬金合同也称为成本补偿合同，是与固定总价合同正好相反的合同，工程施工的最终合同价格将按照工程的实际成本再加上一定的酬金进行计算。在合同签订时，工程实际成本往往不能确定，只能确定酬金的取值比例或者计算原则。

采用此合同，承包商不承担任何价格变化或工程量变化的风险，这些风险主要由业主承担，对业主的投资控制很不利。而承包商则往往缺乏控制成本的积极性，常常不仅不愿意控制成本，甚至还会期望提高成本以提高自己的经济效益，因此，这种合同容易被那些不道德或不称职的承包商滥用，从而损害工程的整体效益。所以，应尽量避免采用这种合同。

（1）成本加酬金合同的特点和适用条件。成本加酬金合同通常用于以下情况：

1）工程特别复杂，工程技术、结构方案不能预先确定，或者尽管可以确定工程技术和结构方案，但是不可能进行竞争性的招标活动并以总价合同或单价合同的形式确定承包商，如研究开发性质的工程项目。

2）时间特别紧迫，如抢险、救灾工程，来不及进行详细的计划和商谈。

对业主而言，这种合同形式也有以下优点：

1）可以通过分段施工缩短工期，而不必等待所有施工图完成才开始招标和施工。

2）可以减少承包商的对立情绪，承包商对工程变更和不可预见条件的反应会比较积极。

3）可以利用承包商的施工技术专家，帮助改进或弥补设计中的不足。

4）业主可以根据自身力量和需要较深入地介入和控制工程施工与管理。

5）可以通过确定最大保证价格约束工程成本不超过某一限值，从而转移一部分风险。

对承包商来说，这种合同比固定总价合同的风险低，利润比较有保证，因而比较有积极性。其缺点是合同具有较大的不确定性，由于设计未完成，无法准确确定合同的工程内容、工程量及合同的终止时间，有时难以对工程计划进行合理安排。

(2)成本加酬金合同的形式。成本加酬金合同有许多种形式，主要有以下几类：

1)成本加固定费用合同。根据双方讨论同意的工程规模、估计工期、技术要求、工作性质及复杂性、所涉及的风险等来考虑确定一笔固定数目的报酬金额作为管理费及利润，对人工、材料、机械台班等直接成本则实报实销。如果设计变更或增加新项目，当直接费超过原估算成本的一定比例(如10%)时，固定的报酬也要增加。在工程总成本一开始估计不准、可能变化不大的情况下，可采用此合同形式。

2)成本加固定比例费用合同。工程成本中直接费加一定比例的报酬费，报酬部分的比例在签订合同时由双方确定，这种方式的报酬费用总额随成本的加大而增加，不利于缩短工期和降低成本。一般在工程初期很难描述工作范围和性质或工期紧迫，无法按常规编制招标文件招标时采用。

3)成本加奖金合同。奖金是根据报价书中的成本估算指标制定的，在合同中对这个估算指标规定一个底点和顶点。承包商在估算指标的顶点以下完成工程则可得到奖金，超过顶点则要对超出部分支付罚款。如果成本在底点之下，则可加大酬金值或酬金百分比。采用这种方式通常规定，当实际成本超过顶点对承包商罚款时，最大罚款限额不超过原先商定的最高酬金值。

在招标时，当图纸、规范等准备不充分，不能据以确定合同价格，而仅能制定一个估算指标时可采用这种形式。

任务二　施工合同示范文本的主要内容

为了指导建设工程施工合同当事人的签约行为，维护合同当事人的合法权益，依据《中华人民共和国合同法》《中华人民共和国建筑法》《招标投标法》以及相关法律法规，住房和城乡建设部、国家工商行政管理总局对《建设工程施工合同(示范文本)》(GF—2013—0201)进行了修订，制定了《建设工程施工合同(示范文本)》(GF—2017—0201)(以下简称《示范文本》)。

一、《示范文本》的组成

《示范文本》由合同协议书、通用合同条款和专用合同条款三部分组成。

微课：示范文本的
组成与适用范围

(一)合同协议书

《示范文本》合同协议书共计13条，主要包括工程概况、合同工期、质量标准、签约合同价与合同价格形式、项目经理、合同文件构成、承诺及合同生效条件等重要内容，集中约定了合同当事人的基本合同权利与义务。

(二)通用合同条款

通用合同条款是合同当事人根据《中华人民共和国建筑法》《中华人民共和国合同法》等法律法规的规定，就工程建设的实施及相关事项，对合同当事人的权利义务做出的原则性约定。

通用合同条款共计 20 条，具体条款如下：一般约定、发包人、承包人、监理人、工程质量、安全文明施工与环境保护、工期和进度、材料与设备、试验与检验、变更、价格调整、合同价格、计量与支付、验收和工程试车、竣工结算、缺陷责任与保修、违约、不可抗力、保险、索赔和争议解决。前述条款安排既考虑了现行法律法规对工程建设的有关要求，也考虑了建设工程施工管理的特殊需要。

（三）专用合同条款

专用合同条款是对通用合同条款原则性约定的细化、完善、补充、修改或另行约定的条款。合同当事人可以根据不同建设工程的特点及具体情况，通过双方的谈判、协商对相应的专用合同条款进行修改补充。在使用专用合同条款时，应注意以下事项：

（1）专用合同条款的编号应与相应的通用合同条款的编号一致。

（2）合同当事人可以通过对专用合同条款的修改，满足具体建设工程的特殊要求，避免直接修改通用合同条款。

（3）在专用合同条款中有横道线的地方，合同当事人可针对相应的通用合同条款进行细化、完善、补充、修改或另行约定；如无细化、完善、补充、修改或另行约定，则填写"无"或画"/"。

二、《示范文本》的性质和适用范围

《示范文本》为非强制性使用文本。《示范文本》适用于房屋建筑工程、土木工程、线路管道和设备安装工程、装修工程等建设工程的施工承发包活动，合同当事人可结合建设工程具体情况，根据《示范文本》订立合同，并按照法律法规规定和合同约定承担相应的法律责任及合同权利、义务。

三、施工合同示范文本的主要内容

第一部分　合同协议书

发包人（全称）：＿＿＿＿＿＿＿＿＿＿＿＿＿＿＿＿＿＿＿

合同协议书

承包人（全称）：＿＿＿＿＿＿＿＿＿＿＿＿＿＿＿＿＿＿＿

根据《中华人民共和国合同法》《中华人民共和国建筑法》及有关法律规定，遵循平等、自愿、公平和诚实信用的原则，双方就＿＿＿＿＿＿＿＿＿＿＿工程施工及有关事项协商一致，共同达成如下协议：

一、工程概况

（1）工程名称：＿＿＿＿＿＿＿＿＿＿＿＿＿＿＿＿＿＿＿＿＿＿＿。

（2）工程地点：＿＿＿＿＿＿＿＿＿＿＿＿＿＿＿＿＿＿＿＿＿＿＿。

（3）工程立项批准文号：＿＿＿＿＿＿＿＿＿＿＿＿＿＿＿＿＿＿＿。

（4）资金来源：＿＿＿＿＿＿＿＿＿＿＿＿＿＿＿＿＿＿＿＿＿＿＿。

（5）工程内容：＿＿＿＿＿＿＿＿＿＿＿＿＿＿＿＿＿＿＿＿＿＿＿。

群体工程应附《承包人承揽工程项目一览表》。

（6）工程承包范围：

＿＿＿＿＿＿＿＿＿＿＿＿＿＿＿＿＿＿＿＿＿＿＿＿＿＿＿＿＿＿＿＿。

二、合同工期

计划开工日期：_____年_____月_____日。

计划竣工日期：_____年_____月_____日。

工期总日历天数：_____天。工期总日历天数与根据前述计划开工、竣工日期计算的工期天数不一致的，以工期总日历天数为准。

三、质量标准

工程质量符合_____标准。

四、签约合同价与合同价格形式

1. 签约合同价为：

（大写）_____（¥_____元）；

其中：

(1)安全文明施工费：

（大写）_____（¥_____元）；

(2)材料和工程设备暂估价金额：

（大写）_____（¥_____元）；

(3)专业工程暂估价金额：

（大写）_____（¥_____元）；

(4)暂列金额：

（大写）_____（¥_____元）。

2. 合同价格形式：_____。

五、项目经理

承包人项目经理：_____。

六、合同文件构成

本协议书与下列文件一起构成合同文件：

(1)中标通知书(如果有)；

(2)投标函及其附录(如果有)；

(3)专用合同条款及其附件；

(4)通用合同条款；

(5)技术标准和要求；

(6)图纸；

(7)已标价工程量清单或预算书；

(8)其他合同文件。

在合同订立及履行过程中形成的与合同有关的文件均构成合同文件的组成部分。

上述各项合同文件包括合同当事人就该项合同文件所做出的补充和修改，属于同一类内容的文件，应以最新签署的为准。专用合同条款及其附件须经合同当事人签字或盖章。

七、承诺

(1)发包人承诺按照法律规定履行项目审批手续、筹集工程建设资金，并按照合同约定的期限和方式支付合同价款。

(2)承包人承诺按照法律规定及合同约定组织完成工程施工，确保工程质量和安全，不进行转包及违法分包，并在缺陷责任期及保修期内承担相应的工程维修责任。

(3)发包人和承包人通过招投标形式签订合同的，双方理解并承诺不再就同一工程另行签订与合同实质性内容相背离的协议。

八、词语含义

本协议书中词语含义与第二部分通用合同条款中赋予的含义相同。

九、签订时间

本合同于_____年_____月_____日签订。

十、签订地点

本合同在_____签订。

十一、补充协议

合同未尽事宜，合同当事人另行签订补充协议，补充协议是合同的组成部分。

十二、合同生效

本合同自_____生效。

十三、合同份数

本合同一式_____份，均具有同等法律效力，发包人执_____份，承包人执_____份。

发包人：_____（公章）　　　　　承包人：_____（公章）

法定代表人　　　　　　　　　　　　　　法定代表人

或其委托代理人：_____　　　　或其委托代理人：_____

（签字）　　　　　　　　　　　　　　　（签字）

地　　　　址：_____　　　　　地　　　　址：_____

法定代表人：_____　　　　　　法定代表人：_____

开户银行：_____　　　　　　　开户银行：_____

账　　号：_____　　　　　　　账　　　号：_____

第二部分　通用合同条款

1. 一般约定

1.1　词语定义与解释

合同协议书、通用合同条款、专用合同条款中的下列词语具有本款所赋予的含义：

1.1.1　合同。

1.1.1.1　合同。合同是指根据法律规定和合同当事人约定具有约束力的文件，构成合同的文件包括合同协议书、中标通知书(如果有)、投标函及其附录(如果有)、专用合同条款及其附件、通用合同条款、技术标准和要求、图纸、已标价工程量清单或预算书以及其他合同文件。

1.1.1.8　已标价工程量清单。已标价工程量清单是指构成合同的由承包人按照规定的格式和要求填写并标明价格的工程量清单，包括说明和表格。

1.1.1.9　预算书。预算书是指构成合同的由承包人按照发包人规定的格式和要求编制的工程预算文件。

1.1.1.10　其他合同文件。其他合同文件是指经合同当事人约定的与工程施工有关的具有合同约束力的文件或书面协议。合同当事人可以在专用合同条款中进行约定。

1.1.2　合同当事人及其他相关方

1.1.2.7　发包人代表。发包人代表是指由发包人任命并派驻施工现场在发包人授权范围内行使发包人权利的人。

1.1.2.8　项目经理。项目经理是指由承包人任命并派驻施工现场，在承包人授权范围内负责合同履行，且按照法律规定具有相应资格的项目负责人。

1.1.2.9　总监理工程师。总监理工程师是指由监理人任命并派驻施工现场进行工程监理的总负责人。

1.1.4　日期和期限

1.1.4.1　开工日期。开工日期包括计划开工日期和实际开工日期。计划开工日期是指合同协议书约定的开工日期；实际开工日期是指监理人按照第7.3.2项〔开工通知〕约定发出的符合法律规定的开工通知中载明的开工日期。

1.1.4.2　竣工日期。竣工日期包括计划竣工日期和实际竣工日期。计划竣工日期是指合同协议书约定的竣工日期；实际竣工日期按照第13.2.3项〔竣工日期〕的约定确定。

1.1.4.3　工期。工期是指在合同协议书约定的承包人完成工程所需的期限，包括按照合同约定所做的期限变更。

1.1.4.4　缺陷责任期。缺陷责任期是指承包人按照合同约定承担缺陷修复义务，且发包人预留质量保证金（已缴纳履约保证金的除外）的期限，自工程实际竣工日期起计算。

1.1.4.5　保修期。保修期是指承包人按照合同约定对工程承担保修责任的期限，从工程竣工验收合格之日起计算。

1.1.4.6　基准日期。招标发包的工程以投标截止日前28天的日期为基准日期，直接发包的工程以合同签订日前28天的日期为基准日期。

1.1.5　合同价格和费用

1.1.5.1　签约合同价。签约合同价是指发包人和承包人在合同协议书中确定的总金额，包括安全文明施工费、暂估价及暂列金额等。

1.1.5.2　合同价格。合同价格是指发包人用于支付承包人按照合同约定完成承包范围内全部工作的金额，包括合同履行过程中按合同约定发生的价格变化。

1.1.5.4　暂估价。暂估价是指发包人在工程量清单或预算书中提供的用于支付必然发生但暂时不能确定价格的材料、工程设备的单价、专业工程以及服务工作的金额。

1.1.5.5　暂列金额。暂列金额是指发包人在工程量清单或预算书中暂定并包括在合同价格中的一笔款项，用于工程合同签订时尚未确定或者不可预见的所需材料、工程设备、服务的采购，施工中可能发生的工程变更、合同约定调整因素出现时的合同价格调整以及发生的索赔、现场签证确认等的费用。

1.1.5.6　计日工。计日工是指合同履行过程中，承包人完成发包人提出的零星工作或需要采用计日工计价的变更工作时，按合同中约定的单价计价的一种方式。

1.1.5.7　质量保证金。质量保证金是指按照第15.3款〔质量保证金〕约定承包人用于保证其在缺陷责任期内履行缺陷修补义务的担保。

1.3　法律

合同所称法律是指中华人民共和国法律、行政法规、部门规章，以及工程所在地的地方性法规、自治条例、单行条例和地方政府规章等。

合同当事人可以在专用合同条款中约定合同适用的其他规范性文件。

1.4　标准和规范

1.4.1　适用于工程的国家标准、行业标准、工程所在地的地方性标准，以及相应的规范、规程等，合同当事人有特别要求的，应在专用合同条款中约定。

1.4.2 发包人要求使用国外标准、规范的，发包人负责提供原文版本和中文译本，并在专用合同条款中约定提供标准规范的名称、份数和时间。

1.4.3 发包人对工程的技术标准、功能要求高于或严于现行国家、行业或地方标准的，应当在专用合同条款中予以明确说明。除专用合同条款另有约定外，应视为承包人在签订合同前已充分预见前述技术标准和功能要求的复杂程度，签约合同价中已包含由此产生的费用。

1.5 合同文件的优先顺序

组成合同的各项文件应互相解释，互为说明。除专用合同条款另有约定外，解释合同文件的优先顺序如下：

(1)合同协议书；

(2)中标通知书(如果有)；

(3)投标函及其附录(如果有)；

(4)专用合同条款及其附件；

(5)通用合同条款；

(6)技术标准和要求；

(7)图纸；

(8)已标价工程量清单或预算书；

(9)其他合同文件。

微课：通用条款
(合同词语解释)

上述各项合同文件包括合同当事人就该项合同文件所做出的补充和修改，属于同一类内容的文件，应以最新签署的为准。

在合同订立及履行过程中形成的与合同有关的文件均构成合同文件的组成部分，并根据其性质确定优先解释顺序。

1.6 图纸和承包人文件

1.6.1 图纸的提供和交底。发包人应按照专用合同条款约定的期限、数量和内容向承包人免费提供图纸，并组织承包人、监理人和设计人进行图纸会审和设计交底。发包人最迟不得晚于第 7.3.2 项〔开工通知〕载明的开工日期前 14 天向承包人提供图纸。

1.6.2 图纸的错误。承包人在收到发包人提供的图纸后，发现图纸存在差错、遗漏或缺陷的，应及时通知监理人。监理人接到该通知后，应附具相关意见并立即报送发包人，发包人应在收到监理人报送的通知后的合理时间内做出决定。合理时间是指发包人在收到监理人的报送通知后，尽其努力且不懈怠地完成图纸修改补充所需的时间。

1.6.3 图纸的修改和补充。图纸需要修改和补充的，应经图纸原设计人及审批部门同意，并由监理人在工程或工程相应部位施工前将修改后的图纸或补充图纸提交给承包人，承包人应按修改或补充后的图纸施工。

1.6.4 承包人文件。承包人应按照专用合同条款的约定提供应当由其编制的与工程施工有关的文件，并按照专用合同条款约定的期限、数量和形式提交监理人，并由监理人报送发包人。

除专用合同条款另有约定外，监理人应在收到承包人文件后 7 天内审查完毕，监理人对承包人文件有异议的，承包人应予以修改，并重新报送监理人。监理人的审查并不减轻或免除承包人根据合同约定应当承担的责任。

1.6.5 图纸和承包人文件的保管。除专用合同条款另有约定外，承包人应在施工现场另外保存一套完整的图纸和承包人文件，供发包人、监理人及有关人员进行工程检查时使用。

1.7 联络

1.7.1 与合同有关的通知、批准、证明、证书、指示、指令、要求、请求、同意、意见、确定和决定等，均应采用书面形式，并应在合同约定的期限内送达接收人和送达地点。

1.9 化石、文物

在施工现场发掘的所有文物、古迹以及具有地质研究或考古价值的其他遗迹、化石、钱币或物品属于国家所有。一旦发现上述文物，承包人应采取合理有效的保护措施，防止任何人员移动或损坏上述物品，并立即报告有关政府行政管理部门，同时通知监理人。

发包人、监理人和承包人应按有关政府行政管理部门要求采取妥善的保护措施，由此增加的费用和(或)延误的工期由发包人承担。

承包人发现文物后不及时报告或隐瞒不报，致使文物丢失或损坏的，应赔偿损失，并承担相应的法律责任。

1.10 交通运输

1.10.1 出入现场的权利。除专用合同条款另有约定外，发包人应根据施工需要，负责取得出入施工现场所需的批准手续和全部权利，以及取得因施工所需修建道路、桥梁以及其他基础设施的权利，并承担相关手续费用和建设费用。承包人应协助发包人办理修建场内外道路、桥梁以及其他基础设施的手续。

承包人应在订立合同前查勘施工现场，并根据工程规模及技术参数，合理预见工程施工所需的进出施工现场的方式、手段、路径等。因承包人未合理预见所增加的费用和(或)延误的工期由承包人承担。

1.10.2 场外交通。发包人应提供场外交通设施的技术参数和具体条件，承包人应遵守有关交通法规，严格按照道路和桥梁的限制荷载行驶，执行有关道路限速、限行、禁止超载的规定，并配合交通管理部门的监督和检查。场外交通设施无法满足工程施工需要的，由发包人负责完善并承担相关费用。

1.10.3 场内交通。发包人应提供场内交通设施的技术参数和具体条件，并应按照专用合同条款的约定向承包人免费提供满足工程施工所需的场内道路和交通设施。因承包人的原因造成上述道路或交通设施损坏的，承包人负责修复并承担由此增加的费用。

除发包人按照合同约定提供的场内道路和交通设施外，承包人负责修建、维修、养护和管理施工所需的其他场内临时道路和交通设施。发包人和监理人可以为实现合同目的使用承包人修建的场内临时道路和交通设施。

1.10.4 超大件和超重件的运输。由承包人负责运输的超大件或超重件，应由承包人负责向交通管理部门办理申请手续，发包人给予协助。

1.11 知识产权

1.11.1 除专用合同条款另有约定外，发包人提供给承包人的图纸、发包人为实施工程自行编制或委托编制的技术规范以及反映发包人要求的或其他类似性质的文件的著作权属于发包人，承包人可以为实现合同目的而复制、使用此类文件，但不能用于与合同无关的其他事项。未经发包人书面同意，承包人不得为了合同以外的目的而复制、使用上述文件或将之提供给其他任何第三方。

1.11.2 除专用合同条款另有约定外，承包人为实施工程所编制的文件，除署名权以外的著作权属于发包人，承包人可因实施工程的运行、调试、维修、改造等目的而复制、使用此类文件，但不能用于与合同无关的其他事项。未经发包人书面同意，承包人不得为了合同以外的目的而复制、使用上述文件或将之提供给其他任何第三方。

1.11.4　除专用合同条款另有约定外，承包人在合同签订前和签订时已确定采用的专利、专有技术、技术秘密的使用费已包含在签约合同价中。

1.13　工程量清单错误的修正

除专用合同条款另有约定外，发包人提供的工程量清单，应被认为是准确的和完整的。出现下列情形之一时，发包人应予以修正，并相应调整合同价格：

(1)工程量清单存在缺项、漏项的；

(2)工程量清单偏差超出专用合同条款约定的工程量偏差范围的；

(3)未按照国家现行计量规范强制性规定计量的。

微课：通用条款
(发包人、承包人、
监理人)

2. 发包人

2.1　许可或批准

发包人应遵守法律，并办理法律规定由其办理的许可、批准或备案。发包人应协助承包人办理法律规定的有关施工证件和批件。

2.2　发包人代表

发包人应在专用合同条款中明确其派驻施工现场的发包人代表的姓名、职务、联系方式及授权范围等事项。发包人代表在发包人的授权范围内，负责处理合同履行过程中与发包人有关的具体事宜。发包人代表在授权范围内的行为由发包人承担法律责任。发包人更换发包人代表的，应提前7天书面通知承包人。

发包人代表不能按照合同约定履行其职责及义务，并导致合同无法继续正常履行的，承包人可以要求发包人撤换发包人代表。

2.4　施工现场、施工条件和基础资料的提供

2.4.1　提供施工现场。除专用合同条款另有约定外，发包人应最迟于开工日期前7天向承包人移交施工现场。

2.4.2　提供施工条件。除专用合同条款另有约定外，发包人应负责提供施工所需要的条件，包括以下几个方面：

(1)将施工用水、电力、通信线路等施工所必需的条件接至施工现场内；

(2)保证向承包人提供正常施工所需要的进入施工现场的交通条件；

(3)协调处理施工现场周围地下管线和邻近建筑物、构筑物、古树名木的保护工作，并承担相关费用；

(4)按照专用合同条款约定应提供的其他设施和条件。

2.4.3　提供基础资料。发包人应当在移交施工现场前向承包人提供施工现场及工程施工所必需的毗邻区域内供水、排水、供电、供气、供热、通信、广播电视等地下管线资料，气象和水文观测资料，地质勘察资料，相邻建筑物、构筑物和地下工程等有关基础资料，并对所提供资料的真实性、准确性和完整性负责。

按照法律规定确需在开工后方能提供的基础资料，发包人应尽其努力及时地在相应工程施工前的合理期限内提供，合理期限应以不影响承包人的正常施工为限。

2.4.4　逾期提供的责任。因发包人原因未能按合同约定及时向承包人提供施工现场、施工条件、基础资料的，由发包人承担由此增加的费用和(或)延误的工期。

2.5　资金来源证明及支付担保

除专用合同条款另有约定外，发包人应在收到承包人要求提供资金来源证明的书面通

知后 28 天内，向承包人提供能够按照合同约定支付合同价款的相应资金来源证明。

除专用合同条款另有约定外，发包人要求承包人提供履约担保的，发包人应当向承包人提供支付担保。支付担保可以采用银行保函或担保公司担保等形式，具体由合同当事人在专用合同条款中约定。

3. 承包人

3.1 承包人的一般义务

承包人在履行合同过程中应遵守法律和工程建设标准规范，并履行以下义务：

(1)办理法律规定应由承包人办理的许可和批准，并将办理结果书面报送发包人留存；

(2)按法律规定和合同约定完成工程，并在保修期内承担保修义务；

(3)按法律规定和合同约定采取施工安全和环境保护措施，办理工伤保险，确保工程及人员、材料、设备和设施的安全；

(4)按合同约定的工作内容和施工进度要求，编制施工组织设计和施工措施计划，并对所有施工作业和施工方法的完备性和安全可靠性负责；

(5)在进行合同约定的各项工作时，不得侵害发包人与他人使用公用道路、水源、市政管网等公共设施的权利，避免对邻近的公共设施产生干扰。承包人占用或使用他人的施工场地，影响他人作业或生活的，应承担相应责任；

(6)按《示范文本》第 6.3 款〔环境保护〕约定负责施工场地及其周边环境与生态的保护工作；

(7)按《示范文本》第 6.1 款〔安全文明施工〕约定采取施工安全措施，确保工程及其人员、材料、设备和设施的安全，防止因工程施工造成的人身伤害和财产损失；

(8)将发包人按合同约定支付的各项价款专用于合同工程，且应及时支付其雇用人员的工资，并及时向分包人支付合同价款；

(9)按照法律规定和合同约定编制竣工资料，完成竣工资料立卷及归档，并按专用合同条款约定的竣工资料的套数、内容、时间等要求移交发包人；

(10)应履行的其他义务。

3.2 项目经理

3.2.1 项目经理应为合同当事人所确认的人选，并在专用合同条款中明确项目经理的姓名、职称、注册执业证书编号、联系方式及授权范围等事项，项目经理经承包人授权后代表承包人负责履行合同。项目经理应是承包人正式聘用的员工，承包人应向发包人提交项目经理与承包人之间的劳动合同，以及承包人为项目经理缴纳社会保险的有效证明。承包人不提交上述文件的，项目经理无权履行职责，发包人有权要求更换项目经理，由此增加的费用和(或)延误的工期由承包人承担。

项目经理应常驻施工现场，且每月在施工现场的时间不得少于专用合同条款约定的天数。项目经理不得同时担任其他项目的项目经理。项目经理确需离开施工现场时，应事先通知监理人，并取得发包人的书面同意。项目经理的通知中应当载明临时代行其职责的人员的注册执业资格、管理经验等资料，该人员应具备履行相应职责的能力。

承包人违反上述约定的，应按照专用合同条款的约定，承担违约责任。

3.2.3 承包人需要更换项目经理的，应提前 14 天书面通知发包人和监理人，并征得发包人书面同意。通知中应当载明继任项目经理的注册执业资格、管理经验等资料，继任项目经理继续履行第 3.2.1 项约定的职责。未经发包人书面同意，承包人不得擅自更换项目经理。承包人擅自更换项目经理的，应按照专用合同条款的约定承担违约责任。

3.2.4 发包人有权书面通知承包人更换其认为不称职的项目经理，通知中应当载明要求更换的理由。承包人无正当理由拒绝更换项目经理的，应按照专用合同条款的约定承担违约责任。

3.3 承包人人员

3.3.1 除专用合同条款另有约定外，承包人应在接到开工通知后7天内，向监理人提交承包人项目管理机构及施工现场人员安排的报告，其内容应包括合同管理、施工、技术、材料、质量、安全、财务等主要施工管理人员名单及其岗位、注册执业资格等，以及各工种技术工人的安排情况，并同时提交主要施工管理人员与承包人之间的劳动关系证明和缴纳社会保险的有效证明。

3.3.3 发包人对于承包人主要施工管理人员的资格或能力有异议的，承包人应提供资料，证明被质疑人员有能力完成其岗位工作或不存在发包人所质疑的情形。发包人要求撤换不能按照合同约定履行职责及义务的主要施工管理人员的，承包人应当撤换。承包人无正当理由拒绝撤换的，应按照专用合同条款的约定承担违约责任。

3.3.4 除专用合同条款另有约定外，承包人的主要施工管理人员离开施工现场的时间，每月累计不超过5天的，应报监理人同意；每月累计超过5天的，应通知监理人，并征得发包人书面同意。主要施工管理人员离开施工现场前应指定一名有经验的人员临时代行其职责，该人员应具备履行相应职责的资格和能力，且应征得监理人或发包人的同意。

3.3.5 承包人擅自更换主要施工管理人员，或前述人员未经监理人或发包人同意擅自离开施工现场的，应按照专用合同条款约定承担违约责任。

3.4 承包人现场查勘

承包人应对基于发包人提交的基础资料所做出的解释和推断负责，但因基础资料存在错误、遗漏导致承包人解释或推断失实的，由发包人承担责任。

因承包人未能充分查勘、了解前述情况或未能充分估计前述情况所可能产生后果的，承包人承担由此增加的费用和(或)延误的工期。

3.5 分包

3.5.1 分包的一般约定。承包人不得将其承包的全部工程转包给第三人，或将其承包的全部工程肢解后以分包的名义转包给第三人。承包人不得将工程主体结构、关键性工作及专用合同条款中禁止分包的专业工程分包给第三人，主体结构、关键性工作的范围由合同当事人按照法律规定在专用合同条款中予以明确说明。承包人不得以劳务分包的名义转包或违法分包工程。

3.5.2 分包的确定。按照合同约定进行分包的，承包人应确保分包人具有相应的资质和能力。工程分包不减轻或免除承包人的责任和义务，承包人和分包人就分包工程向发包人承担连带责任。

工程肢解转包工伤
事故如何赔偿

3.5.4 分包合同价款。

(1)分包合同价款由承包人与分包人结算，未经承包人同意，发包人不得向分包人支付分包工程价款；

(2)生效法律文书要求发包人向分包人支付分包合同价款的，发包人有权从应付承包人工程款中扣除该部分款项。

3.6 工程照管与成品、半成品保护

(1)除专用合同条款另有约定外，自发包人向承包人移交施工现场之日起，承包人应负责照管工程及工程相关的材料、工程设备，直到颁发工程接收证书之日。

(2)在承包人负责照管期间，因承包人原因造成工程、材料、工程设备损坏的，由承包人负责修复或更换，并承担由此增加的费用和(或)延误的工期。

(3)对合同内分期完成的成品和半成品，在工程接收证书颁发前，由承包人承担保护责任。因承包人原因造成成品或半成品损坏的，由承包人负责修复或更换，并承担由此增加的费用和(或)延误的工期。

3.7 履约担保

发包人需要承包人提供履约担保的，由合同当事人在专用合同条款中约定履约担保的方式、金额及期限等。履约担保可以采用银行保函或担保公司担保等形式，具体由合同当事人在专用合同条款中约定。

3.8 联合体

3.8.1 联合体各方应共同与发包人签订合同协议书。联合体各方应为履行合同向发包人承担连带责任。

3.8.3 联合体牵头人负责与发包人和监理人联系，并接受指示，负责组织联合体各成员全面履行合同。

4. 监理人

4.1 监理人的一般规定

工程实行监理的，发包人和承包人应在专用合同条款中明确监理人的监理内容及监理权限等事项。监理人应当根据发包人授权及法律规定，代表发包人对工程施工相关事项进行检查、查验、审核、验收，并签发相关指示，但监理人无权修改合同，且无权减轻或免除合同约定的承包人的任何责任与义务。

除专用合同条款另有约定外，监理人在施工现场的办公场所、生活场所由承包人提供，所发生的费用由发包人承担。

4.2 监理人员

监理人应将授权的总监理工程师和监理工程师的姓名及授权范围以书面形式提前通知承包人。更换总监理工程师的，监理人应提前7天书面通知承包人；更换其他监理人员，监理人应提前48小时书面通知承包人。

4.3 监理人的指示

监理人应按照发包人的授权发出监理指示。监理人的指示应采用书面形式，并经其授权的监理人员签字。因监理人未能按合同约定发出指示、指示延误或因发出了错误指示而导致承包人费用增加和(或)工期延误的，由发包人承担相应责任。

监理人对承包人的任何工作、工程或其采用的材料和工程设备未在约定的或合理期限内提出意见的，视为批准，但不免除或减轻承包人对该工作、工程、材料、工程设备等应承担的责任和义务。

4.4 商定或确定

合同当事人进行商定或确定时，总监理工程师应当会同合同当事人尽量通过协商达成一致，不能达成一致的，由总监理工程师按照合同约定，慎重做出公正的确定。

总监理工程师应将确定以书面形式通知发包人和承包人，并附详细依据。合同当事人

对总监理工程师的确定没有异议的，按照总监理工程师的确定执行。任何一方合同当事人有异议，按照第20条〔争议解决〕约定处理。争议解决前，合同当事人暂按总监理工程师的确定执行；争议解决后，争议解决的结果与总监理工程师的确定不一致的，按照争议解决的结果执行，由此造成的损失由责任人承担。

5. 工程质量

5.1 质量要求

5.1.1 工程质量标准必须符合现行国家有关工程施工质量验收规范和标准的要求。有关工程质量的特殊标准或要求由合同当事人在专用合同条款中约定。

5.1.2 因发包人原因造成工程质量未达到合同约定标准的，由发包人承担由此增加的费用和(或)延误的工期，并支付承包人合理的利润。

5.1.3 因承包人原因造成工程质量未达到合同约定标准的，发包人有权要求承包人返工，直至工程质量达到合同约定的标准，并由承包人承担由此增加的费用和(或)延误的工期。

5.2 质量保证措施

5.2.2 承包人的质量管理。承包人按照第7.1款〔施工组织设计〕约定向发包人和监理人提交工程质量保证体系及措施文件，建立完善的质量检查制度，并提交相应的工程质量文件。对于发包人和监理人违反法律规定和合同约定的错误指示，承包人有权拒绝实施。

5.2.3 监理人的质量检查和检验。监理人按照法律规定和发包人授权对工程的所有部位及其施工工艺、材料和工程设备进行检查和检验。承包人应为监理人的检查和检验提供方便，包括监理人到施工现场，或到制造、加工地点，或合同约定的其他地方进行察看和查阅施工原始记录。监理人为此进行的检查和检验，不免除或减轻承包人按照合同约定应当承担的责任。

监理人的检查和检验不应影响施工正常进行。监理人的检查和检验影响施工正常进行，且经检查检验不合格而影响正常施工的费用由承包人承担，工期不予顺延；经检查检验合格的，由此增加的费用和(或)延误的工期由发包人承担。

5.3 隐蔽工程检查

5.3.1 承包人自检。承包人应当对工程隐蔽部位进行自检，并经自检确认是否具备覆盖条件。

5.3.2 检查程序。除专用合同条款另有约定外，工程隐蔽部位经承包人自检确认具备覆盖条件的，承包人应在共同检查前48小时书面通知监理人检查，通知中应载明隐蔽检查的内容、时间和地点，并应附有自检记录和必要的检查资料。

监理人应按时到场并对隐蔽工程及其施工工艺、材料和工程设备进行检查。经监理人检查确认质量符合隐蔽要求，并在验收记录上签字后，承包人才能进行覆盖。经监理人检查质量不合格的，承包人应在监理人指示的时间内完成修复，并由监理人重新检查，由此增加的费用和(或)延误的工期由承包人承担。

除专用合同条款另有约定外，监理人不能按时进行检查的，应在检查前24小时向承包人提交书面延期要求，但延期不能超过48小时，由此导致工期延误的，工期应予以顺延。监理人未按时进行检查，也未提出延期要求的，视为隐蔽工程检查合格，承包人可自行完成覆盖工作，并作相应记录报送监理人，监理人应签字确认。监理人事后对检查记录有疑问的，可按第5.3.3项〔重新检查〕的约定重新检查。

5.3.3 重新检查。承包人覆盖工程隐蔽部位后，发包人或监理人对质量有疑问的，可要求承包人对已覆盖的部位进行钻孔探测或揭开重新检查，承包人应遵照执行，并在检查后重新覆盖并恢复原状。经检查证明工程质量符合合同要求的，由发包人承担由此增加的费用和（或）延误的工期，并支付承包人合理的利润；经检查证明工程质量不符合合同要求的，由此增加的费用和（或）延误的工期由承包人承担。

建筑工程识图、审图要点

5.3.4 承包人私自覆盖。承包人未通知监理人到场检查，私自覆盖工程隐蔽部位的，监理人有权指示承包人钻孔探测或揭开检查，无论工程隐蔽部位质量是否合格，由此增加的费用和（或）延误的工期均由承包人承担。

5.4 不合格工程的处理

5.4.1 因承包人原因造成工程不合格的，发包人有权随时要求承包人采取补救措施，直至达到合同要求的质量标准，由此增加的费用和（或）延误的工期由承包人承担。无法补救的，按照第13.2.4项〔拒绝接收全部或部分工程〕约定执行。

常见偷工减料的手段

5.4.2 因发包人原因造成工程不合格的，由此增加的费用和（或）延误的工期由发包人承担，并支付承包人合理的利润。

5.5 质量争议检测

合同当事人对工程质量有争议的，由双方协商确定的工程质量检测机构鉴定，由此产生的费用及因此造成的损失，由责任方承担。

合同当事人均有责任的，由双方根据其责任分别承担。合同当事人无法达成一致的，按照第4.4款〔商定或确定〕执行。

6. 安全文明施工与环境保护

6.1 安全文明施工

6.1.1 安全生产要求。合同履行期间，合同当事人均应当遵守国家和工程所在地有关安全生产的要求，合同当事人有特别要求的，应在专用合同条款中明确施工项目安全生产标准化达标目标及相应事项。承包人有权拒绝发包人及监理人强令承包人违章作业、冒险施工的任何指示。

6.1.2 安全生产保证措施。承包人应当按照有关规定编制安全技术措施或者专项施工方案，建立安全生产责任制度、治安保卫制度及安全生产教育培训制度，并按安全生产法律规定及合同约定履行安全职责，如实编制工程安全生产的有关记录，接受发包人、监理人及政府安全监督部门的检查与监督。

6.1.3 特别安全生产事项。承包人应按照法律规定进行施工，开工前做好安全技术交底工作，施工过程中做好各项安全防护措施。承包人为实施合同而雇用的特殊工种的人员应受过专门的培训并已取得政府有关管理机构颁发的上岗证书。

承包人在动力设备、输电线路、地下管道、密封防震车间、易燃易爆地段以及临街交通要道附近施工时，施工开始前应向发包人和监理人提出安全防护措施，经发包人认可后实施。

实施爆破作业，在放射、毒害性环境中施工（含储存、运输、使用）及使用毒害性、腐蚀性物品施工时，承包人应在施工前7天以书面通知发包人和监理人，并报送相应的安全防护措施，经发包人认可后实施。

需单独编制危险性较大分部分项专项工程施工方案的，以及要求进行专家论证的超过一定规模的危险性较大的分部分项工程，承包人应及时编制和组织论证。

6.1.4 治安保卫。除专用合同条款另有约定外，发包人应与当地公安部门协商，在现场建立治安管理机构或联防组织，统一管理施工场地的治安保卫事项，履行合同工程的治安保卫职责。

6.1.5 文明施工。承包人在工程施工期间，应当采取措施保持施工现场平整，物料堆放整齐。工程所在地有关政府行政管理部门有特殊要求的，按照其要求执行。合同当事人对文明施工有其他要求的，可以在专用合同条款中明确。

6.1.6 安全文明施工费。安全文明施工费由发包人承担，发包人不得以任何形式扣减该部分费用。因基准日期后合同所适用的法律或政府有关规定发生变化，增加的安全文明施工费由发包人承担。

除专用合同条款另有约定外，发包人应在开工后28天内预付安全文明施工费总额的50%，其余部分与进度款同期支付。发包人逾期支付安全文明施工费超过7天的，承包人有权向发包人发出要求预付的催告通知，发包人收到通知后7天内仍未支付的，承包人有权暂停施工，并按第16.1.1项〔发包人违约的情形〕执行。

承包人对安全文明施工费应专款专用，承包人应在财务账目中单独列项备查，不得挪作他用，否则发包人有权责令其限期改正；逾期未改正的，可以责令其暂停施工，由此增加的费用和(或)延误的工期由承包人承担。

6.1.7 紧急情况处理。在工程实施期间或缺陷责任期内发生危及工程安全的事件，监理人通知承包人进行抢救，承包人声明无能力或不愿立即执行的，发包人有权雇用其他人员进行抢救。此类抢救按合同约定属于承包人义务的，由此增加的费用和(或)延误的工期由承包人承担。

6.1.8 事故处理。工程施工过程中发生事故的，承包人应立即通知监理人，监理人应立即通知发包人。发包人和承包人应立即组织人员和设备进行紧急抢救和抢修，减少人员伤亡和财产损失，防止事故扩大，并保护事故现场。需要移动现场物品时，应做出标记和书面记录，妥善保管有关证据。发包人和承包人应按国家有关规定，及时、如实地向有关部门报告事故发生的情况，以及正在采取的紧急措施等。

6.1.9 安全生产责任。

6.1.9.1 发包人的安全责任。

发包人应负责赔偿以下各种情况造成的损失：

(1)工程或工程的任何部分对土地的占用所造成的第三者财产损失；

(2)由于发包人原因在施工场地及其毗邻地带造成的第三者人身伤亡和财产损失；

(3)由于发包人原因对承包人、监理人造成的人身伤亡和财产损失；

(4)由于发包人原因造成的发包人自身人员的人身伤害以及财产损失。

6.1.9.2 承包人的安全责任。由于承包人原因在施工场地内及其毗邻地带造成的发包人、监理人以及第三者人员伤亡和财产损失，由承包人负责赔偿。

6.2 职业健康

6.2.1 劳动保护。承包人应按照法律规定安排现场施工人员的劳动和休息时间，保障劳动者的休息时间，并支付合理的报酬和费用。承包人应按照法律规定保障现场施工人员的劳动安全，并提供劳动保护。

6.3 环境保护

承包人应在施工组织设计中列明环境保护的具体措施。在合同履行期间，承包人应采取合理措施保护施工现场环境。对施工作业过程中可能引起的大气、水、噪声以及固体废物污染采取具体可行的防范措施。

承包人应当承担因其原因引起的环境污染侵权损害赔偿责任。因上述环境污染引起纠纷而导致暂停施工的，由此增加的费用和(或)延误的工期由承包人承担。

7. 工期和进度

7.1 施工组织设计

7.1.1 施工组织设计的内容。

(1)施工方案；

(2)施工现场平面布置图；

(3)施工进度计划和保证措施；

(4)劳动力及材料供应计划；

(5)施工机械设备的选用；

(6)质量保证体系及措施；

(7)安全生产、文明施工措施；

(8)环境保护、成本控制措施；

(9)合同当事人约定的其他内容。

微课：通用条款
（工期和进度）

7.1.2 施工组织设计的提交和修改。除专用合同条款另有约定外，承包人应在合同签订后14天内，但最迟不得晚于第7.3.2项〔开工通知〕载明的开工日期前7天，向监理人提交详细的施工组织设计，并由监理人报送发包人。除专用合同条款另有约定外，发包人和监理人应在监理人收到施工组织设计后7天内确认或提出修改意见。对发包人和监理人提出的合理意见和要求，承包人应自费修改完善。根据工程实际情况需要修改施工组织设计的，承包人应向发包人和监理人提交修改后的施工组织设计。

7.2 施工进度计划

7.2.1 施工进度计划的编制。承包人应按照第7.1款〔施工组织设计〕约定提交详细的施工进度计划，发包人和监理人有权按照施工进度计划检查工程进度情况。

7.2.2 施工进度计划的修订。施工进度计划不符合合同要求或与工程的实际进度不一致的，承包人应向监理人提交修订的施工进度计划，发包人和监理人应在收到修订的施工进度计划后7天内完成审核和批准或提出修改意见。发包人和监理人对承包人提交的施工进度计划的确认，不能减轻或免除承包人根据法律规定和合同约定应承担的任何责任或义务。

7.3 开工

7.3.1 开工准备。除专用合同条款另有约定外，承包人应按照第7.1款〔施工组织设计〕约定的期限，向监理人提交工程开工报审表，经监理人报发包人批准后执行。

7.3.2 开工通知。除专用合同条款另有约定外，因发包人原因造成监理人未能在计划开工日期之日起90天内发出开工通知的，承包人有权提出价格调整要求，或者解除合同。发包人应当承担由此增加的费用和(或)延误的工期，并向承包人支付合理利润。

7.4 测量放线

7.4.1 除专用合同条款另有约定外，发包人应在最迟不得晚于第7.3.2项〔开工通知〕载明的开工日期前7天通过监理人向承包人提供测量基准点、基准线和水准点及其书面资料。发包人应对其提供的测量基准点、基准线和水准点及其书面资料的真实性、准确性和完整性负责。

7.4.2 承包人负责施工过程中的全部施工测量放线工作，并配置具有相应资质的人员、合格的仪器、设备和其他物品。承包人应矫正工程的位置、标高、尺寸或准线中出现的任何差错，并对工程各部分的定位负责。施工过程中对施工现场内水准点等测量标志物的保护工作由承包人负责。

7.5 工期延误

7.5.1 因发包人原因导致工期延误。在合同履行过程中，因下列情况导致工期延误和（或）费用增加的，由发包人承担由此延误的工期和（或）增加的费用，且发包人应支付承包人合理的利润：

(1)发包人未能按合同约定提供图纸或所提供图纸不符合合同约定的；

(2)发包人未能按合同约定提供施工现场、施工条件、基础资料，许可、批准等开工条件的；

(3)发包人提供的测量基准点、基准线和水准点及其书面资料存在错误或疏漏的；

(4)发包人未能在计划开工日期之日起7天内同意下达开工通知的；

(5)发包人未能按合同约定日期支付工程预付款、进度款或竣工结算款的；

(6)监理人未按合同约定发出指示、批准等文件的；

(7)专用合同条款中约定的其他情形。

因发包人原因未按计划开工日期开工的，发包人应按实际开工日期顺延竣工日期，确保实际工期不低于合同约定的工期总日历天数。

7.5.2 因承包人原因导致工期延误。因承包人原因造成工期延误的，可以在专用合同条款中约定逾期竣工违约金的计算方法和逾期竣工违约金的上限。承包人支付逾期竣工违约金后，不免除承包人继续完成工程及修补缺陷的义务。

7.6 不利物质条件

不利物质条件是指有经验的承包人在施工现场遇到的不可预见的自然物质条件、非自然的物质障碍和污染物，包括地表以下物质条件和水文条件以及专用合同条款约定的其他情形，但不包括气候条件。

承包人遭遇不利物质条件时，应采取克服不利物质条件的合理措施继续施工，并及时通知发包人和监理人。通知应载明不利物质条件的内容以及承包人认为不可预见的理由。监理人经发包人同意后应当及时发出指示，指示构成变更的，按第10条〔变更〕约定执行。承包人因采取合理措施而增加的费用和（或）延误的工期由发包人承担。

7.7 异常恶劣的气候条件

异常恶劣的气候条件指在施工过程中遇到的，有经验的承包人在签订合同时不可预见的，对合同履行造成实质性影响的，但尚未构成不可抗力事件的恶劣气候条件。合同当事人可以在专用合同条款中约定异常恶劣的气候条件的具体情形。

承包人应采取克服异常恶劣的气候条件的合理措施进而继续施工，并及时通知发包人和监理人。监理人经发包人同意后应当及时发出指示，指示构成变更的，按第10条〔变更〕约定办理。承包人因采取合理措施而增加的费用和（或）延误的工期由发包人承担。

7.8 暂停施工

7.8.1 发包人原因引起的暂停施工。因发包人原因引起的暂停施工，发包人应承担由此增加的费用和（或）延误的工期，并支付承包人合理的利润。

7.8.2 承包人原因引起的暂停施工。因承包人原因引起的暂停施工，承包人应承担由此增加的费用和（或）延误的工期，且承包人在收到监理人复工指示后84天内仍未复工的，视为第16.2.1项〔承包人违约的情形〕第(7)目约定的承包人无法继续履行合同的情形。

7.8.3　指示暂停施工。监理人认为有必要时，并经发包人批准后，可向承包人做出暂停施工的指示，承包人应按监理人的指示暂停施工。

7.8.4　紧急情况下的暂停施工。因紧急情况需暂停施工，且监理人未及时下达暂停施工指示的，承包人可先暂停施工，并及时通知监理人。监理人应在接到通知后 24 小时内发出指示，逾期未发出指示，视为同意承包人暂停施工。监理人不同意承包人暂停施工的，应说明理由，若承包人对监理人的答复有异议，按照第 20 条〔争议解决〕约定处理。

7.8.5　暂停施工后的复工。暂停施工后，发包人和承包人应采取有效措施积极消除暂停施工的影响。在工程复工前，监理人会同发包人和承包人确定因暂停施工造成的损失，并确定工程复工条件。当工程具备复工条件时，监理人应经发包人批准后向承包人发出复工通知，承包人应按照复工通知要求复工。

承包人无故拖延和拒绝复工的，承包人承担由此增加的费用和（或）延误的工期；因发包人原因无法按时复工的，按照第 7.5.1 项〔因发包人原因导致工期延误〕约定办理。

7.8.6　暂停施工持续 56 天以上。监理人发出暂停施工指示后 56 天内未向承包人发出复工通知，除该项停工属于第 7.8.2 项〔承包人原因引起的暂停施工〕及第 17 条〔不可抗力〕约定的情形外，承包人可向发包人提交书面通知，要求发包人在收到书面通知后 28 天内准许已暂停施工的部分或全部工程继续施工。发包人逾期不予批准的，承包人可以通知发包人，将工程受影响的部分视为按第 10.1 款〔变更的范围〕第（2）项的可取消工作。

暂停施工持续 84 天以上不复工的，且不属于第 7.8.2 项〔承包人原因引起的暂停施工〕及第 17 条〔不可抗力〕约定的情形，并影响到整个工程以及合同目的实现的，承包人有权提出价格调整要求，或者解除合同。解除合同的，按照第 16.1.3 项〔因发包人违约解除合同〕执行。

7.8.7　暂停施工期间的工程照管。暂停施工期间，承包人应妥善照管工程并提供安全保障，由此增加的费用由责任方承担。

7.8.8　暂停施工的措施。暂停施工期间，发包人和承包人均应采取必要的措施确保工程质量及安全，防止因暂停施工扩大损失。

7.9　提前竣工

7.9.1　发包人要求承包人提前竣工的，应通过监理人向承包人下达提前竣工指示，承包人应向发包人和监理人提交提前竣工建议书，提前竣工建议书应包括实施的方案、缩短的时间、增加的合同价格等内容。发包人接受该提前竣工建议书的，监理人应与发包人和承包人协商采取加快工程进度的措施，并修订施工进度计划，由此增加的费用由发包人承担。承包人认为提前竣工指示无法执行的，将异议向监理人和发包人书面提出，发包人和监理人应在收到异议后 7 天内予以答复。任何情况下，发包人不得压缩合理工期。

7.9.2　发包人要求承包人提前竣工，或承包人提出提前竣工的建议能够给发包人带来效益的，合同当事人可以在专用合同条款中约定提前竣工的奖励。

8.　材料与设备

8.1　发包人供应材料与工程设备

发包人自行供应材料、工程设备的，应在签订合同时在专用合同条款的附件"发包人供应材料设备一览表"中明确材料、工程设备的品种、规格、型号、数量、单价、质量等级和送达地点。

承包人应提前 30 天通过监理人以书面形式通知发包人供应材料与工程设备进场。

8.2　承包人采购材料与工程设备

承包人负责采购材料、工程设备的，应按照设计和有关标准要求采购，并提供产品合格证明及出厂证明，对材料、工程设备质量负责。发包人违反本款约定指定生产厂家或供应商的，承包人有权拒绝，并由发包人承担相应责任。

8.3 材料与工程设备的接收与拒收

8.3.1 发包人应按"发包人供应材料设备一览表"约定的内容提供材料和工程设备，并向承包人提供产品合格证明及出厂证明，对其质量负责。发包人应提前24小时以书面形式通知承包人、监理人材料和工程设备到货时间，承包人负责材料和工程设备的清点、检验和接收。

8.3.2 承包人采购的材料和工程设备，应保证产品质量合格，承包人应在材料和工程设备到货前24小时通知监理人检验。

承包人采购的材料和工程设备不符合设计或有关标准要求时，承包人应在监理人要求的合理期限内将不符合设计或有关标准要求的材料、工程设备运出施工现场，并重新采购符合要求的材料、工程设备，由此增加的费用和(或)延误的工期，由承包人承担。

8.4 材料与工程设备的保管与使用

8.4.1 发包人供应材料与工程设备的保管与使用。发包人供应的材料和工程设备，承包人清点后由承包人妥善保管，保管费用由发包人承担，但已标价工程量清单或预算书已经列支或专用合同条款另有约定的除外。

发包人供应的材料和工程设备使用前，由承包人负责检验，检验费用由发包人承担，不合格的不得使用。

8.4.2 承包人采购材料与工程设备的保管与使用。承包人采购的材料和工程设备由承包人妥善保管，保管费用由承包人承担。法律规定材料和工程设备使用前必须进行检验或试验的，承包人应按监理人的要求进行检验或试验，检验或试验费用由承包人承担，不合格的不得使用。

8.5 禁止使用不合格的材料和工程设备

8.5.1 监理人有权拒绝承包人提供的不合格材料或工程设备，并要求承包人立即进行更换。监理人应在更换后再次进行检查和检验，由此增加的费用和(或)延误的工期由承包人承担。

8.5.2 监理人发现承包人使用了不合格的材料和工程设备，承包人应按照监理人的指示立即改正，并禁止其在工程中继续使用不合格的材料和工程设备。

8.5.3 发包人提供的材料或工程设备不符合合同要求的，承包人有权拒绝，并可要求发包人更换，由此增加的费用和(或)延误的工期由发包人承担，并支付承包人合理的利润。

8.6 样品

8.6.1 样品的报送与封存。需要承包人报送样品的材料或工程设备，样品的种类、名称、规格、数量等要求均应在专用合同条款中约定。样品的报送程序如下：

(1)承包人应在计划采购前28天向监理人报送样品。

(2)承包人每次报送样品时应随附申报单，申报单应载明报送样品的相关数据和资料，并标明每件样品对应的图纸号，预留监理人批复意见栏。监理人应在收到承包人报送的样品后7天向承包人回复经发包人签认的样品审批意见。

(3)经发包人和监理人审批确认的样品应按约定的方法封样，封存的样品作为检验工程相关部分的标准之一。承包人在施工过程中不得使用与样品不符的材料或工程设备。

(4)发包人和监理人对样品的审批确认仅为确认相关材料或工程设备的特征或用途，不得被理解为对合同的修改或改变，也并不减轻或免除承包人任何的责任和义务。如果封存的样品修改或改变了合同约定，合同当事人应当以书面协议予以确认。

8.6.2 样品的保管。经批准的样品应由监理人负责封存于现场，承包人应在现场为保存样品提供适当和固定的场所，并保持适当和良好的存储环境。

8.7　材料与工程设备的替代

8.7.1　出现下列情况需要使用替代材料和工程设备的，承包人应按照第8.7.2项约定的程序执行：

(1)基准日期后生效的法律规定禁止使用的；

(2)发包人要求使用替代品的；

(3)因其他原因必须使用替代品的。

8.7.2　承包人应在使用替代材料和工程设备28天前书面通知监理人。监理人应在收到通知后14天内向承包人发出经发包人签认的书面指示；监理人逾期发出书面指示的，视为发包人和监理人同意使用替代品。

8.7.3　发包人认可使用替代材料和工程设备的，替代材料和工程设备的价格，按照已标价工程量清单或预算书相同项目的价格认定；无相同项目的，参考相似项目价格认定；既无相同项目也无相似项目的，按照合理的成本与利润构成的原则，由合同当事人按照第4.4款〔商定或确定〕确定价格。

8.8　施工设备和临时设施

8.8.1　承包人提供的施工设备和临时设施。承包人应按合同进度计划的要求，及时配置施工设备和修建临时设施。进入施工场地的承包人设备需经监理人核查后才能投入使用。承包人更换合同约定的承包人设备的，应报监理人批准。

8.8.2　发包人提供的施工设备和临时设施。发包人提供的施工设备和临时设施在专用合同条款中约定。

8.9　材料与设备专用要求

承包人运入施工现场的材料、工程设备、施工设备以及在施工场地建设的临时设施，包括备品备件、安装工具与资料，必须专用于本工程。未经发包人批准，承包人不得运出施工现场或挪作他用；经发包人批准，承包人可以根据施工进度计划撤走闲置的施工设备和其他物品。

9. 试验与检验

9.1　试验设备与试验人员

9.1.2　承包人应按专用合同条款的约定提供试验设备、取样装置、试验场所和试验条件，并向监理人提交相应的进场计划表。

承包人配置的试验设备要符合相应试验规程的要求并经过具有资质的检测单位检测，且在正式使用该试验设备前，需要经过监理人与承包人共同校验。

9.2　取样

试验属于自检性质的，承包人可以单独取样。试验属于监理人抽检性质的，可由监理人取样，也可由承包人的试验人员在监理人的监督下取样。

9.3　材料、工程设备和工程的试验和检验

9.3.1　承包人应按合同约定进行材料、工程设备和工程的试验和检验，并为监理人对上述材料、工程设备和工程的质量检查提供必要的试验资料和原始记录。按合同约定应由监理人与承包人共同进行试验和检验的，由承包人负责提供必要的试验资料和原始记录。

9.3.2　试验属于自检性质的，承包人可以单独进行试验。属于监理人抽检性质的，监理人可以单独进行试验，也可由承包人与监理人共同进行。

9.3.3　监理人对承包人的试验和检验结果有异议的，或为查清承包人试验和检验成果

的可靠性要求承包人重新试验和检验的，可由监理人与承包人共同进行。不符合合同要求的，由此增加的费用和(或)延误的工期由承包人承担；重新试验和检验结果证明该项材料、工程设备和工程符合合同要求的，由此增加的费用和(或)延误的工期由发包人承担。

9.4　现场工艺试验

承包人应按合同约定或监理人指示进行现场工艺试验。对大型的现场工艺试验，监理人认为必要时，承包人应根据监理人提出的工艺试验要求，编制工艺试验措施计划，报送监理人审查。

10. 变更

10.1　变更的范围

除专用合同条款另有约定外，合同履行过程中发生以下情形的，应按照本条约定进行变更：

(1)增加或减少合同中任何工作，或追加额外的工作；

(2)取消合同中任何工作，但转由他人实施的工作除外；

(3)改变合同中任何工作的质量标准或其他特性；

(4)改变工程的基线、标高、位置和尺寸；

(5)改变工程的时间安排或实施顺序。

微课：通用
条款(变更)

10.2　变更权

发包人和监理人均可以提出变更。变更指示均通过监理人发出，监理人发出变更指示前应征得发包人同意。承包人收到经发包人签认的变更指示后，方可实施变更。未经许可，承包人不得擅自对工程的任何部分进行变更。

10.3　变更程序

10.3.1　发包人提出变更。发包人提出变更的，应通过监理人向承包人发出变更指示，变更指示应说明计划变更的工程范围和变更的内容。

10.3.2　监理人提出变更建议。监理人提出变更建议的，需要向发包人以书面形式提出变更计划，说明计划变更工程范围和变更的内容、理由，以及实施该变更对合同价格和工期的影响。发包人同意变更的，由监理人向承包人发出变更指示。发包人不同意变更的，监理人无权擅自发出变更指示。

10.3.3　变更执行。承包人收到监理人下达的变更指示后，认为不能执行，应立即提出不能执行该变更指示的理由。承包人认为可以执行变更的，应当书面说明实施该变更指示对合同价格和工期的影响，且合同当事人应当按照第10.4款〔变更估价〕约定确定变更估价。

10.4　变更估价

10.4.1　变更估价原则。除专用合同条款另有约定外，变更估价按照本款约定处理：

(1)已标价工程量清单或预算书有相同项目的，按照相同项目单价认定；

(2)已标价工程量清单或预算书无相同项目，但有类似项目的，参照类似项目的单价认定；

(3)变更导致实际完成的变更工程量与已标价工程量清单或预算书中列明的该项目工程量的变化幅度超过15%的，或已标价工程量清单或预算书中无相同项目及类似项目单价的，按照合理的成本与利润构成的原则，由合同当事人按照第4.4款〔商定与确定〕确定变更工作的单价。

10.4.2　变更估价程序。承包人应在收到变更指示后14天内，向监理人提交变更估价申请。监理人应在收到承包人提交的变更估价申请后7天内审查完毕并报送发包人，监理人对变更估价申请有异议，通知承包人修改后重新提交。发包人应在承包人提交变更估价申请后14天内审批完毕。发包人逾期未完成审批或未提出异议的，视为认可承包人提交的变更估价申请。

因变更引起的价格调整应计入最近一期的进度款中支付。

10.5 承包人的合理化建议

承包人若提出合理化建议，应向监理人提交合理化建议说明，说明建议的内容和理由，以及实施该建议对合同价格和工期的影响。

合理化建议降低了合同价格或者提高了工程经济效益的，发包人可对承包人给予奖励，奖励的方法和金额在专用合同条款中约定。

10.6 变更引起的工期调整

因变更引起工期变化的，合同当事人均可要求调整合同工期，由合同当事人按照第4.4款〔商定或确定〕并参考工程所在地的工期定额标准确定增减工期天数。

10.7 暂估价

暂估价专业分包工程、服务、材料和工程设备的明细由合同当事人在专用合同条款中约定。

10.7.1 依法必须招标的暂估价项目。对于依法必须招标的暂估价项目，采取以下第1种方式确定。合同当事人也可以在专用合同条款中选择其他招标方式。

第1种方式：对于依法必须招标的暂估价项目，由承包人招标，对该暂估价项目的确认和批准按照以下约定执行：

(1)承包人应当根据施工进度计划，在招标工作启动前14天将招标方案通过监理人报送发包人审查，发包人应当在收到承包人报送的招标方案后7天内批准或提出修改意见。承包人应当按照经过发包人批准的招标方案开展招标工作；

(2)承包人应当根据施工进度计划，提前14天将招标文件通过监理人报送发包人审批，发包人应当在收到承包人报送的相关文件后7天内完成审批或提出修改意见；发包人有权确定招标控制价，并按照法律规定参加评标；

(3)承包人与供应商、分包人在签订暂估价合同前，应当提前7天将确定的中标候选供应商或中标候选分包人的资料报送发包人，发包人应在收到资料后3天内与承包人共同确定中标人；承包人应当在签订合同后7天内，将暂估价合同副本报送发包人留存。

第2种方式：对于依法必须招标的暂估价项目，由发包人和承包人共同招标确定暂估价供应商或分包人的，承包人应按照施工进度计划，在招标工作启动前14天通知发包人，并提交暂估价招标方案和工作分工。发包人应在收到后7天内确认。确定中标人后，由发包人、承包人与中标人共同签订暂估价合同。

10.7.2 不属于依法必须招标的暂估价项目。除专用合同条款另有约定外，对于不属于依法必须招标的暂估价项目，采取以下第1种方式确定：

第1种方式：对于不属于依法必须招标的暂估价项目，按本项约定确认和批准：

(1)承包人应根据施工进度计划，在签订暂估价项目的采购合同、分包合同前28天向监理人提出书面申请。监理人应当在收到申请后3天内报送发包人，发包人应当在收到申请后14天内给予批准或提出修改意见，发包人逾期未予批准或提出修改意见的，视为该书面申请已获得同意；

(2)发包人认为承包人确定的供应商、分包人无法满足工程质量或合同要求的，发包人可以要求承包人重新确定暂估价项目的供应商、分包人；

(3)承包人应当在签订暂估价合同后7天内，将暂估价合同副本报送发包人留存。

第2种方式：承包人按照第10.7.1项〔依法必须招标的暂估价项目〕约定的第1种方式确定暂估价项目。

第3种方式：承包人直接实施的暂估价项目。承包人具备实施暂估价项目的资格和条件的，经发包人和承包人协商一致后，可由承包人自行实施暂估价项目，合同当事人可以在专用合同条款中约定具体事项。

10.8 暂列金额

暂列金额应按照发包人的要求使用，发包人的要求应通过监理人发出。合同当事人可以在专用合同条款中协商确定有关事项。

10.9 计日工

需要采用计日工方式的，经发包人同意后，由监理人通知承包人以计日工计价方式实施相应的工作，其价款按列入已标价工程量清单或预算书中的计日工计价项目及其单价进行计算；已标价工程量清单或预算书中无相应计日工单价的，按照合理的成本与利润构成原则，由合同当事人按照第4.4款〔商定或确定〕确定计日工的单价。

采用计日工计价的任何一项工作，承包人应在该项工作实施过程中，每天提交以下报表和有关凭证，并报送监理人审查：

(1)工作名称、内容和数量；

(2)投入该工作的所有人员的姓名、专业、工种、级别和耗用工时；

(3)投入该工作的材料类别和数量；

(4)投入该工作的施工设备型号、台数和耗用台时；

(5)其他有关资料和凭证。

计日工由承包人汇总后，列入最近一期进度付款申请单，由监理人审查并经发包人批准后列入进度付款。

11. 价格调整

11.1 市场价格波动引起的调整

除专用合同条款另有约定外，市场价格波动超过合同当事人约定的范围，合同价格应当调整。合同当事人可以在专用合同条款中约定选择以下一种方式对合同价格进行调整：

第1种方式：采用价格指数进行价格调整。

(1)价格调整公式：因人工、材料和设备等价格波动影响合同价格时，根据专用合同条款中约定的数据，按以下公式计算差额并调整合同价格：

$$\Delta P = P_0 \left[A + \left(B_1 \times \frac{F_{t1}}{F_{01}} + B_2 \times \frac{F_{t2}}{F_{02}} + B_3 \times \frac{F_{t3}}{F_{03}} + \cdots + B_n \times \frac{F_{tn}}{F_{0n}} \right) - 1 \right]$$

式中　ΔP——需调整的价格差额；

P_0——约定的付款证书中承包人应得到的已完成工程量的金额。此项金额应不包括价格调整、不计质量保证金的扣留和支付和预付款的支付和扣回；约定的变更及其他金额已按现行价格计价的，也不计在内；

A——定值权重(即不调部分的权重)；

B_1、B_2、B_3、$\cdots$、B_n——各可调因子的变值权重(即可调部分的权重)，为各可调因子在签约合同价中所占的比例；

F_{t1}、F_{t2}、F_{t3}、$\cdots$、F_{tn}——各可调因子的现行价格指数，指约定的付款证书相关周期最后一天的前42天的各可调因子的价格指数；

F_{01}、F_{02}、F_{03}、$\cdots$、F_{0n}——各可调因子的基本价格指数，指基准日期的各可调因子的价格指数。

以上价格调整公式中的各可调因子、定值和变值权重，以及基本价格指数及其来源在投标函附录价格指数和权重表中约定，非招标订立的合同，由合同当事人在专用合同条款中约定。价格指数应首先采用工程造价管理机构发布的价格指数，无前述价格指数时，可采用工程造价管理机构发布的价格代替。

（2）暂时确定调整差额。在计算调整差额时无现行价格指数的，合同当事人同意暂用前次价格指数计算。实际价格指数有调整的，合同当事人进行相应调整。

（3）权重的调整。因变更导致合同约定的权重不合理时，按照第4.4款〔商定或确定〕执行。

（4）因承包人原因工期延误后的价格调整。因承包人原因未按期竣工的，对合同约定的竣工日期后继续施工的工程，在使用价格调整公式时，应采用计划竣工日期与实际竣工日期的两个价格指数中较低的一个作为现行价格指数。

第2种方式：采用造价信息进行价格调整。

合同履行期间，当因人工、材料、工程设备和机械台班价格波动影响合同价格时，人工、机械使用费按照国家或省、自治区、直辖市建设行政管理部门、行业建设管理部门或其授权的工程造价管理机构发布的人工、机械使用费系数进行调整；需要进行价格调整的材料，其单价和采购数量应由发包人审批，发包人确认需调整的材料单价及数量，作为调整合同价格的依据。

（1）人工单价发生变化且符合省级或行业建设主管部门发布的人工费调整规定，合同当事人应按省级或行业建设主管部门或其授权的工程造价管理机构发布的人工费等文件调整合同价格，但承包人对人工费或人工单价的报价高于发布价格的除外。

（2）材料、工程设备价格变化的价款调整按照发包人提供的基准价格，按以下风险范围规定执行：

1）承包人在已标价工程量清单或预算书中载明材料单价低于基准价格的：除专用合同条款另有约定外，合同履行期间材料单价涨幅以基准价格为基础超过5%时，或材料单价跌幅以在已标价工程量清单或预算书中载明材料单价为基础超过5%时，其超过部分据实调整。

2）承包人在已标价工程量清单或预算书中载明材料单价高于基准价格的：除专用合同条款另有约定外，合同履行期间材料单价跌幅以基准价格为基础超过5%时，材料单价涨幅以在已标价工程量清单或预算书中载明材料单价为基础超过5%时，其超过部分据实调整。

3）承包人在已标价工程量清单或预算书中载明材料单价等于基准价格的：除专用合同条款另有约定外，合同履行期间材料单价涨跌幅以基准价格为基础超过±5%时，其超过部分据实调整。

4）承包人应在采购材料前将采购数量和新的材料单价报发包人核对，发包人确认用于工程时，发包人应确认采购材料的数量和单价。发包人在收到承包人报送的确认资料后5天内不予答复的视为认可，作为调整合同价格的依据。未经发包人事先核对，承包人自行采购材料的，发包人有权不予调整合同价格。发包人同意的，可以调整合同价格。

前述基准价格是指由发包人在招标文件或专用合同条款中给定的材料、工程设备的价格，原则上，该价格应当按照省级或行业建设主管部门或其授权的工程造价管理机构发布的信息价编制。

（3）施工机械台班单价或施工机械使用费发生变化超过省级或行业建设主管部门或其授权的工程造价管理机构规定的范围时，按规定调整合同价格。

第3种方式：专用合同条款约定的其他方式。

11.2　法律变化引起的调整

基准日期后，法律变化导致承包人在合同履行过程中所需要的费用发生除第11.1款〔市场价格波动引起的调整〕约定以外的增加时，由发包人承担由此增加的费用；减少时，应从合同价格中予以扣减。基准日期后，因法律变化造成工期延误时，工期应予以顺延。

因法律变化引起的合同价格和工期调整，合同当事人无法达成一致的，由总监理工程师按第4.4款〔商定或确定〕的约定处理。

因承包人原因造成工期延误，在工期延误期间出现法律变化的，由此增加的费用和（或）延误的工期由承包人承担。

12.　合同价格、计量与支付

12.1　合同价格形式

发包人和承包人应在合同协议书中选择下列一种合同价格形式：

（1）单价合同。单价合同是指合同当事人约定以工程量清单及其综合单价进行合同价格计算、调整和确认的建设工程施工合同，在约定的范围内合同单价不作调整。合同当事人应在专用合同条款中约定综合单价包含的风险范围和风险费用的计算方法，并约定风险范围以外的合同价格的调整方法，其中因市场价格波动引起的调整按第11.1款〔市场价格波动引起的调整〕约定执行。

（2）总价合同。总价合同是指合同当事人约定以施工图、已标价工程量清单或预算书及有关条件进行合同价格计算、调整和确认的建设工程施工合同，在约定的范围内合同总价不作调整。合同当事人应在专用合同条款中约定总价包含的风险范围和风险费用的计算方法，并约定风险范围以外的合同价格的调整方法，其中因市场价格波动引起的调整按第11.1款〔市场价格波动引起的调整〕约定执行，因法律变化引起的调整按第11.2款〔法律变化引起的调整〕约定执行。

（3）其他价格形式。合同当事人可在专用合同条款中约定其他合同价格形式。

12.2　预付款

12.2.1　预付款的支付。预付款的支付按照专用合同条款约定执行，但至迟应在开工通知载明的开工日期7天前支付。预付款应当用于材料、工程设备、施工设备的采购及修建临时工程、组织施工队伍进场等。

除专用合同条款另有约定外，预付款在进度付款中同比例扣回。在颁发工程接收证书前，提前解除合同的，尚未扣完的预付款应与合同价款一并结算。

发包人逾期支付预付款超过7天的，承包人有权向发包人发出要求预付的催告通知，发包人收到通知后7天内仍未支付的，承包人有权暂停施工，并按第16.1.1项〔发包人违约的情形〕执行。

12.2.2　预付款担保。发包人要求承包人提供预付款担保的，承包人应在发包人支付预付款7天前提供预付款担保，专用合同条款另有约定除外。预付款担保可采用银行保函、担保公司担保等形式，具体由合同当事人在专用合同条款中约定。在预付款完全扣回之前，承包人应保证预付款担保持续有效。

发包人在工程款中逐期扣回预付款后，预付款担保额度应相应减少，但剩余的预付款担保金额不得低于未被扣回的预付款金额。

12.3　计量

12.3.1　计量原则。工程量计量按照合同约定的工程量计算规则、图纸及变更指示等进行计量。工程量计算规则应以相关的国家标准、行业标准等为依据，由合同当事人在专用合同条款中约定。

12.3.2 计量周期。除专用合同条款另有约定外，工程量的计量按月进行。

12.3.3 单价合同的计量。除专用合同条款另有约定外，单价合同的计量按照本项约定执行：

(1)承包人应于每月25日向监理人报送上月20日至当月19日已完成的工程量报告，并附具进度付款申请单、已完成工程量报表和有关资料。

(2)监理人应在收到承包人提交的工程量报告后7天内完成对承包人提交的工程量报表的审核，并报送发包人，以确定当月实际完成的工程量。监理人对工程量有异议的，有权要求承包人进行共同复核或抽样复测。承包人应协助监理人进行复核或抽样复测，并按监理人要求提供补充计量资料。承包人未按监理人要求参加复核或抽样复测的，监理人复核或修正的工程量视为承包人实际完成的工程量。

(3)监理人未在收到承包人提交的工程量报表后的7天内完成审核的，承包人报送的工程量报告中的工程量视为承包人实际完成的工程量，据此计算工程价款。

12.3.4 总价合同的计量。除专用合同条款另有约定外，按月计量支付的总价合同，按照本项约定执行：

(1)承包人应于每月25日向监理人报送上月20日至当月19日已完成的工程量报告，并附具进度付款申请单、已完成工程量报表和有关资料。

(2)监理人应在收到承包人提交的工程量报告后7天内完成对承包人提交的工程量报表的审核并报送发包人，以确定当月实际完成的工程量。监理人对工程量有异议的，有权要求承包人进行共同复核或抽样复测。承包人应协助监理人进行复核或抽样复测并按监理人要求提供补充计量资料。承包人未按监理人要求参加复核或抽样复测的，监理人审核或修正的工程量视为承包人实际完成的工程量。

(3)监理人未在收到承包人提交的工程量报表后的7天内完成复核的，承包人提交的工程量报告中的工程量视为承包人实际完成的工程量。

12.3.5 总价合同采用支付分解表计量支付的，可以按照第12.3.4项〔总价合同的计量〕约定进行计量，但合同价款按照支付分解表进行支付。

12.3.6 其他价格形式合同的计量。合同当事人可在专用合同条款中约定其他价格形式合同的计量方式和程序。

12.4 工程进度款支付

12.4.1 付款周期。除专用合同条款另有约定外，付款周期应按照第12.3.2项〔计量周期〕的约定与计量周期保持一致。

12.4.2 进度付款申请单的编制。除专用合同条款另有约定外，进度付款申请单应包括下列内容：

(1)截至本次付款周期已完成工作对应的金额；

(2)根据第10条〔变更〕应增加和扣减的变更金额；

(3)根据第12.2款〔预付款〕约定应支付的预付款和扣减的返还预付款；

(4)根据第15.3款〔质量保证金〕约定应扣减的质量保证金；

(5)根据第19条〔索赔〕应增加和扣减的索赔金额；

(6)对已签发的进度款支付证书中出现错误的修正，应在本次进度付款中支付或扣减的金额；

(7)根据合同约定应增加和扣减的其他金额。

12.4.3 进度付款申请单的提交。

(1)单价合同进度付款申请单的提交。单价合同的进度付款申请单，按照第12.3.3项〔单价合同的计量〕约定的时间按月向监理人提交，并附上已完成工程量报表和有关资料。单价合同中的总价项目按月进行支付分解，并汇总列入当期进度付款申请单。

(2)总价合同进度付款申请单的提交。总价合同按月计量支付的，承包人按照第12.3.4项〔总价合同的计量〕约定的时间按月向监理人提交进度付款申请单，并附上已完成工程量报表和有关资料。

总价合同按支付分解表支付的，承包人应按照第12.4.6项〔支付分解表〕及第12.4.2项〔进度付款申请单的编制〕的约定向监理人提交进度付款申请单。

(3)其他价格形式合同的进度付款申请单的提交。合同当事人可在专用合同条款中约定其他价格形式合同的进度付款申请单的编制和提交程序。

12.4.4 进度款审核和支付。

(1)除专用合同条款另有约定外，监理人应在收到承包人进度付款申请单以及相关资料后7天内完成审查并报送发包人，发包人应在收到后7天内完成审批并签发进度款支付证书。发包人逾期未完成审批且未提出异议的，视为已签发进度款支付证书。

(2)除专用合同条款另有约定外，发包人应在进度款支付证书或临时进度款支付证书签发后14天内完成支付，发包人逾期支付进度款的，应按照中国人民银行发布的同期同类贷款基准利率支付违约金。

(3)发包人签发进度款支付证书或临时进度款支付证书，不表明发包人已同意、批准或接受了承包人完成的相应部分的工作。

12.4.5 支付分解表。

(1)支付分解表的编制要求。

1)支付分解表中所列的每期付款金额，应为第12.4.2项〔进度付款申请单的编制〕第(1)目的估算金额；

2)实际进度与施工进度计划不一致的，合同当事人可按照第4.4款〔商定或确定〕修改支付分解表；

3)不采用支付分解表的，承包人应向发包人和监理人提交按季度编制的支付估算分解表，用于支付参考。

(2)总价合同支付分解表的编制与审批。

1)除专用合同条款另有约定外，承包人应根据第7.2款〔施工进度计划〕约定的施工进度计划、签约合同价和工程量等因素对总价合同按月进行分解，编制支付分解表。承包人应当在收到监理人和发包人批准的施工进度计划后7天内，将支付分解表及编制支付分解表的支持性资料报送监理人。

2)监理人应在收到支付分解表后7天内完成审核并报送发包人。发包人应在收到经监理人审核的支付分解表后7天内完成审批，经发包人批准的支付分解表为有约束力的支付分解表。

3)发包人逾期未完成支付分解表审批的，也未及时要求承包人进行修正和提供补充资料的，则承包人提交的支付分解表视为已经获得发包人批准。

(3)单价合同的总价项目支付分解表的编制与审批。除专用合同条款另有约定外，单价合同的总价项目，由承包人根据施工进度计划和总价项目的总价构成、费用性质、计划发生时间和相应工程量等因素按月进行分解，形成支付分解表，其编制与审批参照总价合同支付分解表的编制与审批执行。

13. 验收和工程试车

13.1 分部分项工程验收

13.1.2 除专用合同条款另有约定外，分部分项工程经承包人自检合格并具备验收条件的，承包人应提前 48 小时通知监理人进行验收。监理人不能按时进行验收的，应在验收前 24 小时向承包人提交书面延期要求，但延期不能超过 48 小时。监理人未按时进行验收，也未提出延期要求的，承包人有权自行验收，监理人应认可验收结果。分部分项工程未经验收的，不得进入下一道工序施工。

13.2 竣工验收

13.2.1 竣工验收条件。工程具备以下条件的，承包人可以申请竣工验收：

(1)除发包人同意的甩项工作和缺陷修补工作外，合同范围内的全部工程以及有关工作，包括合同要求的试验、试运行以及检验均已完成，并符合合同要求；

(2)已按合同约定编制了甩项工作和缺陷修补工作清单以及相应的施工计划；

(3)已按合同约定的内容和份数备齐竣工资料。

13.2.2 竣工验收程序。除专用合同条款另有约定外，承包人申请竣工验收的，应当按照以下程序进行：

(1)承包人向监理人报送竣工验收申请报告，监理人应在收到竣工验收申请报告后 14 天内完成审查并报送发包人。监理人审查后认为尚不具备验收条件的，应通知承包人在竣工验收前其还需完成的工作内容，承包人应在完成监理人通知的全部工作内容后，再次提交竣工验收申请报告。

(2)监理人审查后认为已具备竣工验收条件的，应将竣工验收申请报告提交发包人，发包人应在收到经监理人审核的竣工验收申请报告后 28 天内审批完毕，并组织监理人、承包人、设计人等相关单位完成竣工验收。

(3)竣工验收合格的，发包人应在验收合格后 14 天内向承包人签发工程接收证书。发包人无正当理由逾期不颁发工程接收证书的，自验收合格后第 15 天起视为已颁发工程接收证书。

(4)竣工验收不合格的，监理人应按照验收意见发出指示，要求承包人对不合格工程返工、修复或采取其他补救措施，由此增加的费用和(或)延误的工期由承包人承担。承包人在完成不合格工程的返工、修复或采取其他补救措施后，应重新提交竣工验收申请报告，并按本项约定的程序重新进行验收。

(5)工程未经验收或验收不合格，发包人仍擅自使用的，应在转移占有工程后 7 天内向承包人颁发工程接收证书；发包人无正当理由逾期不颁发工程接收证书的，自转移占有后第 15 天起视为已颁发工程接收证书。

除专用合同条款另有约定外，发包人不按照本项约定组织竣工验收、颁发工程接收证书的，每逾期一天，应以签约合同价为基数，按照中国人民银行发布的同期同类贷款基准利率支付违约金。

13.2.3 竣工日期。工程经竣工验收合格的，以承包人提交竣工验收申请报告之日为实际竣工日期，并在工程接收证书中载明；因发包人原因，未在监理人收到承包人提交的竣工验收申请报告 42 天内完成竣工验收，或完成竣工验收不予签发工程接收证书的，以提交竣工验收申请报告的日期为实际竣工日期；工程未经竣工验收，发包人擅自使用的，以转移占有工程之日为实际竣工日期。

13.2.4　拒绝接收全部或部分工程。对于竣工验收不合格的工程，承包人完成整改后，应当重新进行竣工验收，经重新组织验收仍不合格且无法采取措施补救的，发包人可以拒绝接收不合格工程，因不合格工程导致其他工程不能正常使用的，承包人应采取措施确保相关工程的正常使用，由此增加的费用和(或)延误的工期由承包人承担。

13.2.5　移交、接收全部与部分工程。除专用合同条款另有约定外，合同当事人应当在颁发工程接收证书后 7 天内完成工程的移交。

发包人无正当理由不接收工程的，发包人自应当接收工程之日起，承担工程照管、成品保护、保管等与工程有关的各项费用，合同当事人可以在专用合同条款中另行约定发包人逾期接收工程的违约责任。

承包人无正当理由不移交工程的，承包人应承担工程照管、成品保护、保管等与工程有关的各项费用，合同当事人可以在专用合同条款中另行约定承包人无正当理由不移交工程的违约责任。

13.4　提前交付单位工程的验收

13.4.1　发包人需要在工程竣工前使用单位工程，或承包人提出提前交付已经竣工的单位工程且经发包人同意的，可进行单位工程验收，已签发单位工程接收证书的单位工程由发包人负责照管。

13.4.2　发包人要求在工程竣工前交付单位工程，由此导致承包人费用增加和(或)工期延误的，由发包人承担由此增加的费用和(或)延误的工期，并支付承包人合理的利润。

13.6　竣工退场

13.6.1　竣工退场。颁发工程接收证书后，承包人应按以下要求对施工现场进行清理：
(1)施工现场内残留的垃圾已全部清除出场；
(2)临时工程已拆除，场地已进行清理、平整或复原；
(3)按合同约定应撤离的人员、承包人施工设备和剩余的材料，包括废弃的施工设备和材料，已按计划撤离施工现场；
(4)施工现场周边及其附近道路、河道的施工堆积物，已全部清理干净；
(5)施工现场其他场地清理工作已全部完成。

施工现场的竣工退场费用由承包人承担。承包人应在专用合同条款约定的期限内完成竣工退场，逾期未完成的，发包人有权出售或另行处理承包人遗留的物品，由此支出的费用由承包人承担，发包人出售承包人遗留物品所得款项在扣除必要费用后应返还承包人。

14. 竣工结算

14.1　竣工结算申请

除专用合同条款另有约定外，承包人应在工程竣工验收合格后 28 天内向发包人和监理人提交竣工结算申请单，并提交完整的结算资料。

除专用合同条款另有约定外，竣工结算申请单还应包括以下内容：
(1)竣工结算合同价格；
(2)发包人已支付承包人的款项；
(3)应扣留的质量保证金，已缴纳履约保证金或提供其他工程质量担保方式的除外；
(4)发包人应支付承包人的合同价款。

14.2 竣工结算审核

(1)除专用合同条款另有约定外，监理人应在收到竣工结算申请单后 14 天内完成核查并报送发包人。发包人应在收到监理人提交的经审核的竣工结算申请单后 14 天内完成审批，并由监理人向承包人签发经发包人签认的竣工付款证书。发包人在收到承包人提交竣工结算申请书后 28 天内未完成审批且未提出异议的，视为发包人认可承包人提交的竣工结算申请单，并自发包人收到承包人提交的竣工结算申请单后第 29 天起视为已签发竣工付款证书。

(2)除专用合同条款另有约定外，发包人应在签发竣工付款证书后的 14 天内，完成对承包人的竣工付款。发包人逾期支付的，按照中国人民银行发布的同期同类贷款基准利率支付违约金；逾期支付超过 56 天的，按照中国人民银行发布的同期同类贷款基准利率的两倍支付违约金。

(3)承包人对发包人签认的竣工付款证书有异议的，对于有异议部分应在收到发包人签认的竣工付款证书后 7 天内提出异议，并由合同当事人按照专用合同条款约定的方式和程序进行复核，或按照第 20 条〔争议解决〕约定处理。对于无异议的部分，发包人应签发临时竣工付款证书，并按本款第(2)项完成付款。承包人逾期未提出异议的，视为认可发包人的审批结果。

14.4 最终结清

14.4.1 最终结清申请单。

(1)除专用合同条款另有约定外，承包人应在缺陷责任期终止证书颁发后 7 天内，按专用合同条款约定的份数向发包人提交最终结清申请单，并提供相关证明材料。

除专用合同条款另有约定外，最终结清申请单应列明质量保证金、应扣除的质量保证金、缺陷责任期内发生的增减费用。

(2)发包人对最终结清申请单内容有异议的，有权要求承包人进行修正和提供补充资料，承包人应向发包人提交修正后的最终结清申请单。

14.4.2 最终结清证书和支付。

(1)除专用合同条款另有约定外，发包人应在收到承包人提交的最终结清申请单后 14 天内完成审批并向承包人颁发最终结清证书。发包人逾期未完成审批，又未提出修改意见的，视为发包人同意承包人提交的最终结清申请单，且自发包人收到承包人提交的最终结清申请单后 15 天起视为已颁发最终结清证书。

(2)除专用合同条款另有约定外，发包人应在颁发最终结清证书后 7 天内完成支付。发包人逾期支付的，按照中国人民银行发布的同期同类贷款基准利率支付违约金；逾期支付超过 56 天的，按照中国人民银行发布的同期同类贷款基准利率的两倍支付违约金。

(3)承包人对发包人颁发的最终结清证书有异议的，按第 20 条〔争议解决〕的约定办理。

15. 缺陷责任与保修

15.1 工程保修的原则

在工程移交发包人后，因承包人原因产生的质量缺陷，承包人应承担质量缺陷责任和保修义务。缺陷责任期届满，承包人仍应按合同约定的工程各部位保修年限承担保修义务。

15.2 缺陷责任期

15.2.1 缺陷责任期从工程通过竣工验收之日起计算，合同当事人应在专用合同条款约定缺陷责任期的具体期限，但该期限最长不超过 24 个月。

单位工程先于全部工程进行验收，经验收合格并交付使用的，该单位工程缺陷责任期自单位工程验收合格之日起算。因承包人原因导致工程无法按合同约定期限进行竣工验收的，缺陷责任期从实际通过竣工验收之日起计算。因发包人原因导致工程无法按合同约定期限进行竣工验收的，在承包人提交竣工验收报告90天后，工程自动进入缺陷责任期；发包人未经竣工验收擅自使用工程的，缺陷责任期自工程转移占有之日起开始计算。

15.2.2 缺陷责任期内，由承包人原因造成的缺陷，承包人应负责维修，并承担鉴定及维修费用。如承包人不维修也不承担费用，发包人可按合同约定从保证金或银行保函中扣除，费用超出保证金额的，发包人可按合同约定向承包人进行索赔。承包人维修并承担相应费用后，不免除对工程的损失赔偿责任。发包人有权要求承包人延长缺陷责任期，并应在原缺陷责任期届满前发出延长通知。但缺陷责任期(含延长部分)最长不能超过24个月。

由他人原因造成的缺陷，发包人负责组织维修，承包人不承担费用，且发包人不得从保证金中扣除费用。

15.3 质量保证金

经合同当事人协商一致扣留质量保证金的，应在专用合同条款中予以明确。

在工程项目竣工前，承包人已经提供履约担保的，发包人不得同时预留工程质量保证金。

15.3.1 承包人提供质量保证金的方式。承包人提供质量保证金有以下三种方式：

(1)质量保证金保函；

(2)相应比例的工程款；

(3)双方约定的其他方式。

除专用合同条款另有约定外，质量保证金原则上采用上述第(1)种方式。

微课：通用
条款(保修)

15.3.2 质量保证金的扣留。质量保证金的扣留有以下三种方式：

(1)在支付工程进度款时逐次扣留，在此情形下，质量保证金的计算基数不包括预付款的支付、扣回以及价格调整的金额；

(2)工程竣工结算时一次性扣留质量保证金；

(3)双方约定的其他扣留方式。

除专用合同条款另有约定外，质量保证金的扣留原则上采用上述第(1)种方式。

发包人累计扣留的质量保证金不得超过工程价款结算总额的3%。如承包人在发包人签发竣工付款证书后28天内提交质量保证金保函，发包人应同时退还扣留的作为质量保证金的工程价款；保函金额不得超过工程价款结算总额的3%。

发包人在退还质量保证金的同时按照中国人民银行发布的同期同类贷款基准利率支付利息。

15.3.3 质量保证金的退还。缺陷责任期内，承包人认真履行合同约定的责任，到期后，承包人可向发包人申请返还保证金。

发包人在接到承包人返还保证金申请后，应于14天内会同承包人按照合同约定的内容进行核实。如无异议，发包人应当按照约定将保证金返还给承包人。对返还期限没有约定或者约定不明确的，发包人应当在核实后14天内将保证金返还承包人，逾期未返还的，依法承担违约责任。发包人在接到承包人返还保证金申请后14天内不予答复，经催告后14天内仍不予答复，视同认可承包人的返还保证金申请。

发包人和承包人对保证金预留、返还以及工程维修质量、费用有争议的，按本合同第20条约定的争议和纠纷解决程序处理。

15.4 保修

15.4.1 保修责任。工程保修期从工程竣工验收合格之日起算，具体分部分项工程的保修期由合同当事人在专用合同条款中约定，但不得低于法定最低保修年限。在工程保修期内，承包人应当根据有关法律规定以及合同约定承担保修责任。

发包人未经竣工验收擅自使用工程的，保修期自转移占有之日起算。

15.4.2　修复费用。保修期内，修复的费用按照以下约定处理：

(1)保修期内，因承包人原因造成工程的缺陷、损坏，承包人应负责修复，并承担修复的费用以及因工程的缺陷、损坏造成的人身伤害和财产损失；

(2)保修期内，因发包人使用不当造成工程的缺陷、损坏，可以委托承包人修复，但发包人应承担修复的费用，并支付承包人的合理利润；

(3)因其他原因造成工程的缺陷、损坏，可以委托承包人修复，发包人应承担修复的费用，并支付承包人合理的利润，因工程的缺陷、损坏造成的人身伤害和财产损失由责任方承担。

15.4.4　未能修复。因承包人原因造成工程的缺陷或损坏，承包人拒绝维修或未能在合理期限内修复缺陷或损坏，且经发包人书面催告后仍未修复的，发包人有权自行修复或委托第三方修复，所需费用由承包人承担。但修复范围超出缺陷或损坏范围的，超出范围部分的修复费用由发包人承担。

16.　违约

16.1　发包人违约

16.1.1　发包人违约的情形。

(1)因发包人原因未能在计划开工日期前 7 天内下达开工通知的；

(2)因发包人原因未能按合同约定支付合同价款的；

(3)发包人违反第 10.1 款〔变更的范围〕第(2)项约定，自行实施被取消的工作或转由他人实施的；

(4)发包人提供的材料、工程设备的规格、数量或质量不符合合同约定，或因发包人原因导致交货日期延误或交货地点变更等情况的；

(5)因发包人违反合同约定造成暂停施工的；

(6)发包人无正当理由没有在约定期限内发出复工指示，导致承包人无法复工的；

(7)发包人明确表示或者以其行为表明不履行合同主要义务的；

(8)发包人未能按照合同约定履行其他义务的。

16.1.2　发包人违约的责任。发包人应承担因其违约给承包人增加的费用和(或)延误的工期，并支付承包人合理的利润。此外，合同当事人可在专用合同条款中另行约定发包人违约责任的承担方式和计算方法。

16.1.3　因发包人违约解除合同。除专用合同条款另有约定外，承包人按第 16.1.1 项〔发包人违约的情形〕约定暂停施工满 28 天后，发包人仍不纠正其违约行为并致使合同目的不能实现的，或出现第 16.1.1 项〔发包人违约的情形〕第(7)目约定的违约情况，承包人有权解除合同，发包人应承担由此增加的费用，并支付承包人合理的利润。

16.1.4　因发包人违约解除合同后的付款。承包人按照本款约定解除合同的，发包人应在解除合同后 28 天内支付下列款项，并解除履约担保：

(1)合同解除前所完成工作的价款；

(2)承包人为工程施工订购并已付款的材料、工程设备和其他物品的价款；

(3)承包人撤离施工现场以及遣散承包人人员的款项；

(4)按照合同约定在合同解除前应支付的违约金；

(5)按照合同约定应当支付给承包人的其他款项；

（6）按照合同约定应退还的质量保证金；

（7）因解除合同给承包人造成的损失。

16.2 承包人违约

16.2.1 承包人违约的情形。

（1）承包人违反合同约定进行转包或违法分包的；

（2）承包人违反合同约定采购和使用不合格的材料和工程设备的；

（3）因承包人原因导致工程质量不符合合同要求的；

（4）承包人违反第 8.9 款〔材料与设备专用要求〕的约定，未经批准，私自将已按照合同约定进入施工现场的材料或设备撤离施工现场的；

（5）承包人未能按施工进度计划及时完成合同约定的工作，造成工期延误的；

（6）承包人在缺陷责任期及保修期内，未能在合理期限对工程缺陷进行修复，或拒绝按发包人要求进行修复的；

（7）承包人明确表示或者以其行为表明不履行合同主要义务的；

（8）承包人未能按照合同约定履行其他义务的。

16.2.2 承包人违约的责任。承包人应承担因其违约行为而增加的费用和（或）延误的工期。此外，合同当事人可在专用合同条款中另行约定承包人违约责任的承担方式和计算方法。

16.2.3 因承包人违约解除合同。除专用合同条款另有约定外，出现第 16.2.1 项〔承包人违约的情形〕第（7）目约定的违约情况时，或监理人发出整改通知后，承包人在指定的合理期限内仍不纠正违约行为并致使合同目的不能实现的，发包人有权解除合同。合同解除后，因继续完成工程的需要，发包人有权使用承包人在施工现场的材料、设备、临时工程、承包人文件和由承包人或以其名义编制的其他文件，合同当事人应在专用合同条款约定相应费用的承担方式。发包人继续使用的行为不免除或减轻承包人应承担的违约责任。

16.2.4 因承包人违约解除合同后的处理。因承包人原因导致合同解除的，则合同当事人应在合同解除后 28 天内完成估价、付款和清算，并按以下约定执行：

（1）合同解除后，按第 4.4 款〔商定或确定〕商定或确定承包人实际完成工作对应的合同价款，以及承包人已提供的材料、工程设备、施工设备和临时工程等的价值；

（2）合同解除后，承包人应支付的违约金；

（3）合同解除后，因解除合同给发包人造成的损失；

（4）合同解除后，承包人应按照发包人要求和监理人的指示完成现场的清理和撤离；

（5）发包人和承包人应在合同解除后进行清算，出具最终结清付款证书，结清全部款项。

17. 不可抗力

17.1 不可抗力的确认

不可抗力是指合同当事人在签订合同时不可预见、在合同履行过程中不可避免且不能克服的自然灾害和社会性突发事件，如地震、海啸、瘟疫、骚乱、戒严、暴动、战争和专用合同条款中约定的其他情形。

不可抗力发生后，发包人和承包人应收集证明不可抗力发生及不可抗力造成损失的证据，并及时、认真地统计所造成的损失。合同当事人对是否属于不可抗力或其损失的意见不一致的，由监理人按第 4.4 款〔商定或确定〕的约定处理。发生争议时，按第 20 条〔争议解决〕的约定处理。

17.2 不可抗力的通知

合同一方当事人遇到不可抗力事件，使其履行合同义务受到阻碍时，应立即通知合同另一方当事人和监理人，书面说明不可抗力和受阻碍的详细情况，并提供必要的证明。

不可抗力持续发生时，合同一方当事人应及时向合同另一方当事人和监理人提交中间报告，说明不可抗力和履行合同受阻的情况，并于不可抗力事件结束后28天内提交最终报告及有关资料。

17.3 不可抗力后果的承担

17.3.1 不可抗力引起的后果及造成的损失由合同当事人按照法律规定及合同约定各自承担。不可抗力发生前已完成的工程应当按照合同约定进行计量支付。

17.3.2 不可抗力导致的人员伤亡、财产损失、费用增加和（或）工期延误等后果，由合同当事人按以下原则承担：

（1）永久工程、已运至施工现场的材料和工程设备的损坏，以及因工程损坏造成的第三人人员伤亡和财产损失由发包人承担；

（2）承包人施工设备的损坏由承包人承担；

（3）发包人和承包人承担各自人员伤亡和财产的损失；

（4）因不可抗力影响承包人履行合同约定的义务，已经引起或将引起工期延误的，应当顺延工期，由此导致承包人停工的费用损失由发包人和承包人合理分担，停工期间必须支付的工人工资由发包人承担；

（5）因不可抗力引起或将引起工期延误，发包人要求赶工的，由此增加的赶工费用由发包人承担；

（6）承包人在停工期间按照发包人要求照管、清理和修复工程的费用由发包人承担。

不可抗力发生后，合同当事人均应采取措施，尽量避免和减少损失的扩大，任何一方当事人没有采取有效措施导致损失扩大的，应对扩大的损失承担责任。

因合同一方迟延履行合同义务，在迟延履行期间遭遇不可抗力的，不免除其违约责任。

17.4 因不可抗力解除合同

因不可抗力导致合同无法履行连续超过84天或累计超过140天的，发包人和承包人均有权解除合同。合同解除后，由双方当事人按照第4.4款〔商定或确定〕商定或确定发包人应支付的款项，该款项包括：

（1）合同解除前承包人已完成工作的价款；

（2）承包人为工程订购的并已交付给承包人，或承包人有责任接受交付的材料、工程设备和其他物品的价款；

（3）发包人要求承包人退货或解除订货合同而产生的费用，或因不能退货或解除合同而产生的损失；

（4）承包人撤离施工现场以及遣散承包人人员的费用；

（5）按照合同约定在合同解除前应支付给承包人的其他款项；

（6）扣减承包人按照合同约定应向发包人支付的款项；

（7）双方商定或确定的其他款项。

微课：通用条款
（不可抗力）

除专用合同条款另有约定外，合同解除后，发包人应在商定或确定上述款项后28天内完成上述款项的支付。

18. 保险

18.1 工程保险

除专用合同条款另有约定外，发包人应投保建筑工程一切险或安装工程一切险；发包人委托承包人投保的，因投保产生的保险费和其他相关费用由发包人承担。

18.2 工伤保险

18.2.1 发包人应依照法律规定参加工伤保险，为在施工现场的全部员工办理工伤保险，并缴纳工伤保险费，且应要求监理人及由发包人为履行合同聘请的第三方依法参加工伤保险。

18.2.2 承包人应依照法律规定参加工伤保险，并为其履行合同的全部员工办理工伤保险，缴纳工伤保险费，并要求分包人及由承包人为履行合同聘请的第三方依法参加工伤保险。

18.3 其他保险

发包人和承包人可以为其施工现场的全部人员办理意外伤害保险并支付保险费，包括其员工及为履行合同聘请的第三方的人员，具体事项由合同当事人在专用合同条款约定。

除专用合同条款另有约定外，承包人应为其施工设备等办理财产保险。

18.7 通知义务

除专用合同条款另有约定外，发包人变更除工伤保险之外的保险合同时，应事先征得承包人同意，并通知监理人；承包人变更除工伤保险之外的保险合同时，应事先征得发包人同意，并通知监理人。

保险事故发生时，投保人应按照保险合同规定的条件和期限及时向保险人报告。发包人和承包人应当在知道保险事故发生后及时通知对方。

19. 索赔

19.1 承包人的索赔

根据合同约定，承包人认为有权得到追加付款和（或）延长工期的，应按以下程序向发包人提出索赔：

(1)承包人应在知道或应当知道索赔事件发生后28天内，向监理人递交索赔意向通知书，并说明发生索赔事件的事由；承包人未在前述28天内发出索赔意向通知书的，丧失要求追加付款和（或）延长工期的权利；

(2)承包人应在发出索赔意向通知书后28天内，向监理人正式递交索赔报告；索赔报告应详细说明索赔理由以及要求追加的付款金额和（或）延长的工期，并附必要的记录和证明材料；

(3)索赔事件具有持续影响的，承包人应按合理时间间隔继续递交延续索赔通知，说明持续影响的实际情况和记录，列出累计的追加付款金额和（或）工期延长天数；

(4)在索赔事件影响结束后28天内，承包人应向监理人递交最终索赔报告，说明最终要求索赔的追加付款金额和（或）延长的工期，并附必要的记录和证明材料。

19.2 对承包人索赔的处理

对承包人索赔的处理如下：

(1)监理人应在收到索赔报告后14天内完成审查并报送发包人。监理人对索赔报告存在异议的，有权要求承包人提交全部原始记录副本。

(2)发包人应在监理人收到索赔报告或有关索赔的进一步证明材料后的28天内，由监理人向承包人出具经发包人签认的索赔处理结果。发包人逾期答复的，则视为认可承包人的索赔要求。

(3)承包人接受索赔处理结果的，索赔款项在当期进度款中进行支付；承包人不接受索赔处理结果的，按照第20条〔争议解决〕约定处理。

19.3 发包人的索赔

根据合同约定，发包人认为有权得到赔付金额和(或)延长缺陷责任期的，监理人应向承包人发出通知，并附有详细的证明。

发包人应在知道或应当知道索赔事件发生后28天内通过监理人向承包人提出索赔意向通知书，发包人未在前述28天内发出索赔意向通知书的，丧失要求赔付金额和(或)延长缺陷责任期的权利。发包人应在发出索赔意向通知书后28天内，通过监理人向承包人正式递交索赔报告。

19.4 对发包人索赔的处理

对发包人索赔的处理如下：

(1)承包人收到发包人提交的索赔报告后，应及时审查索赔报告的内容、查验发包人证明材料。

(2)承包人应在收到索赔报告或有关索赔的进一步证明材料后28天内，将索赔处理结果答复发包人。如果承包人未在上述期限内做出答复，则视为对发包人索赔要求的认可。

(3)承包人接受索赔处理结果的，发包人可从应支付给承包人的合同价款中扣除赔付的金额或延长缺陷责任期；发包人不接受索赔处理结果的，按第20条〔争议解决〕约定处理。

19.5 提出索赔的期限

(1)承包人按第14.2款〔竣工结算审核〕约定接收竣工付款证书后，应被视为已无权再提出在工程接收证书颁发前所发生的任何索赔。

(2)承包人按第14.4款〔最终结清〕提交的最终结清申请单中，只限于提出工程接收证书颁发后发生的索赔。提出索赔的期限自接受最终结清证书时终止。

20. 争议解决

20.1 和解

合同当事人可以就争议自行和解，自行和解达成协议的经双方签字并盖章后作为合同补充文件，双方均应遵照执行。

20.2 调解

合同当事人可以就争议请求住房城乡建设主管部门、行业协会或其他第三方进行调解，调解达成协议的，经双方签字并盖章后作为合同补充文件，双方均应遵照执行。

20.3 争议评审

合同当事人在专用合同条款中约定采取争议评审方式解决争议以及评审规则，并按下列约定执行：

20.3.1 争议评审小组的确定。合同当事人可以共同选择一名或三名争议评审员，组成争议评审小组。除专用合同条款另有约定外，合同当事人应当自合同签订后28天内，或者争议发生后14天内，选定争议评审员。

若选择一名争议评审员，由合同当事人共同确定；若选择三名争议评审员，各自选定一名，第三名成员为首席争议评审员，由合同当事人共同确定或由合同当事人委托已选定的争议评审员共同确定，或由专用合同条款约定的评审机构指定第三名首席争议评审员。

除专用合同条款另有约定外，评审员报酬由发包人和承包人各承担一半。

20.3.2 争议评审小组的决定。合同当事人可在任何时间将与合同有关的任何争议共同提请争议评审小组进行评审。争议评审小组应秉持客观、公正原则，充分听取合同当事人的意见，依据相关法律、规范、标准、案例经验及商业惯例等，自收到争议评审申请报告后14天内做出书面决定，并说明理由。合同当事人可以在专用合同条款中对本项事项另行约定。

20.3.3 争议评审小组决定的效力。争议评审小组做出的书面决定经合同当事人签字确认后，对双方具有约束力，双方应遵照执行。

任何一方当事人不接受争议评审小组决定或不履行争议评审小组决定的，双方可选择采用其他争议解决方式。

20.4 仲裁或诉讼

因合同及合同有关事项产生的争议，合同当事人可以在专用合同条款中约定以下一种方式解决争议：

(1)向约定的仲裁委员会申请仲裁；
(2)向有管辖权的人民法院起诉。

20.5 争议解决条款效力

合同有关争议解决的条款独立存在，合同的变更、解除、终止、无效或者被撤销均不影响其效力。

微课：通用条款
（保险、争议解决）

第三部分 专用合同条款

1. 一般约定

1.1 词语定义

1.1.1 合同。

1.1.1.10 其他合同文件包括：_____。

1.1.2 合同当事人及其他相关方。

1.1.2.4 监理人：

名　　称：_____；

资质类别和等级：_____；

联系电话：_____；

电子信箱：_____；

通信地址：_____。

1.1.2.5 设计人：

名　　称：_____；

资质类别和等级：_____；

联系电话：_____；

电子信箱：_____；

通信地址：_____。

1.1.3 工程和设备。

1.1.3.7 作为施工现场组成部分的其他场所：_____。

1.1.3.9　永久占地：_____。

1.1.3.10　临时占地：_____。

1.3　法律

适用于合同的其他规范性文件：_____。

1.4　标准和规范

1.4.1　适用于工程的标准规范：_____。

1.4.2　发包人提供国外标准、规范的名称：_____；

发包人提供国外标准、规范的份数：_____；

发包人提供国外标准、规范的名称：_____。

1.4.3　发包人对工程的技术标准和功能的特殊要求：

_____。

1.5　合同文件的优先顺序

合同文件组成及优先顺序：_____

_____。

1.6　图纸和承包人文件

1.6.1　图纸的提供。

发包人向承包人提供图纸的期限：_____；

发包人向承包人提供图纸的数量：_____；

发包人向承包人提供图纸的内容：_____。

1.6.4　承包人文件。

需要由承包人提供的文件：_____；

承包人提供的文件的期限：_____；

承包人提供的文件的数量：_____；

承包人提供的文件的形式：_____；

发包人审批承包人文件的期限：_____。

1.6.5　现场图纸准备。

关于现场图纸准备的约定：_____。

1.7　联络

1.7.1　发包人和承包人应当在_____天内将与合同有关的通知、批准、证明、证书、指示、指令、要求、请求、同意、意见、确定和决定等书面函件送达对方当事人。

1.7.2　地点与接收人。

发包人接收文件的地点：_____；

发包人指定的接收人：_____；

承包人接收文件的地点：_____；

承包人指定的接收人：_____；

监理人接收文件的地点：_____；

监理人指定的接收人：_____。

1.10　交通运输

1.10.1　出入现场的权利。

关于出入现场的权利的约定：_____。

1.10.3 场内交通。

关于场外交通和场内交通的边界的约定：_____。

关于发包人向承包人免费提供满足工程施工需要的场内道路和交通设施的约定：_____

_____。

1.10.4 超大件和超重件的运输。

运输超大件或超重件所需的道路和桥梁临时加固改造费用和其他有关费用由_____承担。

1.11 知识产权

1.11.1 关于发包人提供给承包人的图纸、发包人为实施工程自行编制或委托编制的技术规范以及反映发包人关于合同要求或其他类似性质的文件的著作权的归属：_____。

关于发包人提供的上述文件的使用限制的要求：_____。

1.11.2 关于承包人为实施工程所编制文件的著作权的归属：_____。

关于承包人提供的上述文件的使用限制的要求：_____。

1.11.4 承包人在施工过程中所采用的专利、专有技术、技术秘密的使用费的承担方式：_____。

1.13 工程量清单错误的修正

出现工程量清单错误时，是否调整合同价格：_____。

允许调整合同价格的工程量偏差范围：_____。

2. 发包人

2.2 发包人代表

发包人代表：

姓　　名：_____；

身份证号：_____；

职　　务：_____；

联系电话：_____；

电子信箱：_____；

通信地址：_____。

发包人对发包人代表的授权范围：_____。

2.4 施工现场、施工条件和基础资料的提供

2.4.1 提供施工现场。

关于发包人移交施工现场的期限要求：_____。

2.4.2 提供施工条件。

关于发包人应负责提供施工所需要的条件：_____。

2.5 资金来源证明及支付担保

发包人提供资金来源证明的期限要求：_____。

发包人是否提供支付担保：_____。

发包人提供支付担保的形式：_____。

3. 承包人

3.1 承包人的一般义务

承包人提交的竣工资料的内容：_____。

承包人需要提交的竣工资料套数：_____。

承包人提交的竣工资料的费用承担：_____。

承包人提交的竣工资料移交时间：_____。

承包人提交的竣工资料形式要求：_____。

承包人应履行的其他义务：_____。

3.2 项目经理

3.2.1 项目经理：

姓　　名：_____；

身份证号：_____；

建造师执业资格等级：_____；

建造师注册证书号：_____；

建造师执业印章号：_____；

安全生产考核合格证书号：_____；

联系电话：_____；

电子信箱：_____；

通信地址：_____。

承包人对项目经理的授权范围：_____。

关于项目经理每月在施工现场的时间要求：_____。

承包人未提交劳动合同，以及没有为项目经理缴纳社会保险证明的违约责任：_____。

项目经理未经批准，擅自离开施工现场的违约责任：_____。

3.2.3 承包人擅自更换项目经理的违约责任：_____。

3.2.4 承包人无正当理由拒绝更换项目经理的违约责任：_____。

3.3 承包人人员

3.3.1 承包人提交项目管理机构及施工现场管理人员安排报告的期限：_____。

3.3.3 承包人无正当理由拒绝撤换主要施工管理人员的违约责任：_____。

3.3.4 承包人主要施工管理人员离开施工现场的批准要求：_____。

3.3.5 承包人擅自更换主要施工管理人员的违约责任：_____。

承包人主要施工管理人员擅自离开施工现场的违约责任：_____。

3.5 分包

3.5.1 分包的一般约定。

禁止分包的工程包括：_____。

主体结构、关键性工作的范围：_____。

3.5.2 分包的确定。

允许分包的专业工程：_____。

其他关于分包的约定：_____。

3.5.4 分包合同价款。

关于分包合同价款支付的约定：_____。

3.6 工程照管与成品、半成品保护

承包人负责照管工程及工程相关的材料、工程设备的起始时间：_____。

3.7 履约担保

承包人是否提供履约担保：_____。

承包人提供履约担保的形式、金额及期限的：_____。

4. 监理人

4.1 监理人的一般规定

关于监理人的监理内容：_____。

关于监理人的监理权限：_____。

关于监理人在施工现场的办公场所、生活场所的提供和费用承担的约定：_____
_____。

4.2 监理人员

总监理工程师：

姓　　名：_____；

职　　务：_____；

监理工程师执业资格证书号：_____；

联系电话：_____；

电子信箱：_____；

通信地址：_____；

关于监理人的其他约定：_____。

4.4 商定或确定

在发包人和承包人不能通过协商达成一致意见时，发包人授权监理人对以下事项进行确定：

(1)_____；

(2)_____；

(3)_____。

5. 工程质量

5.1 质量要求

5.1.1 特殊质量标准和要求：_____。

关于工程奖项的约定：_____。

5.3 隐蔽工程检查

5.3.2 承包人提前通知监理人隐蔽工程检查的期限的约定：_____。

监理人不能按时进行检查时，应提前_____小时提交书面延期要求。

关于延期，最长不得超过_____小时。

6. 安全文明施工与环境保护

6.1 安全文明施工

6.1.1 项目安全生产的达标目标及相应事项的约定：_____。

6.1.4 关于治安保卫的特别约定：_____。

关于编制施工场地治安管理计划的约定：_____。

6.1.5 文明施工。

合同当事人对文明施工的要求：_____。

6.1.6 关于安全文明施工费支付比例和支付期限的约定：_____。

7. 工期和进度

7.1 施工组织设计

7.1.1 合同当事人约定的施工组织设计应包括的其他内容：_____。

7.1.2 施工组织设计的提交和修改。

承包人提交详细施工组织设计的期限的约定：＿＿＿＿＿＿＿＿＿＿＿＿＿＿＿。

发包人和监理人在收到详细的施工组织设计后确认或提出修改意见的期限：＿＿＿＿＿＿＿。

7.2 施工进度计划

7.2.2 施工进度计划的修订。

发包人和监理人在收到修订的施工进度计划后确认或提出修改意见的期限：＿＿＿＿＿＿＿

＿＿＿＿＿＿＿＿＿＿＿＿＿＿＿＿＿＿＿＿＿＿＿＿＿＿＿＿＿＿＿＿＿＿＿＿＿＿＿。

7.3 开工

7.3.1 开工准备。

关于承包人提交工程开工报审表的期限：＿＿＿＿＿＿＿＿＿＿＿＿＿＿＿＿＿＿＿。

关于发包人应完成的其他开工准备工作及期限：＿＿＿＿＿＿＿＿＿＿＿＿＿＿＿。

关于承包人应完成的其他开工准备工作及期限：＿＿＿＿＿＿＿＿＿＿＿＿＿＿。

7.3.2 开工通知。

因发包人原因造成监理人未能在计划开工日期之日起＿＿＿＿＿＿天内发出开工通知的，承包人有权提出价格调整要求，或者解除合同。

7.4 测量放线

7.4.1 发包人通过监理人向承包人提供测量基准点、基准线和水准点及其书面资料的期限：＿＿＿＿＿＿＿＿＿＿＿＿＿＿＿＿＿＿＿＿＿＿＿＿＿＿＿＿＿＿＿＿＿＿＿。

7.5 工期延误

7.5.1 因发包人原因导致工期延误。

因发包人原因导致工期延误的其他情形：＿＿＿＿＿＿＿＿＿＿＿＿＿＿＿＿＿。

7.5.2 因承包人原因导致工期延误

因承包人原因造成工期延误，逾期竣工违约金的计算方法：＿＿＿＿＿＿＿＿＿＿。

因承包人原因造成工期延误，逾期竣工违约金的上限：＿＿＿＿＿＿＿＿＿＿＿。

7.6 不利物质条件

不利物质条件的其他情形和有关约定：＿＿＿＿＿＿＿＿＿＿＿＿＿＿＿＿＿＿＿。

7.7 异常恶劣的气候条件

发包人和承包人同意以下情形视为异常恶劣的气候条件：

(1)＿＿＿＿＿＿＿＿＿＿＿＿＿＿＿＿＿＿＿＿＿＿＿＿＿＿＿＿＿＿＿＿＿＿；

(2)＿＿＿＿＿＿＿＿＿＿＿＿＿＿＿＿＿＿＿＿＿＿＿＿＿＿＿＿＿＿＿＿＿＿；

(3)＿＿＿＿＿＿＿＿＿＿＿＿＿＿＿＿＿＿＿＿＿＿＿＿＿＿＿＿＿＿＿＿＿＿。

7.9 提前竣工的奖励

7.9.2 提前竣工的奖励：＿＿＿＿＿＿＿＿＿＿＿＿＿＿＿＿＿＿＿＿＿＿＿＿＿。

8. 材料与设备

8.4 材料与工程设备的保管与使用

8.4.1 发包人供应的材料设备的保管费用的承担：＿＿＿＿＿＿＿＿＿＿＿＿＿＿。

8.6 样品

8.6.1 样品的报送与封存。

需要承包人报送样品的材料或工程设备，样品的种类、名称、规格、数量要求：＿＿＿＿＿

＿＿＿＿＿＿＿＿＿＿＿＿＿＿＿＿＿＿＿＿＿＿＿＿＿＿＿＿＿＿＿＿＿＿＿＿＿＿＿。

8.8 施工设备和临时设施

8.8.1 承包人提供的施工设备和临时设施。

关于修建临时设施费用承担的约定：_____。

9. 试验与检验

9.1 试验设备与试验人员

9.1.2 试验设备。

施工现场需要配置的试验场所：_____。

施工现场需要配备的试验设备：_____。

施工现场需要具备的其他试验条件：_____。

9.4 现场工艺试验

现场工艺试验的有关约定：_____。

10. 变更

10.1 变更的范围

关于变更的范围的约定：_____。

10.4 变更估价

10.4.1 变更估价原则。

关于变更估价的约定：_____。

10.5 承包人的合理化建议

监理人审查承包人合理化建议的期限：_____。

发包人审批承包人合理化建议的期限：_____。

承包人提出的合理化建议降低了合同价格或者提高了工程经济效益的奖励的方法和金额：_____。

10.7 暂估价

暂估价材料和工程设备的明细详见"暂估价一览表"。

10.7.1 依法必须招标的暂估价项目。

对于依法必须招标的暂估价项目的确认和批准采取第_____种方式确定。

10.7.2 不属于依法必须招标的暂估价项目。

对于不属于依法必须招标的暂估价项目的确认和批准采取第_____种方式确定。

承包人直接实施的暂估价项目。

承包人直接实施的暂估价项目的约定：_____。

10.8 暂列金额

合同当事人关于暂列金额使用的约定：_____。

11. 价格调整

11.1 市场价格波动引起的调整

市场价格波动是否调整合同价格的约定：_____。

因市场价格波动调整合同价格，采用以下第_____种方式对合同价格进行调整。

第1种方式：采用价格指数进行价格调整。

关于各可调因子、定值和变值权重，以及基本价格指数及其来源的约定：_____；

第2种方式：采用造价信息进行价格调整。

关于基准价格的约定：_____。

①承包人在已标价工程量清单或预算书中载明的材料单价低于基准价格的：专用合同条款合同履行期间材料单价涨幅以基准价格为基础超过_____%时，或材料单价跌幅以已标价工程量清单或预算书中载明材料单价为基础超过_____%时，其超过部分据实调整。

②承包人在已标价工程量清单或预算书中载明的材料单价高于基准价格的：专用合同条款合同履行期间材料单价跌幅以基准价格为基础超过_____%时，材料单价涨幅以已标价工程量清单或预算书中载明材料单价为基础超过_____%时，其超过部分据实调整。

③承包人在已标价工程量清单或预算书中载明的材料单价等于基准单价的：专用合同条款合同履行期间材料单价涨跌幅以基准单价为基础超过±_____%时，其超过部分据实调整。

第 3 种方式：其他价格调整方式：_____。

12. 合同价格、计量与支付

12.1 合同价格形式

(1)单价合同。

综合单价包含的风险范围：_____。

风险费用的计算方法：_____。

风险范围以外合同价格的调整方法：_____。

(2)总价合同。

总价包含的风险范围：_____。

风险费用的计算方法：_____。

风险范围以外合同价格的调整方法：_____。

(3)其他价格方式：_____。

12.2 预付款

12.2.1 预付款的支付。

预付款支付比例或金额：_____。

预付款支付期限：_____。

预付款扣回的方式：_____。

12.2.2 预付款担保。

承包人提交预付款担保的期限：_____。

预付款担保的形式：_____。

12.3 计量

12.3.1 计量原则。

工程量计算规则：_____。

12.3.2 计量周期。

关于计量周期的约定：_____。

12.3.3 单价合同的计量。

关于单价合同计量的约定：_____。

12.3.4 总价合同的计量。

关于总价合同计量的约定：_____。

12.3.5 总价合同采用支付分解表计量支付的,是否适用第 12.3.4 项〔总价合同的计量〕约定进行计量:_____。

12.3.6 其他价格形式合同的计量。

其他价格形式的计量方式和程序:_____。

12.4 工程进度款支付

12.4.1 付款周期。

关于付款周期的约定:_____。

12.4.2 进度付款申请单的编制。

关于进度付款申请单编制的约定:_____。

12.4.3 进度付款申请单的提交。

(1)单价合同进度付款申请单提交的约定:_____。

(2)总价合同进度付款申请单提交的约定:_____。

(3)其他价格形式合同进度付款申请单提交的约定:_____。

12.4.4 进度款审核和支付。

(1)监理人审查并报送发包人的期限:_____。

发包人完成审批并签发进度款支付证书的期限:_____。

(2)发包人支付进度款的期限:_____。

发包人逾期支付进度款的违约金的计算方式:_____。

12.4.6 支付分解表的编制。

总价合同支付分解表的编制与审批:_____。

单价合同的总价项目支付分解表的编制与审批:_____。

13. 验收和工程试车

13.1 分部分项工程验收

13.1.2 监理人不能按时进行验收时,应提前_____小时提交书面延期要求。

关于延期最长不得超过_____小时。

13.2 竣工验收

13.2.2 竣工验收程序。

关于竣工验收程序的约定:_____。

发包人不按照本项约定组织竣工验收、颁发工程接收证书的违约金的计算方法:_____。

13.2.5 移交、接收全部与部分工程。

承包人向发包人移交工程的期限:_____。

发包人未按本合同约定接收全部或部分工程的,违约金的计算方法:_____。

承包人未按时移交工程的,违约金的计算方法:_____。

13.6 竣工退场

13.6.1 竣工退场。

承包人完成竣工退场的期限:_____。

14. 竣工结算

14.1 竣工结算申请

承包人提交竣工结算申请单的期限:_____。

单位(子单位)工程
质量竣工验收记录

竣工结算申请单应包括的内容：_____。

14.2 竣工结算审核

发包人审批竣工付款申请单的期限：_____。

发包人完成竣工付款的期限：_____。

关于竣工付款证书异议部分复核的方式和程序：_____。

14.4 最终结清

14.4.1 最终结清申请单。

承包人提交最终结清申请单的份数：_____。

承包人提交最终结清申请单的期限：_____。

14.4.2 最终结清证书和支付。

(1)发包人完成最终结清申请单的审批并颁发最终结清证书的期限：_____。

(2)发包人完成支付的期限：_____。

15. 缺陷责任期与保修

15.2 缺陷责任期

缺陷责任期的具体期限：_____。

甲乙方竣工
验收后的工作

15.3 质量保证金

关于是否扣留质量保证金的约定：_____。

15.3.1 承包人提供质量保证金的方式。

质量保证金采用以下第_____种方式：

(1)质量保证金保函，保证金额：_____；

(2)_____%的工程款；

(3)其他方式：_____。

15.3.2 质量保证金的扣留。

质量保证金的扣留采取以下第_____种方式：

(1)在支付工程进度款时逐次扣留，在此情形下，质量保证金的计算基数不包括预付款的支付、扣回以及价格调整的金额；

(2)工程竣工结算时一次性扣留质量保证金；

(3)其他扣留方式：_____。

关于质量保证金的补充约定：_____。

15.4 保修

15.4.1 保修责任。

工程保修期：_____。

15.4.3 修复通知。

承包人收到保修通知并到达工程现场的合理时间：_____。

16. 违约

16.1 发包人违约

16.1.1 发包人违约的情形。

发包人违约的其他情形：_____。

16.1.2 发包人违约的责任。

发包人违约责任的承担方式和计算方法：

(1)因发包人原因未能在计划开工日期前 7 天内下达开工通知的违约责任：＿＿＿＿＿＿。

(2)因发包人原因未能按合同约定支付合同价款的违约责任：＿＿＿＿＿＿＿＿＿。

(3)发包人违反第 10.1 款〔变更的范围〕第(2)项约定，自行实施被取消的工作或转由他人实施的违约责任：＿＿＿＿＿＿＿＿＿＿。

(4)发包人提供的材料、工程设备的规格、数量或质量不符合合同约定，或因发包人原因导致交货日期延误或交货地点变更等情况的违约责任：＿＿＿＿＿＿＿＿。

(5)因发包人违反合同约定造成暂停施工的违约责任：＿＿＿＿＿＿＿＿＿。

(6)发包人无正当理由没有在约定期限内发出复工指示，导致承包人无法复工的违约责任：＿＿＿＿＿＿＿＿＿＿。

(7)其他：＿＿＿＿＿＿＿＿＿＿＿＿。

16.1.3　因发包人违约解除合同。

承包人按 16.1.1 项〔发包人违约的情形〕约定暂停施工满＿＿＿＿＿天后发包人仍不纠正其违约行为并致使合同目的不能实现的，承包人有权解除合同。

16.2　承包人违约

16.2.1　承包人违约的情形。

承包人违约的其他情形：＿＿＿＿＿＿＿＿＿＿。

16.2.2　承包人违约的责任。

承包人违约责任的承担方式和计算方法：＿＿＿＿＿＿＿＿＿。

16.2.3　因承包人违约解除合同。

关于承包人违约解除合同的特别约定：＿＿＿＿＿＿＿＿＿。

发包人继续使用承包人在施工现场的材料、设备、临时工程、承包人文件和由承包人或以其名义编制的其他文件的费用承担方式：＿＿＿＿＿＿＿＿＿。

17. 不可抗力

17.1　不可抗力的确认

除通用合同条款约定的不可抗力事件之外，视为不可抗力的其他情形：＿＿＿＿＿＿。

17.4　因不可抗力解除合同。

合同解除后，发包人应在商定或确定发包人应支付款项后＿＿＿＿＿天内完成款项的支付。

18. 保险

18.1　工程保险

关于工程保险的特别约定：＿＿＿＿＿＿＿＿＿＿＿＿。

18.3　其他保险

关于其他保险的约定：＿＿＿＿＿＿＿＿＿＿＿。

承包人是否应为其施工设备等办理财产保险：＿＿＿＿＿＿＿＿。

18.7　通知义务

关于变更保险合同时的通知义务的约定：＿＿＿＿＿＿＿＿＿。

20. 争议解决

20.3　争议评审

合同当事人是否同意将工程争议提交争议评审小组决定：＿＿＿＿＿＿＿＿。

20.3.1 争议评审小组的确定。

争议评审小组成员的确定：_____。

选定争议评审员的期限：_____。

争议评审小组成员的报酬承担方式：_____。

其他事项的约定：_____。

20.3.2 争议评审小组的决定。

合同当事人关于本项的约定：_____。

20.4 仲裁或诉讼

因合同及合同有关事项发生的争议，按下列第_____种方式解决：

(1)向_____仲裁委员会申请仲裁；

(2)向_____人民法院起诉。

任务三 施工合同的谈判与签订

对于承包商来说，承揽一项工程要历经三次经营过程：第一次是合同谈判；第二次是履约管理；第三次是结算管理。在这三次经营过程中，工程合同谈判起着举足轻重的作用，工程合同谈判事项一旦确定，项目的营利模式也就确定下来，合同谈判是获得尽可能多利益的最好机会。合同谈判的效果如何，直接关系到承包商的切身利益。因此，做好合同的谈判工作十分重要。

一、施工合同的谈判

施工合同谈判是发包方与承包方就建设工程的工程质量、价格、工期、结算方式、违约责任等事项所进行的磋商、沟通，最后达成一致意见的过程。通过谈判，能够充分了解对方及项目的情况，为高层决策提供信息和依据。

(一)合同谈判的准备工作

鉴于合同谈判的重要性，发包人和承包人都要认真做好合同谈判的各项准备工作。这里仅从承包人角度简要地讲述合同谈判的准备工作。

1. 谈判人员的组成

谈判人员主要包括谈判组的成员组成和谈判组长的人选确定。谈判

小组应由熟悉建设工程合同条款，并参加了该项目投标文件编制的技术人员和商务人员组成。谈判小组的每一个人都应充分熟悉原招标文件的商务和技术条款，同时还要熟悉自己投标文件的内容。谈判小组的成员应根据个人特长和谈判的需要做好分工，使其具有专业知识组合优势。小组负责人，即首席谈判代表是决定合同谈判成功与否的关键人物，应认真选定。该负责人应具有较强的业务能力和应变能力，具有较宽的知识面和丰富的工程经验与谈判经验，决策果断、思维敏捷、体力充沛、口才良好、了解业务、熟悉合同文本。

另外，聘请熟悉工程合同的律师参加谈判小组是有利的，因为在谈判合同商务条款和

确定合同文字时，往往对方出面谈判的也会有律师，谈判组成员以 3～5 人为宜，可根据谈判不同阶段的要求，进行阶段性的人员更换，以确保谈判小组的知识结构与能力素质的针对性，取得最佳的效果。

2. 合同谈判的准备

(1)谈判资料准备。在谈判的准备工作中，收集整理项目的各种基础资料和背景材料是必不可少的。这些资料中既包括对方的资信状况、履约能力、发展阶段、已有成绩，也包括工程项目的由来、土地获得情况、项目进展情况、资金来源情况等。这些资料的体现形式，可以是施工企业调查获得的信息，也可以是前期接触过程中已经形成的意向书、会议纪要、备忘录、合同等。资料准备可以起到双重作用，在双方就某一具体问题争执不休时，提供证据资料、背景资料，可起到事半功倍的作用；也可以防止谈判小组成员在谈判中出现口径不一的情况，以免造成被动状态。

(2)进行分析。

1)自我分析。在获得发包方发出招标公告或通知的消息后，不应一味盲目投标，应首先做调查研究工作，如项目规模、发包方的资金实力、项目是否适合自身的资质条件等，这些问题可以通过审查发包方的法人营业执照、项目可行性研究报告、立项批复、建设用地规划许可证等相关文件和证件加以解决。在调查研究的基础上，对自己是否有能力承接、承接后经济效益情况做进一步的分析与权衡，为企业决策层的正确决策提供依据和参考意见。

2)对对方基本情况的分析。首先，要了解对方组成人员的身份、地位、权限、性格、喜好等，掌握与对方建立良好关系的办法与途径，进而发展谈判双方的友谊，争取在到达谈判桌以前就有了一定的亲切感和信任感，为谈判创造良好的气氛；其次，要对对方的资信、技术、物力、财力等情况加以分析。在实践中，无论发包方还是承包方都要对对方的实力进行考察，否则就很难保证项目的正常进行。作为承包方，更应该对对方的资金和信誉状况进行调查研究和分析，否则很容易发生付款不及时、拖欠工程款等情况。

3)对谈判目标进行可行性分析。作为承包方，要分析自身设置的谈判目标是否正确合理、是否切合实际、是否能为对方接受以及接受的程度；同时，要注意对方设置的谈判目标是否合理、与自己所设立的谈判目标差距以及自己的接受程度等。在实际谈判中，要注意目前建筑市场的实际情况：发包方占有一定优势的，承包方往往接受发包方一些极不合理的要求，如带资垫资、工期短等，这样很容易导致工程款纠纷和工期反索赔等问题的发生，这些应引起施工单位足够的重视。

(3)拟订谈判方案。在对上述情况进行综合分析的基础上，对谈判项目可能面临的风险、双方的共同利益、双方的利益冲突做进一步的分析比较，拟订谈判方案。在拟定谈判方案时，要将双方可能取得一致意见的内容列出，更要将双方可能存在的分歧及初步处理意见列出，明确谈判的重点和难点，从而有针对性地运用谈判策略和技巧，提高谈判的成功率。

(4)进一步拟订谈判方案。在对上述情况进行综合分析的基础上，对谈判项目可能面临的风险、双方的共同利益、双方的利益冲突做进一步的分析比较，拟订谈判方案。在拟订谈判方案时，要将双方可能取得一致意见的内容列出，更要将双方可能存在的分歧及初步处理意见列出，明确谈判的重点和难点，从而有针对性地运用谈判策略和技巧，获得谈判的成功。

（二）合同谈判的主要内容

1. 工程内容和范围的确认

工程范围指的就是承包商需要完成的工作。对此，承包商必须予以确认。这个确认后的内容和范围不仅包括招标文件中谈到的范围，还应包括将来的合同变更所涉及的范围。谈判中应使施工、设备采购、安装与调试、材料采购、运输与储存等工作的范围具体明确、责任分明，以防报价漏项及引发施工过程中的矛盾。如有的合同条件规定："除另有规定外的一切工程。"承包商可以合理推知需要提供的为本工程服务所需的一切辅助工程等，其中不确定的内容，可作无限制解释的，应该在合同中加以明确，或应写明"未列入本合同中的工程量表和价格清单的工程内容，不包括在合同总价内"。再如，在某些材料供应合同中，常规是写："……材料运到现场。"但是有些工地现场范围极大，对方只要送进工地围墙以内，就理解为"送到现场"，这对施工单位很不利，要增加二次搬运费。严密的写法，应写成："……材料送到操作现场。"

2. 合同文件

对当事人来说，合同文件就是法律文书，应该严谨使用周密的法律语言。不能使用日常通俗语言或"工程语言"，以防发生争端时，合同中无准确依据，影响合同的履行。对拟定的合同文件中的缺欠，经双方一致同意后，可进行修改和补充，并应整理为正式的"补遗"或"附录"，由双方签字作为合同的组成部分，注明哪些条件由"补遗"或"附录"中的相应条款替代，以免发生矛盾与误解，在实施工程中发生争端。合同文件尽管采用的是标准合同文本，但在签字前还应全面检查，对于关键词语和数字更应反复核对，不得有任何差错。

3. 工程的开工和工期

工期与工程内容、工程质量及价格一样，是承包工程成交的重要因素之一，在合同谈判中双方一定要在原投标报价条件的基础上重新核实和确认，并在合同文件中明确。对于可以允许延长工期的条件，也应该确认并落实到合同之中。工期确定是否合理，直接影响着承包商的经济效益与业主所投资的工程项目能否早日投入使用，因此，工期确定一定要讲究科学性、可操作性，同时要注意以下几个问题：

（1）不能把工期混同于合同期。合同期是表明一个合同的有效期间，以合同生效之日到合同终止。而工期是对承包商完成其工作所规定的时间。在工程承包合同中，通常施工期虽已结束，但合同期并未终止。

（2）应明确规定保证开工的措施。要保证工程按期竣工，首先要保证其按时开工。将发包方影响开工的因素列入合同条件之中。如果由于发包方的原因导致承包方不能如期开工，则工期应顺延。

（3）由于发包人及其他非承包商原因造成工期延长，承包商有权提出延长工期要求，在施工过程中，如发包人未按时交付合格的现场、图纸及批准承包商的施工方案，增加工程量或修改设计内容，或发包人不能按时验收已完工程而迫使承包商中断施工等，承包商有权要求延长工期，要在合同中明确规定。

4. 关于工程的变更和增减

主要涉及工程变更与增减的基本要求、由于工程变更导致的经济支出、承包商核实的确定方法、发包人应承担的责任、延误的工期处理等内容。

5. 维修期(缺陷责任期)

合同文本中应当对维修工程的范围、维修责任及维修期的开始和结束时间有明确的说明，承包人应力争以维修保函来代替发包人扣留的保证金，维修保函对承包人有利，主要是因为可提前取回被扣留的现金，而且保函是有时效的，期满将自动作废。同时，它对发包人并无风险，真正发生维修费用，发包人可凭保函向银行索回款项。因此，这一做法是比较公平的。维修期满后应及时从发包人处撤回保函。

应当明确维修工程的范围和维修责任。承包商只承担由于材料、工艺不符合合同要求而产生缺陷，没有看管好工程而遭损坏时的责任。一些重要、复杂的工程，若要求承包商对其施工的工程主体结构进行寿命担保，则应规定合理的年限值、担保的内容和方式。承包商可争取用保函担保，或者在工程保险时一并由保险公司保险。

6. 合同款支付方式的条款

工程合同的付款分预付款、工程进度款、最终付款和退还保留金四个阶段进行。

(1)预付款是在承包合同签字后，在预付款保函的抵押下由发包人无息地向承包人预先支付的项目初期准备费。当没有预付款支付条件时，承包人在合同谈判时有理由要求按动员费的形式支付。预付款的偿还因发包人要求和合同规定而异，一般是随工程进度付款而分期分批由发包人扣还，或是工程进度应付款达到合同总金额的一定比例后开始偿还，或是到一定期限后开始偿还。如何偿还需要协商并确定下来，写入合同。

(2)工程进度款是随着工程的实施在一定时间内(通常以月计)完成的工程量支付的款项。应该明确付款的方式、时间等相关内容，同时约定违约条款。

(3)最终付款是最后结算性的付款，它是在工程完工并且在维修期期满后经发包人代表验收并签发最终竣工证书后进行。

(4)关于最终付款的相关内容也应在合同中明确。关于退还保留金问题，承包商争取降低扣留保留金额的数额，使其不超过合同总价的 5%，并争取工程竣工验收合格后全部退回，或者用维修保函代替扣留的应付工程款。

7. 关于工程验收

验收主要包括中间验收、隐蔽工程验收、竣工验收和对材料设备的验收。在审查验收条款时，应注意的问题是验收范围、验收时间和验收质量标准等是否已在合同中明确表明。验收是承包工程实施过程中的一项重要工作，它直接影响工程的工期和质量，需要认真对待。

8. 关于违约责任

为了确认违约责任、处罚得当，在审查违约责任条款时，应注意以下两点：

(1)要明确不履行合同的行为，如合同到期后未能完工，或施工过程中施工质量不符合要求，或劳务合同中的人员素质不符合要求，或发包人不能按期付款等。在对自己一方确定违约责任时，一定要同时规定对方的某些行为是自己一方履约的先决条件，否则不应构成违约责任。

(2)针对己方关键性的权利，即对方的主要义务，应向对方规定违约责任。如承包商必须按期、按质完工；发包人必须按规定付款等，都要详细规定各自的履约义务和违约责任，规定对方的违约责任就是保证自己享有的权利。

由于需要谈判的内容非常多，而且双方均以维护自身利益为核心进行谈判，更增加了谈判的难度和复杂性。就某一具体谈判而言，由于受项目的特点、谈判的客观条件等因素影响，在谈判内容上通常有所侧重，需谈判小组认真、仔细研究并具体谋划。

(三)合同谈判的策略与技巧

1. 注意营造良好的谈判氛围

谈判若涉及各自的利益问题，谈判过程中难免出现各种不同程度的争执，使谈判气氛处于紧张状态。在这种情况下，有经验的谈判者会在各方分歧严重、谈判气氛紧张的时候采取润滑措施舒缓压力，例如，通过私下约谈沟通、共同进餐、组织宴会等形式，联络谈判各方的感情，进而在和谐的氛围中重新回到议题，使谈判得以继续进行，最后促成谈判。

2. 掌握谈判议程，控制谈判进度

建设工程合同一般属于大型合同，合同谈判会涉及诸多需要讨论的事项，而各谈判事项的重要性并不相同，谈判各方对同一事项的关注程度也不相同。因此，一个成功的谈判者，首先要懂得合理地分配谈判时间，对于各议题的商讨时间应得当，不要过多地拘泥于细节性问题，这样可以缩短谈判时间，降低交易成本；其次要关注谈判各方的利益重合度，在保护好自己利益的前提下，尽量抓大放小、求同存异，使谈判结果最终达到一种双赢、多赢或共赢的境界，这样更利于谈判各方的进一步合作。

3. 分配谈判角色

在施工合同谈判中，谈判各方由3~5名人员组成，而在这些组成人员中，每个人所扮演的角色又是不同的，谈判时应充分利用每个人的不同性格特征，有针对性地发表谈判意见：有软有硬，软硬兼施；有攻有守，进退自如，这样才能达到事半功倍的效果。同时，要注意在明确谈判目标和谈判目的的情况下，围绕首席谈判官的思路，充分发挥法律及工程造价等专业人士的作用，利用专家的权威性给对方施加心理压力，以取得良好的谈判效果。

4. 扬长避短，虚实结合

谈判各方都有自己的优势和劣势，谈判者应在充分分析形势的基础上，做出正确的判断，制定相应的对策。对于对方的弱点要善于把握和利用，利用其弱点，迫使其妥协；对于自己的弱点，则要尽量注意回避，在对方发现或者利用自己的弱势进行攻击时，要考虑是否让步、让步的程度以及让步会给自己带来多大的利益和损失。谈判人员要学会和掌握发包方不同阶段的心理状态。招投标及合同谈判之初，因建筑市场为买方市场，故建设单位占一定的心理优势；合同签订后，因发包方害怕工期延误等，故心理状态占劣势地位；工程竣工验收合格后，在工程款结算阶段，建设方又恢复了心理优势。作为施工方的谈判人员，要掌握对方的心理状态，抓住和利用心理优势促成谈判。

5. 适当拖延与休会

当谈判遇到障碍、陷入僵局时，拖延与休会可以使明智的谈判方有时间冷静思考，在客观分析形势后，提出替代性方案。在一段时间的冷处理后，各方都可以进一步考虑整个项目的意义，进而弥合分歧，将谈判从低谷引向高潮。

6. 对等让步策略

主动在某问题上让步，同时对对方提出相应的让步条件，一方面可争得谈判的主动权；另一方面又可促使对方让步条件的达成。

二、施工合同的签订

双方合同谈判结束时就整个合同达成了基本一致的结论，双方共同确定最终合同文本和签署合同。双方签署的合同应是在原投标文件的基础上，补充、澄清及合同谈判时双方达成一致的内容，最后形成一个正式文本。

1. 合同文件内容

(1)合同协议书。

(2)中标通知书。

(3)投标书及其附件。

(4)合同专用条款。

(5)合同通用条款。

(6)标准、规范及有关技术文件。

(7)图纸。

(8)工程量清单。

(9)工程报价单或预算书。

微课：施工合同
谈判和签订

双方有关工程的洽商、变更等书面协议或文件视为合同的组成部分。

2. 签订合同

发包人在合同谈判结束后，应按上述内容和形式完成一个完整的合同文本草案，并经承包人授权代表认可后正式形成文件，承包人代表应认真审核合同草案的全部内容，尤其是对修改后的新工程量和价格表以及合同补遗，要反复核实其是否正确，是否符合双方谈判时达成的一致意见及对谈判中修改或对原合同修正的部分是否已经明确地表示清楚，尤其对数字要核对无误。当双方认为满意并核对无误后，由双方代表草签。至此合同谈判阶段即告结束。此时，承包人应及时准备和递交履约保函，准备正式签署承包合同。

当具备合同正式签字条件时，签字前承包人代表要对准备签字的正式文本与草签的文本再重新复核。对建设工程承包合同事前采取"慎之又慎"的态度是必要的。合同正式签字之前请自己的合同律师全面地复审合同是有益的。

任务四 施工合同的变更管理

一、工程变更的起因和原则

合同变更是指合同成立以后和履行完毕以前由双方当事人依法对合同的内容所进行的修改。合同变更不能在合同履行后进行，只能在完全履行合同之前。当事人凡以书面形式订立的合同，变更协议也应采用书面形式。

施工合同变更是指依法对原来施工合同进行的修改和补充，即在履行施工合同项目的过程中，由于实施条件或相关因素的变化，不得不对原合同的某些条款做出修改、订正、删除或补充。施工合同变更一经成立，原合同中的相应条款就应解除。

1. 施工合同变更的起因

工程变更的原因有发包方、承包方、监理方、设计方、政府部门等有关主体的原因，以及工程环境、合同实施过程中出现新的情况、产生了新技术或新知识而需要变更等。

(1)业主新的变更指令、对建筑的新要求。如业主有新的意图，业主修改项目计划、削减项目预算等。

(2)由于设计人员、监理方人员、承包商事先没有很好地理解业主的意图，或设计的错误，导致图纸修改。

(3)工程环境的变化，预定的工程条件不能满足，要求实施方案或实施计划变更。

(4)由于产生新技术和知识，有必要改变原设计、原实施方案或实施计划，或由于业主指令及业主责任的原因造成承包商施工方案的改变。

(5)政府部门对工程新的要求，如国家计划变化、环境保护要求、城市规划变动等。

(6)由于合同实施出现问题，必须调整合同目标或修改合同条款。

2. 施工合同变更的原则

(1)合同双方都必须遵守合同变更程序，依法进行，任何一方都不得单方面擅自更改合同条款。

(2)合同变更要经过监理工程师、设计工程师、现场工程师等的科学论证和合同双方的协商。使合同变更具有合理性、可行性，而且由此而引起的进度和费用变化得到确认和落实的情况下方可实行。

(3)合同变更的次数应尽量减少、变更的时间也应尽量提前，并在事件发生后的一定时限内提出，以避免或减少工程项目建设带来的影响和损失。

(4)合同变更应以监理工程师、发包人和承包商共同签署的合同变更书面指令为准，并以此作为结算工程价款的凭据。

(5)合同变更所造成的损失，除依法可以免除的责任外，应由责任方负责赔偿。

二、工程变更的内容

根据国家发展和改革委员会等九部委联合编制的《标准施工招标文件》中的通用合同条款的规定，除专用合同条款另有约定外，在履行合同中发生以下情形之一，应按照本条规定进行变更：

(1)取消合同中任何一项工作，但被取消的工作不能转由发包人或其他人实施。

(2)改变合同中任何一项工作的质量或其他特性。

(3)改变合同工程的基线、标高、位置或尺寸。

(4)改变合同中任何一项工作的施工时间或改变已批准的施工工艺或顺序。

(5)为完成工程需要追加的额外工作。

三、变更权

根据九部委联合编制的《标准施工招标文件》中通用合同条款的规定，在履行合同过程中，经发包人同意，监理人可按合同约定的变更程序向承包人做出变更指示，承包人应遵照执行。没有监理人的变更指示，承包人不得擅自变更。

四、工程变更的程序

根据九部委联合编制的《标准施工招标文件》中通用合同条款的规定，变更的程序如下。

1. 变更的提出

发包人提出变更的，应通过监理人向承包人发出变更指示，变更指示应说明计划变更的工程范围和变更的内容。

2. 变更指示

发包人同意变更的，由监理人向承包人发出变更指示。发包人不同意变更的，监理人无权擅自发出变更指示。

3. 变更执行

承包人收到监理人下达的变更指示后，认为不能执行，应立即提出不能执行该变更指示的理由。承包人认为可以执行变更的，应当书面说明实施该变更指示对合同价格和工期的影响。

五、承包人建议

根据《标准施工招标文件》中通用合同条款的规定，在履行合同过程中，承包人对发包人提供的图纸、技术要求及其他方面提出的合理化建议，均应以书面形式提交监理人。监理人应与发包人协商是否采纳建议。建议被采纳并构成变更的，应按合同约定的程序向承包人发出变更指示。

六、变更估价

变更估价包括变更估价程序和变更估价原则。

1. 变更估价程序

承包人应在收到变更指示后14天内，向监理人提交变更估价申请。监理人应在收到承包人提交的变更估价申请后7天内审查完毕并报送发包人，监理人对变更估价申请有异议的，通知承包人修改后重新提交。发包人应在承包人提交变更估价申请后14天内审批完毕。发包人逾期未完成审批或未提出异议的，视为认可承包人提交的变更估价申请。因变更引起的价格调整应计入最近一期的进度款中支付。

2. 变更估价原则

除专用合同条款另有约定外，因变更引起的价格调整按照本款约定处理。

（1）已标价工程量清单中有适用于变更工作的子目的，采用该子目的单价。

（2）已标价工程量清单中无适用于变更工作的子目，但有类似子目的，可在合理范围内参照类似子目的单价。

（3）已标价工程量清单中无适用或类似子目的单价，可按照成本加利润的原则，由监理人按合同约定确定变更工作的单价。

案例分析

[案例一]

背景材料： 某建设单位投资兴建科研楼工程，为了加快工程进度，分别与三家施工单位签订了土建施工合同、电梯安装施工合同、装饰装修施工合同。三个合同都提出了一项相同的条款：建设单位应协调现场的施工单位，为施工单位创造可利用条件，如垂直运输等。土建施工单位开槽后发现一输气管道影响施工。建设单位代表察看现场后，认为施工单位放线有误，提出重新复查定位线。施工单位配合复查，没有查出问题。一天后，建设单位代表认为前一天复查时仪器有问题，要求更换测量仪器再次复测。施工单位只好停工配合复测，最后证明测量无错误。

问题：

(1)建设单位代表在任何情况下要求重新检验，施工单位是否必须执行？其主要依据是什么？

(2)若再次检验合格，检验费用由谁负责？

(3)若再次检验不合格，施工单位应承担什么责任？

[参考答案]

(1)建设单位代表在任何情况下要求施工单位重新检验，施工单位必须执行，这是施工单位的义务。其主要依据是《示范文本》5.3.3重新检查或《建筑工程质量管理条例》第二十六条：施工单位对建设工程的施工质量负责。

(2)复验结果若合格，建设单位应承担由此发生的一切费用。

(3)若再次检验不合格，施工单位应承担由此发生的一切费用。

[案例二]

背景材料： 某房地产开发公司与施工单位签订了一份价款为1 000万元的建筑工程施工合同，合同工期为7个月。工程价款约定如下：

(1)工程预付款为合同的10%。

(2)工程预付款扣回的时间及比例：自工程款(含工程预付款)支付至合同价款的60%后，开始从次月的工程款中扣回工程预付款，分两次扣回。

(3)工程质量保修金为工程结算总价的5%，竣工结算是一次扣留。

(4)工程款按月支付，工程款达到合同总造价的90%停止支付，余款待工程结算完成并扣除保修金后一次性支付。

每月完成工作量表

月份	3	4	5	6	7	8	9
完成工作量/万元	80	160	170	90	250	130	120

工程在施工过程中，双方签字认可因钢材涨价增补价差5万元，因施工单位保管不力罚款1万元，此项变更价款，待工程结算时计入。

问题：

(1)列式计算本工程预付款及其起扣点分别是多少？工程预付款从几月份开始起扣？

(2)7、8月份开发公司应支付工程款多少？截至8月末累计支付工程款多少？

(3)工程竣工验收合格后双方办理了工程结算，不含钢材变更结算价为1 016万元，实际竣工结算金额为多少？工程竣工结算之前累积支付工程款是多少？本工程保修金是多少？工程竣工结算后还需要支付给施工单位的余款是多少？（保留到整数）

[参考答案]

(1)预付款：1 000×10％＝100(万元)。

预付款起扣点：1 000×60％＝600(万元)。

到6月末累计支付100＋80＋160＋170＋90＝600(万元)，故从7月份开始扣回预付款。

(2)7月份工程款＝250－50＝200(万元)。

8月份工程款＝130－50＝80(万元)。

截至8月末支付工程款＝100＋80＋160＋170＋90＋200＋80＝880(万元)。

(3)实际竣工结算金额：1 016＋5－1＝1 020(万元)。

结算之前累计支付工程款：1 000×90％＝900(万元)。

保修金：1 020×5％＝51(万元)。

工程结算后应该支付施工单位1 020－51＝969(万元)。

余款：969－900＝69(万元)。

项目小结

建设工程施工合同是指发包人与承包人为完成商定的建筑安装工程施工任务，为明确双方的权利、义务而订立的协议。建设工程施工合同明确了在施工阶段承包人和发包人的权利和义务，是施工阶段实行监理的依据，也是保护建设工程施工过程中发包人和承包人权益的依据。

按照承包工程计价方式将建设工程施工合同分为总价合同、单价合同和成本加酬金合同。

总价合同又分为固定总价合同和可调总价合同。固定总价合同适用于施工期限一年以内、施工过程中环境因素变化小、工程任务和范围明确的工程项目；可调总价合同适用于建设周期一年以上的工程项目。单价合同又分为固定单价合同和可调单价合同。固定单价合同是无论发生哪些因素都不对单价进行调整，承包商承担较大的风险。可调单价合同是合同双方约定一个工程量，当实际工程量发生较大变化时可以对单价进行调整，通货膨胀达到一定程度或者国家政策发生变化时，也可以对某些工程内容的单价进行调整等。承包商的风险相对较小。固定单价合同适用于工期较短、工程量变化幅度不会太大的项目。成本加酬金合同是指最终合同价格将按照工程的实际成本再加上一定的酬金进行计算，主要有成本加固定费用合同、成本加固定比例费用合同、成本加奖金合同。

《示范文本》由合同协议书、通用合同条款和专用合同条款三部分组成。

本项目的学习重点是施工合同示范文本的内容。

▷ 思考与练习

一、单项选择题

1. 《示范文本》中施工图纸应由（   ）提供。
   A. 建设单位 B. 设计单位   C. 施工单位   D. 监理单位

2. 《示范文本》中施工图纸出现错误应由（   ）负责。
   A. 建设单位 B. 设计单位   C. 施工单位   D. 监理单位

3. （   ）办理工程许可、批准。
   A. 建设单位 B. 设计单位   C. 施工单位   D. 监理单位

4. 监理人在施工现场的办公和生活场所由（   ）提供，所发生的费用由发包人承担。
   A. 建设单位 B. 设计单位   C. 分包单位   D. 施工单位
   E. 监理单位

5. 发包人应在开工后（   ）天内预付安全文明施工费总额的（   ）%。
   A. 28、30   B. 14、30
   C. 7、30   D. 28、50

6. 《示范文本》规定，承包人有权（   ）。
   A. 自主决定分包所承包的部分工程 B. 自主决定分包和转让所承担的工程
   C. 经发包人同意转包所承担的工程 D. 经发包人同意分包所承担的部分工程

7. 施工缺陷责任期最长不超过（   ）个月。
   A. 6   B. 12   C. 18   D. 24

8. 质量保证金最多不超过（   ）的 5%。
   A. 签约合同价 B. 计划合同价 C. 结算合同价 D. 最终结清价

9. 分包的合同价款由（   ）与分包人结算。
   A. 发包人   B. 承包人   C. 项目管理机构 D. 造价咨询

10. 基准日期指招标的工程以（   ）前 28 天的日期。
    A. 签订合同日   B. 发招标文件日
    C. 发出中标通知书日   D. 投标截止日

11. 施工合同文本规定，建设工程的保修期从（   ）之日起计算。
    A. 实际竣工   B. 提交申请报告
    C. 竣工验收合格   D. 竣工验收

12. 施工合同文本规定，工程师确认了承包人的施工进度计划后，应当由（   ）对该进度计划的缺陷承担责任。
    A. 发包人   B. 承包人   C. 工程师   D. 监理单位

13. 施工合同文本规定，发包人供应的材料设备在使用前检验或试验的，（   ）。
    A. 由承包人负责，费用由承包人承担 B. 由发包人负责，费用由发包人承担
    C. 由承包人负责，费用由发包人承担 D. 由发包人负责，费用由承包人承担

14. 《示范文本》规定，施工中遇到有价值的地下文物后，承包商应立即停止施工并采取有效保护措施，对打乱施工计划的后果是（   ）。

A. 承包承担保护措施费用，工期不予顺延

B. 承包承担保护措施费用，工期予以顺延

C. 发包人承担保护措施费用，工期不予顺延

D. 发包人承担保护措施费用，工期予以顺延

15. 下列说法错误的是（　　）。

    A. 施工中发包人如果需要对原工程进行设计变更，应不迟于变更前14天以书面形式通知承包人

    B. 承包人对于发包人的变更要求有拒绝执行的权利

    C. 增减合同中约定的工程量不属于工程变更

    D. 更改有关部分的基线、标高、位置或尺寸属于工程变更

二、多项选择题

1. 《示范文本》由（　　）组成。

    A. 合同协议书　　　B. 通用合同条款　　　C. 专用合同条款　　　D. 工程量清单

2. 合同价格形式可分为（　　）。

    A. 总价合同　　　　　　　　　　　B. 单价合同

    C. 固定总价合同　　　　　　　　　D. 成本加酬金合同

3. 发包人的义务包括（　　）。

    A. 提供施工现场　　　　　　　　　B. 提供施工条件

    C. 提供基础资料　　　　　　　　　D. 提供办公用房

4. 不可以分包的工程部位有（　　）。

    A. 工程主体　　　B. 关键工作　　　C. 基础部分　　　D. 防水部分

5. 因发包人原因造成监理人未能在计划开工日期之日起90天内发出开工通知的，承包人有权提出（　　）。

    A. 顺延工期　　　B. 价格调整　　　C. 解除合同　　　D. 删减部分工作

6. 变更的范围包括（　　）。

    A. 增加或减少合同中的任何工作　　B. 改变施工合同中的施工顺序

    C. 改变合同中的工作质量　　　　　D. 改变工程的尺寸

7. 价格调整的方式有（　　）。

    A. 价格指数调整　　B. 根据造价信息调整　　C. 根据市场价格调整　　D. 双方商定

8. 关于不可抗力后果的承担，下列说法正确的有（　　）。

    A. 承包人施工设备的损坏由承包人承担

    B. 已运至施工现场的材料由承包人承担

    C. 引起的工期延误由发包人承担

    D. 停工期间照管、清理费用由承包人承担

9. 按照《示范文本》规定，在施工中由于（　　）造成工期延误，经工程师确认、发包人认可，竣工日期可以顺延。

    A. 承包人的施工机械出现故障

    B. 发生不可抗力

    C. 工程量变化和设计变更

    D. 一周内非乙方原因停电、停水、停气等造成停工累计超过8小时

10. 争议解决的方法有(　　　)。

　　A. 和解　　　　　　B. 调解　　　　　　C. 争议评审　　　　　D. 仲裁或诉讼

三、简答题

1. 合同文件的组成包括什么？

2. 简述合同文件的优先解释顺序。

3. 什么是已标价工程量清单？

4. 什么是缺陷责任期？

5. 什么是暂列金额？

6. 建设单位提供的基础资料包括哪些？

7. 建设单位提供的施工条件包括哪些？

8. 简述隐蔽工程检查程序。

9. 不合格工程应如何处理？

10. 发包人和承包人就工程质量有争议时应如何解决？

11. 施工合同中承包人应履行的一般义务有哪些？

12. 发包人原因导致的工期延误的情形有哪些？

13. 变更估价的原则是什么？

14. 简述竣工日期的确定方法。

四、项目实训

实训目的：模拟签订建设工程施工合同。

资料准备：(1)建设工程施工合同示范文本。

　　　　　(2)项目施工图纸。

　　　　　(3)模拟项目现场。

　　　　　(4)项目招标文件。

　　　　　(5)项目投标文件。

实训分组：按项目二(工程招标)和项目三(工程投标)项目实训中的分组，由建设单位(招标人)与施工单位(中标人)签订施工合同。

实训要求：(1)采用《示范文本》。

　　　　　(2)根据项目情况填写协议书。

　　　　　(3)专用条款可采用对应的通用条款，也可自行约定其内容。如采用通用条款只需在横线上填写通用条款序号。如双方有其他约定，约定内容填写在相应的横线上。

➤ 案例分析

案例集锦

参考答案

项目六　建设工程施工索赔

自强不息

任务一　索赔概述

一、索赔的概念

建设工程索赔通常是指在工程合同履行的过程中，合同当事人一方因非自身因素或对方不履行或未能正确履行合同而受到经济损失或权利损害时，通过一定的合法程序向对方提出经济或时间补偿的要求。

索赔是一种合法、正当的权利要求，是权利人依据合同和法律的规定，向责任人追回不应该由自己承担损失的合法行为。在合同履行的过程中，合同当事人往往由于非自己的原因而发生额外的支出或承担额外的工作，因此，索赔是合同管理的重要内容。随着建设工程市场的建立和发展，索赔必将成为工程项目管理中越来越重要的内容。处理索赔问题的水平，直接反映了承包商、业主和监理工程师的工程项目管理的水平。

理论上讲，索赔是双向的。承包人可以向发包人索赔，发包人也可以向承包人提出索赔。但在工程实践中，发包人向承包人索赔的频率相对较低，而且在索赔处理中，发包人始终处于主动和有利地位，对承包人的违约行为可以直接从应付工程款中扣抵、扣留保留金或通过履约保函向银行索赔来实现自己的索赔要求。因此，在施工合同履行过程中，发包人主动提出索赔较少，而承包人的索赔则贯穿于施工合同履行的全过程。习惯上，把承包人向发包人提出的索赔称为施工索赔；发包人向承包人提出的索赔称为反索赔。

二、索赔的原因

引起工程索赔的原因很多且复杂，主要有以下几个方面。

1. 当事人违约

当事人违约常常表现为没有按照合同约定履行自己的义务。发包人违约常常表现为没有为承包人提供合同约定的施工条件，未按照合同约定的期限和数额付款等。监理人未能按照合同约定完成工作，如未能及时发出图纸、指令等视为发包人违约。承包人违约的情况则主要是没有按照合同约定的质量、期限完成施工，或者由于不当行为给发包人造成其他损害。

2. 合同变更

合同变更表现为设计变更、施工方法变更、追加或者取消某些工作，合同规定的其他变更等。

3. 不可抗力或不利的物质条件

不可抗力又可以分为自然事件和社会事件。自然事件主要是工程施工过程中不可避免其发生且不能克服的自然灾害，包括地震、海啸、瘟疫、水灾等；社会事件则包括国家政策、法律、法令的变更，战争、罢工等。不利的物质条件通常是在施工过程中，承包人遇到了一个有经验的承包人不可能预见的不利的自然条件或人为障碍。

4. 合同缺陷

合同缺陷通常表现为合同文件的规定不严谨甚至矛盾，合同中有遗漏或错误。在这种情况下，工程师应当给予解释，如果这种解释导致成本增加或工期延长，发包人应当给予补偿。

5. 监理人指令

监理人指令有时也会产生索赔，如监理人指令承包人加速施工、进行某项工作、更换某些材料、采取某些措施等，并且这些指令不是由于承包人原因造成的。

三、索赔的作用

(1)保障施工合同的正确实施。签订施工合同起，合同双方即产生权利和义务关系。这种权利受法律保护，这种义务受法律制约。索赔是合同法律效力的具体体现，并且由合同的性质决定。如果没有索赔和关于索赔的法律规定，则合同形同虚设，对双方都难以形成约束，这样合同的实施得不到保证。索赔能对违约者起警诫作用，使他考虑到违约的后果，以尽量避免违约事件发生。索赔有利于促进合同双方加强内部管理，有助于双方提高管理素质。

(2)索赔是落实和调整合同双方经济责权利关系的有效手段。有权利、有利益的同时就应承担相应的经济责任。若未履行责任，构成违约行为，造成对方损失，侵害对方权利，则应接受相应的合同处罚，予以赔偿。离开索赔，合同责任就不能体现，合同双方的责权利关系就不平衡。

(3)索赔是合同和法律赋予施工合同当事人的权利。对承包商来说，索赔是一种保护自己、维护自己正当权益、避免损失、增加利润的手段。如果承包商不能进行有效的索赔，不精通索赔业务，往往会使损失得不到合理、及时的补偿，从而不能进行正常的生产经营，甚至会破产。

四、索赔的分类

(一)按索赔的要求分类

1. 工期索赔

由于非承包人责任导致施工进度延误，要求批准顺延合同工期的索赔，称为工期索赔。工期索赔形式上是对权利的要求，以避免在原定合同竣工日不能完工时，被发包人追究拖期违约责任。一旦获得批准合同工期顺延后，承包人不仅免除了承担拖延工期违约赔偿的严重风险，而且可能因提前工期得到奖励，最终仍反映在经济收益上。

2. 费用索赔

费用索赔的目的是要求经济补偿。其是当承包人在由于外界干扰的影响使自身工程成本增加而蒙受经济损失的情况下，按照合同规定提出的补偿损失的要求。费用索赔是整个工程合同的索赔重点和最终目标，工期索赔在很大程度上也是为了费用索赔。

(二)按索赔的处理方式分类

1. 单项索赔

单项索赔是针对某一干扰事件提出的。索赔的处理是在合同实施过程中，干扰事件发生时或发生后立即进行，在合同规定的索赔有效期内向监理工程师提交索赔意向书和索赔报告，由工程师审核后交业主，再由业主作答复。

2. 总索赔

一般在工程竣工前，承包商将工程过程中未解决的单项索赔集中起来，提出一份总索赔报告。合同双方在工程交付前或交付后进行最终谈判，以一揽子方案解决索赔问题。

五、索赔的证据

1. 索赔证据的概念

索赔证据是在合同签订和合同实施过程中产生的，其用来支持其索赔成立或和索赔有关的证明文件和资料。索赔证据作为索赔文件的一部分，关系到索赔的成败。证据不足或没有证据，索赔不能成立。

2. 索赔证据的分类

(1)证明干扰事件存在和事件经过时的证据，主要有来往信件、会议纪要、发包人指令等。

(2)证明干扰事件责任和影响的证据。

(3)证明索赔理由的证据，如合同文件、备忘录。

(4)证明索赔值的计算基础和计算过程的证据，如各种账单、记工单、工程成本报表等。

3. 常见的索赔证据

在项目的实施过程中，会产生大量的工程信息和资料，这些信息和资料是开展索赔的重要依据。如果项目资料不完整，索赔就难以顺利进行。因此，在施工过程中应始终做好资料积累工作，建立完善的资料记录和科学管理制度，认真、系统地积累和管理施工合同文件、质量、进度及财务收支等方面的资料。

在项目实施过程中，常见的索赔证据主要有以下几个方面：

(1)招标文件、合同文件及附件、业主认可的工程实施计划、施工组织设计、工程图纸、技术规范等。

（2）设计交底记录、变更图纸、变更施工指令等。

（3）经业主或工程师签认的签证。

（4）工程照片及声像资料。

（5）来往信件、指令、信函、通知、答复等。

（6）会谈纪要。

（7）气象报告和工程地质水文等资料。

（8）工程进度计划及现场实施情况记录。

（9）投标前业主提供的参考资料和现场资料。

（10）工程停水、停电和干扰事件影响的日期及恢复施工的日期。

（11）工程结算资料及有关财务报告。

（12）各种检查验收报告和技术鉴定报告。

（13）各种原始凭证资料。

（14）工程现场气候记录，如有关天气气温、风力、雨雪等。

（15）分包合同，官方的物价指数，国家法律、法规等。

微课：施工
索赔概述

任务二　索赔的程序

一、索赔的时间程序

按照《示范文本》的规定，发生索赔事件后承包人可按下列程序以书面形式向发包人索赔：

（1）索赔事件发生后 28 天内，向工程师发出索赔意向通知。

（2）发出索赔意向通知后 28 天内，向工程师提出延长工期或补偿经济损失的索赔报告及有关资料。

（3）工程师在收到承包人送交的索赔报告和有关资料后，于 28 天内给予答复，或要求承包人进一步补充索赔理由和证据。

（4）工程师在收到承包人送交的索赔报告和有关资料后 28 天内未予答复或未对承包人作进一步要求，视为该项索赔已被认可。

（5）当该索赔事件持续进行时，承包人应当阶段性向工程师发出索赔意向，在索赔事件终了后 28 天内，向工程师送交索赔的有关资料和最终索赔报告。索赔答复程序与上述的第（3）、（4）条规定相同。

二、索赔的工作程序

（一）承包人提出索赔意向通知

索赔事件发生后，承包人应在索赔事件发生后 28 天内向工程师递交索赔意向通知，声明将对此事件提出索赔。该意向通知是承包人就具体的索赔事件向工程师和发包人表示的索赔愿望和要求。如果超过这个期限，工程师和发包人就有权拒绝承包人的索赔要求。索赔事件发生后，承包人有义务做好现场施工的同期记录，工程师有权随时检查和调阅，以判断索赔事件造成的实际损害。

索赔意向书的内容应包括以下几项：

(1)事件发生的时间及其情况的简单描述。

(2)索赔依据的合同条款及理由。

(3)提供后续资料的安排，包括及时记录和提供事件的发展动态。

(4)对工程成本和工期产生不利影响的严重程度。

微课：索赔
程序

(二)承包人编写索赔报告

索赔报告是承包商要求业主给予工期延长和费用补偿的正式书面文件，应当在索赔事件对工程的影响结束后，且在合同约定的时间内提交给工程师或业主。

1. 索赔报告的主要内容

索赔报告的内容应简明扼要、条理清楚。按说明信、索赔报告正文、附件的顺序，文字前少后多。

(1)说明信。简要说明索赔事由，索赔金额或工期天数，正文及证明材料的目录。这部分一定要简明扼要，让业主了解索赔概况即可。

(2)索赔报告正文。

1)标题应针对索赔事件或索赔事由，概括出索赔的中心内容。

2)事件叙述索赔事件发生的原因和过程，包括索赔事件发生后双方的活动及证明材料。

3)根据索赔事件，提出索赔的依据。

4)对索赔事件所造成的成本增加、工期延长的前因后果进行分析，列出索赔费用项目及索赔总额。

(3)计算过程、证明材料及附件，索赔证据包括施工日记、来往信件、气象资料、备忘录、会议纪要、工程照片和工程声像资料、工程进度计划、工程成本核算资料、工程图纸、招投标文件等。这是索赔的有力证据，一定要和索赔报告中提出的索赔依据、证据、索赔事件的责任、索赔要求等完全一致，不能有丝毫相互矛盾的地方，要避免因计算过程和证明材料方面的失误而导致索赔失败。

(4)准备好与索赔有关的各种细节性资料，以备谈判中作进一步说明。

2. 索赔文件编制应注意的问题

整个索赔文件应该简要概括索赔事实与理由，通过叙述客观事实，合理引用合同规定，建立事实与损失之间的因果关系，证明索赔的合理性、合法性。同时，应特别注意索赔材料的表述方式对索赔解决的影响，一般应注意以下几个方面：

(1)索赔事件要真实、证据确凿。索赔针对的事件必须实事求是，有确凿的证据，令对方无可推诿。

(2)计算索赔款项和工期要合理、准确。要将计算的依据、方法、结果详细说明列出，这样易于对方接受，避免发生争端。

(3)责任分析清楚。一般索赔所针对的事件都是由于非承包商责任引起的，因此在索赔报告中必须明确对方负全部责任，而不可以使用含糊不清的词语。

(4)明确承包商为避免和减轻事件的影响和损失而作的努力。在索赔报告中，要强调事件的不可预见性和突发性，说明承包商对它的发生没有任何的准备，也无法预防，并且承包商为了避免和减轻该事件的影响和损失已尽了最大努力，采取了能够采取的措施，从而使索赔理由更加充分，更易于对方接受。

（5）阐述由于干扰事件的影响，使承包商的工程施工受到严重干扰，并为此增加了支出、拖延了工期，表明干扰事件与索赔有直接的因果关系。

（6）索赔文件书写用语应尽量婉转，避免语言强硬，否则会给索赔带来不利影响。

（三）承包人递交索赔报告

索赔意向通知提交后的 28 天内，承包人应递送正式的索赔报告。索赔报告的内容应包括事件发生的原因、对其利益影响的证据资料、索赔的依据，此项索赔要求补偿的款项和工期展延天数的详细计算等有关材料。如果索赔事件的影响持续存在，28 天内还不能计算出索赔额和工期展延天数时，承包人应按工程师合理要求的时间间隔（一般为 28 天），定期、陆续地报出每下个时间段内的索赔证据资料和索赔要求。在该项索赔事件的影响结束后的 28 天内，报出最终的详细报告，提出索赔论证资料和累计索赔额。

承包人发出索赔意向通知后，可以在工程师指示的其他合理时间内再报送正式索赔报告，也就是说，工程师在索赔事件发生后有权不马上处理该项索赔。如果事件发生，现场施工非常紧张，工程师不希望立即处理索赔而分散各方施工管理的精力，可通知承包人将索赔的处理留至施工不太紧张时再去解决。但承包人的索赔意向通知必须在事件发生后的 28 天内提出，包括因对变更估价双方不能取得一致意见，而先按工程师单方面决定的单价或价格执行时，承包人提出的保留索赔权利的意向通知，如果承包人未能按时间规定提出索赔意向和索赔报告，则他就失去了就该项事件请求补偿的索赔权利。此时，他所受到损害的补偿将不超过工程师认为应主动给予的补偿额。

（四）工程师审核索赔报告

1. 工程师审核承包人的索赔申请

接到承包人的索赔意向通知后，工程师应建立自己的索赔档案，密切关注事件的影响，检查承包人的同期记录时，就记录内容提出不同意见或希望应予以增加的记录项目。

在接到正式索赔报告以后，认真研究承包人报送的索赔资料。首先在不确认责任归属的情况下，客观分析事件发生的原因，重温合同的有关条款，研究承包人的索赔证据，并检查同期记录，其次通过对事件的分析，工程师再依据合同条款划清责任界限，必要时还可以要求承包人进一步提供补充资料。尤其是对承包人与发包人或工程师都负有一定责任的事件影响，更应给出各方应该承担合同责任的比例。最后再审查承包人提出的索赔补偿要求，剔除其中不合理的部分，拟定自己计算的合理索赔款额和工期顺延天数。

2. 判定索赔成立的原则

工程师判定承包人索赔成立的条件如下：

（1）与合同相对照，事件已造成了承包人施工成本的额外支出或总工期延误。

（2）造成费用增加或工期延误的原因，按合同约定不属于承包人应承担的责任。包括行为责任或风险责任。

（3）承包人按合同规定的程序提交了索赔意向通知和索赔报告。

上述三个条件没有先后主次之分，应当同时具备。只有工程师认定索赔成立后，才处理应给予承包人的补偿额。

3. 对索赔报告的审查

(1)事态调查通过对合同实施的跟踪，分析了解事件经过、前因后果，掌握事件详细情况。

(2)损害事件原因分析即分析索赔事件是由何种原因引起，责任应由谁来承担。在实际工作中，损害事件的责任有时是多方面原因造成的，故必须进行责任分解，划分责任范围，按责任大小承担损失。

(3)分析索赔理由，主要依据合同文件判明索赔事件是否属于未履行合同规定义务或未正确履行合同义务导致，是否在合同规定的赔偿范围之内。只有符合合同规定的索赔要求才有合法性，才能成立。例如，某合同规定，在工程总价5％范围内的工程变更属于承包人承担的风险，则发包人指令增加工程量在这个范围内，承包人不能提出索赔。

(4)实际损失分析即分析索赔事件的影响，主要表现为工期的延长和费用的增加。如果索赔事件不造成损失，则无索赔可言。损失调查的重点是分析、对比实际和计划的施工进度，工程成本和费用方面的资料，在此基础上核算索赔值。

(5)证据资料分析主要分析证据资料的有效性、合理性、正确性，这也是索赔要求有效的前提条件。如果在索赔报告中无法提出证明其索赔理由、索赔值的计算等方面的详细资料，索赔要求是不能成立的。如果工程师认为承包人提出的证据不足以说明其要求的合理性，则可以要求承包人进一步提交索赔的证据资料。

(五)确定合理的补偿额

1. 工程师与承包人协商补偿

工程师核查后初步确定应予以补偿的额度往往与承包人的索赔报告中要求的额度不一致，甚至差额较大。主要原因大多是因为对承担事件损害责任的界限划分不一致、索赔证据不充分、索赔计算的依据和方法分歧较大等，因此，双方应就索赔的处理进行协商。对于持续影响时间超过28天以上的工期延误事件，当工期索赔条件成立时，对承包人每隔28天报送的阶段索赔临时报告审查后，每次均应做出批准临时延长工期的决定；并于事件影响结束后28天内承包人提出最终的索赔报告后，批准顺延工期总天数。应当注意的是，最终批准的总顺延天数不应少于以前各阶段已同意顺延天数之和。规定承包人在事件影响期间必须每隔28天提出一次阶段索赔报告，可以使工程师能及时根据同期记录批准该阶段应予顺延工期的天数，避免事件影响时间太长而不能准确确定索赔值。

2. 工程师索赔处理决定

在经过认真分析研究，与承包人、发包人广泛讨论后，工程师应该向发包人和承包人提出自己的"索赔处理决定"。工程师收到承包人送交的索赔报告和有关资料后，于28天内给予答复或要求承包人进一步补充索赔理由和证据。《示范文本》规定，工程师收到承包人递交的索赔报告和有关资料后，如果在28天内既未给予答复，也未对承包人作进一步要求的话，则视为承包人提出的该项索赔要求已经认可。工程师在工程延期审批表和费用索赔审批表中应该简明地叙述索赔事项、理由和建议给予补偿的金额及延长的工期，论述承包人索赔的合理方面及不合理方面。通过协商达不成共识时，承包人仅有权得到所提供的证据满足工程师认为索赔成立那部分的付款和工期顺延。无论工程师与承包人协商是否达到一致，还是单方面做出的处理决定，批准给予补偿的款额和顺延工期的天数如果在授权范围之内，则可将此结果通知承包人，并抄送发包人。补偿款将计入下月支付工程进度款的支付证书内，顺延的工期加到原合同工期中。如果批准的额度超过工程师权限，则应报请发包人批准。通常，工程师的处理决定不是终局性的，对发包人和承包人都不具有强制性的约束力。承包人对工程师的决定不满意，可以按合同中的争议条款提交约定的仲裁机构仲裁或诉讼。

（六）发包人审查索赔处理

当工程师确定的索赔额超过其权限范围时，必须报请发包人批准。发包人首先根据事件发生的原因、责任范围、合同条款审核承包人的索赔申请和工程师的处理报告，再依据工程建设的目的、投资控制、竣工投产日期要求，以及针对承包人在施工中的缺陷或违反合同规定等的有关情况，决定是否同意工程师的处理意见。例如，承包人的某项索赔理由成立，工程师根据相应条款规定，既同意给予一定的费用补偿，也批准顺延相应的工期。但发包人权衡了施工的实际情况和外部条件的要求后，可能不同意顺延工期，而宁可给承包人增加费用补偿额，要求他采取赶工措施，按期或提前完工。这样的决定只有发包人才有权做出。索赔报告经发包人同意后，工程师即可签发有关证书。

（七）承包人是否接受最终索赔处理

承包人接受最终的索赔处理决定，索赔事件的处理即告结束。如果承包人不同意，就会导致合同争议。可就其有争议的问题进一步提交监理工程师解决直至仲裁或诉讼。

任务三　施工索赔的计算

微课：施工
索赔计算

一、工期索赔的计算

1. 网络分析法

网络分析法是利用进度计划的网络图，分析其关键线路。如果延误的工作为关键工作，则延误的时间为索赔的工期；如果延误的工作为非关键工作，当该工作由于延误超过时差限制而成为关键工作时，可以索赔延误时间与时差的差值；若该工作延误后仍为非关键工作，则不存在工期索赔问题。网络分析法是一种科学、合理的分析方法。

2. 比例计算法（按合同所占比例计算）

（1）由于干扰事件导致的工期索赔。

工期索赔值＝该受干扰部分工期拖延天数×（该受干扰部分工程的合同价/原合同总价）

（2）由于增加额外工程量的工期索赔。

工期索赔值＝原合同总价×（额外增加的工程量的价格/原合同总价）

比例计算法简单方便，不需作复杂的网络分析，易于被人接受，但有时不能考虑到关键线路的影响，所以不太科学。另外，因为工程变更的影响，有时承包商要进行施工现场的停工、返工、重新修改计划，会引起一定的施工降效，这些也不能在比例分析法中体现出来。所以，很多索赔问题还要根据施工现场的实际记录确定。

二、费用索赔的计算

1. 总费用法

总费用法是将固定总价合同转化为成本加酬金合同，以承包商的额外成本为基点加上管理费和利润等附加费作为索赔值。

总费用法并不十分科学，但仍经常被采用。原因是对于某些索赔事件，难以精确地确定各项费用的增加额。

2. 分项法

分项法是将索赔损失的费用分项进行计算。其内容如下：

(1)人工费索赔。人工费索赔包括额外雇佣劳务人员、加班工作、工资上涨、人员闲置和劳动生产率降低的费用。额外雇佣劳务人员和加班工作，用投标时的人工单价乘以工时数即可；工资上涨是指由于工程变更，使承包商的大量人力资源的使用从前期推到后期，而后期工资水平上调，因此，应得到相应的补偿；人员闲置费用和劳动生产率降低一般按窝工费计算，具体计算方法在施工合同专用条款中约定。

(2)材料费索赔。材料费索赔包括材料消耗量增加和材料单位成本增加两个方面。追加额外工作、变更工程性质、改变施工方法等，都可能造成材料用量的增加或使用不同的材料；材料单位成本增加的原因包括材料价格上涨、手续费增加、运输费用(运距加长、二次倒运等)增加、仓储保管费增加等。材料费索赔需要提供准确的数据和充分的证据。

(3)施工机械费索赔。机械费索赔包括增加台班数量、机械闲置、台班费率上涨等费用。台班费率按照有关定额和标准手册取值。

机械闲置费有两种计算方法：一种是对于租赁的设备，按租赁合同计算；另一种是对于自有的设备，按折旧费计算。

(4)现场管理费索赔。现场管理费(工地管理费)包括施工现场的临时设施费、通信费、办公费、现场管理人员和服务人员的工资等。现场管理费索赔计算的方法一般为

现场管理费索赔值＝索赔的直接成本费用×现场管理费率

(5)总部管理费索赔。总部管理费是承包商的上级部门提取的管理费，如公司总部办公楼折旧、总部职员工资、交通差旅费、通信费、广告费等。总部管理费与现场管理费相比，数额较为固定，一般仅在工程延期和工程范围变更时才允许索赔总部管理费。

[案例一]

背景材料： P公司通过投标承包一项污水管道安装工程。铺设路线中有一处需要从一条交通干线的路堤下穿过。在交通干线上有一条旧的砖砌污水管，设计的新污水管要从旧管道下面穿过，要求在路堤以下部分先做好导洞，但招标单位明确告知没有任何有关旧管道的走向和位置的准确资料，要求承包商报价时考虑这一因素。

施工时，当承包商从路堤下掘进导洞时，顶部出现塌方，很快发现旧的污水管距导洞的顶部非常近，并出现开裂，导洞内注满水，P公司遂通知监理工程师赴现场处理，监理工程师赴现场后当即口头指示承包商切断水流，暂时将水流排入附近100 m远的污水管检查井中，并抽水修复塌方。修复工程完毕，承包商向其保险公司索赔，但遭到保险公司的拒绝。理由是发生事故时，承包商未曾通知保险公司。而且保险公司认定事故是由设计错误引起的，因为新污水管离旧污水管太近。如果不存在旧污水管，则不会出现事故。因此，保险公司认定应由设计人承担或者由业主或监理工程师来承担责任，因为监理工程师未能准确地确定污水管的位置。总之，保险公司认定该事故不属于第三者责任险的责任范围。于是P公司遂向监理工程师提出了上述数额的索赔报告。其索赔的理由如下：

(1)设计错误造成塌方。

(2)工程师下达的指令构成变更令，修复塌方属于额外工作。

该索赔报告又遭到监理工程师的拒绝，理由如下：

(1)工程师下达的命令不属于工程变更令，承包商为抢救而付出的工作是为了弥补自己的过失，属于其合同义务。

(2)新管道的设计位置在旧管道之下 2 m，承包商有足够的空间放置足以支撑地面压力的导洞支撑。

(3)招标单位在招标时已经告知没有关于旧管道走向及位置的详细资料，承包商在报价时已经考虑到这一因素。

双方协商无效，遂诉诸仲裁，结果承包商败诉。

[参考答案]

根据本案例反映的情况，承包商无疑是受害者、牺牲品。按客观情况，他完全有权获得补偿或赔偿。但问题出在承包商自己身上，不能责怪保险公司无情，也不能指责业主方面不讲道理，只能怪承包商自己无主见，在处理事故时没有考虑将来的索赔问题，致使责任方互踢皮球，推卸责任。

第一种方法：如果认定该事故属于第三者责任险的责任范围，承包商应立即通知保险公司赴现场察看，在保险索赔报告中强调保险事故，不提工程设计或监理工程师下达指令问题，堵住保险公司推卸责任的后路，则保险索赔很可能成功。

第二种方法：如果认定向业主索赔，则在事故修复后立即要求工程师出面确认其关于抢救的口头指示，或者在事故发生前即致函监理工程师指出可能会发生的风险，事故发生后要求监理工程师下达指令切断水流。这种抢救修复工作指令有可能被视为变更指令，从而成为索赔依据。

第三种方法：致函工程师，指出该事故系有经验的承包商无法预见的，尽管招标时业主方面已告知没有任何有关旧管道的走向和位置的准确资料，但投标时承包商无法获取地下埋藏物的资料，也没有义务获取之。承包人只能根据地面和基土情况做出判断。从这方面着手同样可以获得索赔的成功。

总之，承包商在事故发生时就应该想到将来应向谁索赔，认定索赔对象，尽早做好准备，不应到最后盲目索要，以致被责任方推来推去，最后一事无成，白白做出重大牺牲。

[案例二]

背景材料：某承包人于某年 4 月 20 日与发包人签订了修建建筑面积为 3 000 m² 的工业厂房(带地下室)的施工合同。承包人编制的施工方案和进度计划已获工程师批准。该工程基坑施工方案规定：土方工程采用租赁一台斗容量为 1 m³ 的反铲挖掘机施工，施工合同约定 5 月 11 日开工，5 月 20 日完工，在实际施工中发生以下几项事件：

(1)因挖掘机大修，晚开工 2 天，造成人员窝工 10 个工日。

(2)基坑开挖后因遇软土层，接到工程师 5 月 15 日停工的指令进行地质复查，配合用工 15 个工日。

(3)5 月 19 日接到工程师于 5 月 20 日复工的指令，5 月 20 日至 5 月 22 日因下罕见的大雨迫使基坑开挖暂停，造成人员窝工 10 个工日。

(4)5 月 23 日用 30 个工时修复冲坏的永久道路，5 月 24 日恢复正常挖掘工作，基坑最终于 5 月 30 日挖坑完毕。

问题：

(1)简述工程施工索赔的程序。

（2）建筑公司对上述哪些事件可以向厂方要求索赔？哪些事件不可以要求索赔？并说明原因。

（3）每项事件的工期索赔各是多少天？总计工期索赔是多少天？

[参考答案]

（1）索赔程序。

1）索赔事件发生 28 天内，向工程师发出索赔意向通知。

2）发出索赔意向通知后 28 天内，向工程师提出延长工期和（或）补偿经济损失的索赔报告及有关资料。

3）工程师在收到施工单位送交的索赔报告及有关资料后，于 28 天内给予答复，或要求施工单位进一步补充索赔理由和证据。

4）工程师在收到施工单位送交的索赔报告和有关资料后 28 天内未给予答复或未对施工单位作进一步要求的，视为该项索赔已经认可。

5）当该索赔事件持续进行时，施工单位应当阶段性向工程师发出索赔意向，在索赔事件终了 28 天内，向工程师送交索赔的有关资料和最终索赔报告。

（2）事件 1：索赔不成立，因此，事件发生的原因属承包商自身责任。

事件 2：索赔成立。因该施工地质条件的变化是一个有经验的承包商所无法合理预见的。

事件 3：索赔成立。这是因特殊反常的恶劣天气造成的工程延误。

事件 4：索赔成立。因恶劣的自然条件或不可抗力引起的工程损坏及修复应由业主承担责任。

（3）事件 2：索赔工期 5 天（5 月 15—19 日）。

事件 3：索赔工期 3 天（5 月 20—22 日）。

事件 4：索赔工期 1 天（5 月 23 日）。

总计索赔工期：5＋3＋1＝9（天）。

[案例三]

背景材料： 某综合楼工程项目合同价为 1 750 万元，该工程签订的合同为可调值合同。合同报价日期为 2010 年 3 月，合同工期为 12 个月，每季度结算一次，工程开工日期为 2010 年 4 月 1 日。施工单位 2010 年第 4 季度完成产值是 710 万元。工程人工费、材料费构成比例以及相关造价指数见表 6-1。

表 6-1　工程人工费、材料费构成比例以及相关造价指数表

项目		人工费	材料费						不可调值费用
			钢材	水泥	集料	砖	砂	木材	
比例/%		28	18	13	7	9	4	6	15
造价指数	1 季度	100	100.8	102.0	93.6	1 002	95.4	93.4	
	4 季度	116.8	100.6	100.5	95.6	98.9	93.7	95.5	

在施工过程中，发生以下事件：

事件 1：2010 年 4 月，在基础开挖过程中，发现与给定地质资料不符合的软弱下卧层，造成施工费用增加 10 万元，相应工序持续时间增加 10 天；

事件 2：2010 年 5 月，施工单位为了保证施工质量，扩大基础地面，造成开挖量增加，导致费用增加 3 万元，相应工序持续时间增加 2 天；

事件 3：2010 年 7 月，在主体砌筑工程中，因施工图设计有误，实际工程量增加导致费用增加 73.8 万元，相应工序持续时间增加 2 天；

事件 4：2010 年 8 月，进入雨期施工，恰逢 20 年一遇的大雨，造成停工损失 2.5 万元，

工期增加 4 天。

以上事件中，除事件 4 外，其余事件均未发生在关键线路上，并对总工期无影响。针对上述事件，施工单位提出以下索赔要求：

(1)增加合同工期 13 天。

(2)增加费用 11.8 万元。

问题：

(1)施工单位对施工过程中发生的以上事件能否索赔？为什么？

(2)计算 2010 年第 4 季度的工程结算款额。

(3)如果在工程保修期期间发生了由施工单位原因引起的屋顶漏水问题，业主在多次催促施工单位修理，而施工单位一再拖延的情况下，另请其他施工单位修理发生的修理费用该如何处理？

[参考答案]

(1)事件 1：费用索赔成立，工期不予以延长。

理由：业主提供的地质资料与实际情况不符合是承包商不可预见的，属于业主应该承担的责任，业主应给予费用补偿；但是由于该事件未发生在关键线路上，且对总工期无影响，故不予工期补偿。

事件 2：费用索赔成立，工期不予以延长。

理由：该事件属于承包商采取的质量保证措施；属于承包商应承担的责任。

事件 3：费用索赔成立，工期不予以延长。

理由：施工图设计有误，属于业主应承担的责任，业主应给予费用补偿；但是，该事件未发生在关键线路上，且对总工期无影响，故不予以工期补偿。

事件 4：费用索赔不成立，工期应予以延长。

理由：异常恶劣的气候条件属于发包方承担的风险，承包商能得到费用补偿；但是由于该事件发生在关键线路上，对总工期有影响，故应给予工期延长。

(2)根据建筑安装工程费用价格调值公式：

$$P = P_0(a_0 + a_1 \times A/A_0 + a_2 \times B/B_0 + a_3 \times C/C_0 + a_4 \times D/D_0 + \cdots)$$

式中　P——调值后合同价款或工程结算款；

P_0——合同价款中工程预算进度款；

a_0——固定要素，是合同支付中不能调整的部分占合同总价中的比重；

a_0、a_1、a_3、$a_4 \cdots$——有关各项费用(如人工费用、钢材费用、水泥费用等)在合同总价中所占比重；$a_0 + a_1 + a_2 + a_3 + a_4 + \cdots = 1$；

A_0、B_0、C_0、D_0——基准日期与对应的各项费用的基期价格指数或价格。

2010 年第 4 季度的工程结算款额如下：

$$P = 710 \times (0.15 + 0.28 \times 116.8/100.0 + 0.18 \times 100.6/100.8 + 0.13 \times 110.5/102.0 + 0.07 \times 95.6/93.6 + 0.09 \times 98.9/100.2 + 0.04 \times 93.7/95.40 + 0.06 \times 95.5/93.4)$$

$$= 710 \times 1.0585 = 751.52(万元)$$

(3)根据《示范文本》15.4.4 未能修复，在保修期间内，因承包人原因造成工程的缺陷或损坏，承包人拒绝维修或未能在合理期限内修复缺陷或损坏，且承包人书面催告后仍未修复的，发包人有权自行修复或委托第三方修复，所需费用由承包人承担。但修复范围超出缺陷或损坏范围的，超出范围部分的修复费用由发包人承担。

项目小结

本项目介绍了建筑工程索赔的概念和分类，索赔应按索赔程序进行，包括索赔时间程序和索赔工作程序。

索赔报告是向对方提出索赔要求的正式书面文件，它关系到索赔是否成功，所以，应认真对待。索赔报告应简要概括索赔事实与理由，通过叙述客观事实，合理引用合同规定，建立事实与损失之间的因果关系，证明索赔的合理合法性。

本项目的学习重点是索赔的概念、分类，索赔报告的编写和提交。

思考与练习

一、单项选择题

1. 当出现索赔事件时，在索赔事件发生（　　）天内，承包人以书面形式向工程师提出索赔意向通知。

   A. 7　　　　　　　　B. 14　　　　　　　　C. 21　　　　　　　　D. 28

2. 在施工过程中，由于发包人或工程师指令修改设计、修改实施计划、变更施工顺序，造成工期延长和费用损失，承包商可以提出索赔。这种索赔属于（　　）引起的索赔。

   A. 地质条件的变化　B. 不可抗力　　　　C. 工程变更　　　　D. 业主风险

3. 《示范文本》通用合同条款规定：在施工过程中，因设计变更导致承包人的施工成本增加及工期延误，应当按照（　　）处理。

   A. 增加的费用由承包人承担，延误的工期不予顺延

   B. 增加的费用由承包人承担，延误的工期相应顺延

   C. 增加的费用由发包人补偿，延误的工期相应顺延

   D. 增加的费用由发包人补偿，延误的工期不予顺延

4. 施工合同在履行过程中，因工程所在地发生洪灾所造成的损失中，应由承包人承担的是（　　）。

   A. 工程本身的损害　　　　　　　　　　　B. 因工程损害导致第三方财产损失

   C. 承包人的施工机械损坏　　　　　　　　D. 工程所需清理费用

5. 某项目施工需要办理爆破作业的批准手续，但没有及时批准，给承发包双方都造成一定损失，则（　　）。

   A. 承包人的损失都由发包人承担　　　　　B. 发包人的损失都由承包人承担

   C. 双方的损失各自承担　　　　　　　　　D. 双方的损失都由审批部门承担

6. 某施工合同履行过程中，承包人发现由于公路管理部门的责任，连接施工场地与国道之间的道路不符合招标文件中说明的条件，则承包人由此增加的费用应由（　　）承担。

   A. 公路管理部门　　　　　　　　　　　　B. 发包人

   C. 承包人　　　　　　　　　　　　　　　D. 发包人与承包人共同

7. 由于发包人的原因，造成工程中断或进度放慢，使工期拖延，承包人对此（　　）。

A. 不能提出索赔   B. 可以提出工期索赔

C. 可以提出工程变更索赔   D. 可以提出工程终止索赔

8. 某施工项目双方约定3月10日开工，当年10月10日竣工，开工前承包人以书面形式向工程师提出延期开工的理由和要求，未获批准，但承包人仍延至3月20日开工，则(　　　)。

  A. 承包人应通过赶工在10月10日竣工，赶工费用自行承担

  B. 承包人应通过赶工在10月10日竣工，赶工费用由发包人承担

  C. 承包人应通过赶工在10月10日竣工，可获提前竣工奖励

  D. 如果工程在10月20日竣工，承包人承担拖期违约责任

9. 承包人原因导致的工程变更，(　　　)要求追加合同价款。

  A. 承包人有权   B. 承包人无权   C. 发包人有权   D. 发包人无权

10. 某建设项目施工过程中，现场有甲、乙两个分别承包的施工单位同时施工，当甲单位受到乙单位施工干扰时，甲单位受到的损失应(　　　)。

  A. 向发包人索赔   B. 向乙单位索赔   C. 向监理单位索赔   D. 自行承担

二、多项选择题

1. 索赔按要求分类，包括(　　　)。

  A. 综合索赔   B. 单项索赔   C. 工期索赔   D. 合同内索赔

  E. 费用索赔

2. 工程师处理索赔时，应给予利润补偿的情况包括(　　　)。

  A. 业主延误移交施工现场

  B. 不可抗力造成的损失

  C. 业主提前占用部分工程对承包商后续施工带来干扰造成的损失

  D. 施工中遇到异常恶劣气候条件的影响

3. 下列情形中，发包人应当承担过错责任的有(　　　)。

  A. 发包人提供的设计图纸有缺陷

  B. 发包人提供的设备不符合强制标准

  C. 发包人直接指定人分包专业工程，分包工程发生质量缺陷

  D. 发包人未曾组织竣工验收擅自使用工程，主体结构出现质量缺陷

4. 索赔程序包括(　　　)。

  A. 提出索赔意向通知   B. 提交索赔报告

  C. 工程师审查、答复   D. 发包人同意

5. 由于(　　　)等原因造成的工期延误，经工程师确认后工期可以顺延。

  A. 发包人未按约定提供施工场地   B. 分包人对承包人的施工干扰

  C. 发生不可抗力   D. 承包人的主要施工机械出现故障

三、简答题

1. 什么是索赔？

2. 产生索赔的原因有哪些？

3. 承包人的索赔程序有哪些步骤？

4. 简述索赔报告的主要内容。

四、案例分析题

背景材料: 某房屋建筑工程项目，建设单位与施工单位按照《示范文本》签订了施工承

包合同。施工合同中规定：

(1)设备由建设单位采购，施工单位安装。

(2)建设单位原因导致的施工单位人员窝工，按 18 元/工日补偿，建设单位原因导致的施工单位设备闲置，按表 6-2 中所列标准补偿。

表 6-2　设备闲置补偿标准表

机械名称	台班单价/(元·台班$^{-1}$)	补偿标准
大型起重机	1 060	台班单价的 60%
自卸汽车(5 t)	318	台班单价的 40%
自卸汽车(8 t)	458	台班单价的 50%

(3)施工过程中发生的设计变更，其价款按建标〔2013〕第 44 号文件的规定：以工料单价法计价程序计价(以定额人工费为计算基础)，企业管理费费率为 10%，利润为 5%，税率为 3.14%。

该工程在施工过程中发生以下事件：

事件 1：施工单位在土方工程填筑时，发现取土区的土壤含水量过大，必须经过晾晒后才能填筑，增加费用 3 万元，工期延误 10 天。

事件 2：基坑开挖深度为 3 m，施工组织设计中考虑的放坡系数为 0.3(已经工程师批准)。施工单位为避免坑壁塌方，开挖时加大了放坡系数，使土方开挖量增加，导致费用超支 1 万元，工期延误 3 天。

事件 3：施工单位在主体钢结构吊装安装阶段，发现钢筋混凝土结构上缺少相应的预埋件，经查实是由于土建施工图纸遗漏该预埋件的错误所致。返工处理后，增加费用 2 万元，工期延误 8 天。

事件 4：建设单位采购的设备没有按计划时间到场，施工受到影响，施工单位一台大型起重机、两台自卸汽车(载重 5 t、8 t 各一台)闲置 5 天；工人窝工 86 个工日，工期延误 5 天。

事件 5：某分项工程由于建设单位提出工程使用功能的调整，需进行设计变更。设计变更后，经确认直接工程费增加 1.8 万元，措施费增加 2 000 元。

上述事件发生后，施工单位及时向建设单位造价工程师提出索赔要求。

问题：

(1)以上事件中，造价工程师是否应该批准施工单位的索赔要求？为什么？

(2)对于工程施工中发生的工程变更，造价工程师对变更部分的合同价款应根据什么原则确定？

(3)造价工程师应批准的索赔金额是多少元？工程延期是多少天？

 案例分析

案例集锦　　　　　参考答案

项目七　国际工程合同条件

随着国际工程承包事业的不断发展，逐步形成了国际工程施工承包常用的一些标准合同条件。目前，国际上常用的施工合同条件主要有国际咨询工程师联合会编制的《土木工程施工合同条件》、英国土木工程师学会编制的《ICE土木工程施工合同条件》和美国建筑师学会编制的《AIA合同条件》。

任务一　FIDIC施工合同条件

一、FIDIC组织介绍

1. FIDIC简介

FIDIC是国际咨询工程师联合会法文名称的缩写。该联合会是被世界银行认可的咨询服务机构，总部设在瑞士洛桑。中国于1996年正式加入。

FIDIC是由欧洲三个国家的咨询工程师协会于1913年成立的。现已有全球各地60多个国家和地区加入了FIDIC，FIDIC是最具有权威性的咨询工程师组织，它推动了全球范围内的高质量的工程咨询服务业的发展。

2. FIDIC文件的构成

FIDIC下设有五个长期性的专业委员会，即业主咨询工程师关系委员会（CCRC）、合同委员会（CO）、风险管理委员会（RMC）、质量管理委员会（QMC）、环境委员会（ENVC）。FIDIC的各专业委员会编制了许多规范性的文件，这些文件不仅FIDIC成员国采用，世界银行、亚洲开发银行、非洲开发银行的招标样本也常常采用。其中，最常用的有《土木工程施工合同条件》《电气和机械工程合同条件》《业主/咨询工程师标准服务协议书》《设计——建造与交钥匙工程合同条件》（国际上分别通称为 FIDIC 红皮书、黄皮书、白皮书和橘皮书）及《土木工程施工分包合同条件》。

二、《FIDIC 施工合同条件》中的部分重要概念

1. 合同价格

通用合同条款中分别定义了"接受的合同款额"和"合同价格"的概念。"接受的合同款额"是指业主在"中标函"中对实施、完成和修复工程缺陷所接受的金额，来源于承包商的投标报价并对其确认。

"合同价格"则指按照合同条款的约定，承包商完成建造和保修任务后，对所有合格工程有权获得的全部工程款。最终结算的合同价可能与中标函中注明的接受的合同款不相等。

2. 分包商

分包商可分为两大类：一类是由业主或工程师指定的分包商；另一类是承包商任命的分包商。

业主或工程师指定的分包商称为指定分包商。其又可分为两种情况：第一种情况是业主在合同中指定的；第二种情况是在工程实施过程中，业主让承包商去雇用某公司作为指定分包商。当业主指令承包商雇用某分包商时，如果承包商提出合理的理由拒绝接受，业主不能强迫承包商接受。对于承包商接受的指定分包商，指定分包商的工作由承包商作为责任人向业主负责，指定分包商款项由工程师签证承包商支付，然后再由业主支付给承包商，并且要在此基础上增加承包商应从暂定金额中收取的其他费用。

承包商任命分包商也可分为两种情况：第一种情况是在投标时承包商列明的分包商；第二种情况是在合同实施过程中承包商随时任命的分包商。但后一种情况需要经工程师同意。但需要注意的是，承包商不得将整个工程分包出去，承包商应为分包商的一切行为和过失负责，承包商的材料供货商及合同中已经指明的分包商无须经工程师同意，其他分包商则需经过工程师的同意。对承包商而言，分包商工作的好坏直接影响整个工程的执行。在选择分包商时，要注意其综合能力，具体要考虑报价的合理性、技术力量、财务力量、信誉四个因素。分包商与业主没有合同关系，从合同角度来说，分包商无权直接接受业主的监理人员或代表下达的指令，如果分包商擅自执行业主的指令，总承包商可以不为其后果负责。

三、《FIDIC 施工合同条件》中涉及的几个期限

1. 合同工期

合同工期在合同条件中用"竣工时间"的概念，是指所签合同内注明的完成全部工程的时间，加上合同履行过程中因非承包商应负责原因导致变更和索赔事件发生后，经工程师批准顺延工期。如有分部移交工程，也需要在专用条件内明确约定。合同内约定的工期为承包商在投标书附录中承诺的竣工时间。合同工期的时间界限作为衡量承包商是否按合同约定期限履行施工义务的标准。

2. 合同有效期

(1)自合同签字日起至承包商提交给业主的"结清单"生效日，施工承包合同对业主和承包商均具有法律效力。

(2)颁发履约证书只是表示承包商的施工义务终止，合同约定的权利义务并未完全结束，还剩有管理和结算。

(3)结清单生效指业主已按工程师签发的最终支付证书中的金额付款，并退还承包商的履约保函。结清单一经生效，承包商在合同内享有的索赔权利也自行终止。

3. 缺陷通知期

缺陷通知期即国内施工文本所指的工程保修期，自工程接收证书中写明的竣工日开始，到工程师颁发履约证书为止的日历天数。尽管工程移交前进行了竣工检验，但为了证明承包商的施工工艺达到了合同规定的标准，设置缺陷通知期的目的是考验工程在动态运行条件下是否达到了合同中技术规范的要求。因此，从开工之日起到颁发履约证书日止，承包商要对工程的施工质量负责。合同工程的缺陷通知期及分阶段移交工程的缺陷通知期，应在专用条件内具体规定。次要部位的工程通常为半年，主要工程及设备大多为一年，个别重要设备也可以约定为一年半。

四、《FIDIC 施工合同条件》主要内容

1. 合同双方的权利和义务条款

权利和义务条款包括承包商、业主和监理工程师三者的权利和义务。

(1)承包商的权利。承包商的权利包括有权得到提前竣工奖金；收款权；索赔权；因工程变更超过合同规定的限值而享有补偿权；暂停施工或延缓工程进度速度；停工或终止受雇；不承担业主的风险；反对或拒不接受指定的分包商；特定情况下的合同转让与工程分包；特定情况下有权要求延长工期；特定情况下有权要求补偿损失；有权要求进行合同价格调整；有权要求工程师书面确认口头指示；有权反对业主随意更换监理工程师。

(2)承包商的义务。承包商的义务包括遵守合同文件规定，保质保量、按时完成工程任务，并负责保修期内的各种维修；提交各种要求的担保；遵守各项投标规定；提交工程进度计划；提交现金流量估算；负责工地的安全和材料看管；对其由承包商负责完成的设计图纸中的任何错误和遗漏负责；遵守有关法规；为其他承包商提供机会和方便；保持现场整洁；保证施工人员的安全和健康；执行工程师的指令；向业主偿付应付款项(包括归还预付款)；承担第三国的风险；为业主保守机密；按时缴纳税金；按时投保各种强制险；按时参加各种检查和验收。

(3)业主的权利。业主的权利包括业主有权不接受最低标；有权指定分包商；在一定条件下可直接付款给指定的分包商；有权决定工程暂停或复工；在承包商违约时，业主有权接管工程或没收各种保函或保证金；有权决定在一定的幅度内增减工程量；不承担承包商因发生在工程所在国以外的任何地方的不可抗力事件所遭受的损失(因炮弹、导弹等所造成的损失例外)；有权拒绝承包商分包或转让工程(应有充足理由)。

(4)业主的义务。业主的义务包括向承包商提供完整、准确、可靠的信息资料和图纸，并对这些资料的准确性负完全的责任；承担由业主风险所产生的损失或损坏；确保承包商免于承担属于承包商义务以外情况的一切索赔、诉讼，损害赔偿费、诉讼费、指控费及其

他费用；在多家独立的承包商受雇于同一工程或属于分阶段移交的工程情况下，业主负责办理保险；按时支付承包商应得的款项，包括预付款；为承包商办理各种许可，如现场占用许可，道路通行许可，材料设备进口许可，劳务进口许可等；承担疏浚工程竣工移交后的任何调查费用；支付超过一定限度的工程变更所导致的费用增加部分；承担在工程所在国发生的特殊风险以及任何其他地区因炮弹、导弹对承包商造成的损失的赔偿和补偿；承担因后继法规所导致的工程费用增加额。

(5)监理工程师的权利。监理工程师可以行使合同规定的或合同中必然隐含的权利，主要有有权拒绝承包商的代表；有权要求承包商撤走不称职人员；有权决定工程量的增减及相关费用；有权决定增加工程成本或延长工期；有权确定费率；有权下达开工令、停工令、复工令(因业主违约而导致承包商停工情况除外)；有权对工程的各个阶段进行检查，包括已掩埋覆盖的隐蔽工程；如果发现施工不合格情况，监理工程师有权要求承包商如期修复缺陷或拒绝验收工程；承包商的设备、材料必须经监理工程师检查，监理工程师有权拒绝接受不符合规定标准的材料和设备；在紧急情况下，监理工程师有权要求承包商采取紧急措施；审核批准承包商的工程报表的权利属于监理工程师，付款证书由监理工程师开出；当业主与承包商发生争端时，监理工程师有权裁决，虽然其决定不是最终的。

(6)监理工程师的义务。监理工程师作为业主聘用的工程技术负责人，除必须履行其与业主签订的服务协议书中规定的义务外，还必须履行其作为承包商的工程监理人而尽的职责，FIDIC条款针对监理工程师在建设与安装施工合同中的职责规定了以下义务条件：必须根据服务协议书委托的权利进行工作；行为必须公正，处事公平合理，不能偏听偏信，应虚心听取业主和承包商两方面的意见，基于事实做出决定；发出的指示应该是书面的，由于特殊情况而来不及发出书面指示时，可以发出口头指示，但随后应以书面形式予以确认；应认真履行职责，应根据承包商的要求及时对已完工程进行检查或验收，对承包商的工程报表及时进行审核；应及时审核承包商在履约期间所做的各种记录，特别是承包商提交的作为索赔依据的各种材料；应实事求是地确定工程费用的增减与工期的延长或压缩；如因技术问题需同分包商打交道时，须征得总承包商同意，并将处理结果告之总承包商。

2. 有关费用条款

(1)有关工程量的规定。投标报价中工程量清单上的工程量是在图纸和规范的基础上对该工程的估算工程量，不能作为承包商履行合同过程中应予完成的实际和确切的工程量。承包商在实施合同中完成的实际工程量要通过测量来核实，以此作为结算工程价款的依据。

由于FIDIC合同是固定单价合同，承包商报出的单价是不能随意变动的，因此工程价款的支付额是单价与实际工程量的乘积之和。

工程量的计算。为了付款，工程师应根据合同、通过计量来核实和确定工程的价值。工程师计量时应通知承包商派人参加，并提供工程师所需的详细资料。如果承包商未参加计量，他应承认工程师的计量结果。

工程计量的方法应事先在合同中做出约定。如果合同中没有约定，应测量永久工程各项内容的实际净数量，测量的方法应按照工程量表或资料表中的规定。

(2)有关合同价格与支付的规定。合同价格要通过对实际完工工程量的测量和估价来商定或决定，并且包括因法规变化、物价变化等原因对其进行的调整。承包商应支付根据合同他应付的各类关税和税费，合同价格不因此类费用而调整(但法规变化引起的调整除外)。

中期付款，承包商应在每个月月末按工程师指定的格式向其提交一式六份的报表，详细地说明他认为自己到该月月末有权得到的款额，并同时提交证明文件，作为对期中支付证书的申请。

暂列金额是指在合同中规定作为暂列金额的一笔款项。中标的合同金额包含暂列金额。根据合同中暂列金额的使用规定，用于工程任何部分的施工或用于提供材料设备或服务。暂列金额按照工程师的指示可全部或部分地使用，也可根本不予动用。暂列金额的使用范围，承包商按工程师的指令进行的变更部分的估价。

（3）保留金的支付。保留金是指每次中期付款时，从承包商应得款项中按投标书附件中规定比例扣除的金额。保留金额一般情况下为合同款的 5%。

当颁发整个工程的接收证书时，工程师应开具支付证书，把一半保留金支付给承包商。当颁发的是分项或部分工程的接收证书时，保留金则应按该分项或部分工程估算的合同价值除以估算的最终合同价格所得比例的 40% 支付。

当整个工程的缺陷通知期满时，剩余保留金将由工程师开具支付证书支付给承包商。当有不同的缺陷通知期适用于永久工程的不同区段或部分时，只有最后一个缺陷通知期满时才认为该工程的缺陷通知期满。

3. 有关进度条款

（1）有关工程进度计划管理的规定。提交工程进度计划，承包商应在收到工程师的开工日期的通知后 28 天内，向工程师递交一份详细的工程进度计划，以取得工程师的同意并计划开展工作。当进度计划与实际进度或承包商履行的义务不符时，或工程师根据合同发出通知时，承包商要修改原进度计划并提交给工程师。

工程师在收到承包商提交的工程进度计划后，应根据合同的规定、工程实际情况及其他方面的因素进行审查。其中，如果有不符合合同要求的部分，应在 21 天内通知承包商，承包商应对计划进行修订。否则承包商应立即按进度计划执行。

（2）有关工程延误的规定。由于非承包商的原因造成施工工期的延长，不能按竣工日期竣工，称为工期延误。

承包商应在引起工期延误的事件开始发生后 28 天内通知工程师，随后，承包商应提交要求延期的详细说明。如果引起工程延期的事件具有持续性的影响，不可能在申请延期的通知书发出后的 28 天内提供最终的详细说明报告。那么承包商应以不超过 28 天的间隔向工程师提交阶段性的详细说明，并在事件影响结束后的 28 天内提交最终详细说明。

工程师在接到要求延期的通知书后应进行调查核实，在承包商提交详情说明后，应进一步调查核实，对其申述的情况进行研究，并在规定的时间内做出工程竣工时间是否延长的决定。

（3）有关接收证书和履约证书的规定。承包商可以在他认为工程达到合同规定的竣工检验标准日期 14 天前，向工程师发出申领接收证书的通知。如果工程分成若干个分项工程，承包商可类似地对每个分项工程申领接收证书。工程师在收到上述申领通知书 28 天内，应向承包商颁发一份工程或分项工程接收证书，如果工程师在 28 天内既没颁发接收证书，又无承包商的拒绝申请，而工程或分项工程实质上符合合同规定，接收证书应视为已在上述规定期限的最后一日签发。

承包商应在收到接收证书之前或之后将报表恢复原状。

4. 有关质量条款

（1）有关承包人员素质的规定。工程的施工最终要由承包人员来完成，因此，承包人员的素质是一切质量控制的基础。工程师有权对承包人员的素质进行控制。

承包商向施工现场提供的人员都应是在他们各自行业或职业内，具有相应资质、技能和经验的人员。在工程施工过程中，承包商应安排一定的管理人员对工作的计划、安排、指导、管理、检验和试验提供一切必要的监督。此类管理人员应具备用投标书附录中规定的语言交流的能力，应具备进行施工管理所需的专业知识及防范风险和预防事故的能力。

承包商应在开工日期前任命承包商代表，授予他必需的一切权利，由他全权代表承包商履行合同并接受工程师的指示。承包商代表的任命和撤换要经工程师的同意。承包商代表应用其全部时间去实施合同，他可将权利、职责或责任委任给任何胜任的人员，并可随时撤回，但需事先通知工程师。

（2）有关施工现场的材料、工程设备和工艺的规定。施工使用的材料、工程设备是确保工程质量的物质基础，工程师必须对此严格控制。

业主的人员在一切合理时间内，有权进入所有现场和获得天然材料的场所；有权在生产、制造和施工期间，对材料、工艺进行检查，对工程设备及材料的生产制造进度进行检查。承包商应向业主人员提供进行上述工作的一切方便。未经工程师的检查和批准，工程的任何部分不得覆盖、掩蔽或包装。否则，工程师有权要求承包商打开这部分工程供检验并自费恢复原状。

对于合同中有规定的检验，由承包商提供所需的一切用品和人员。检验的时间和地点由承包商和工程师商定。工程师可以通过变更改变规定的检验的位置和详细内容，或指示承包商进行附加检验。工程师应提前24小时通知承包商参加检验，如果工程师未能如期前往，承包商可以自己进行检验，工程师应确认此检验结果。

承包商要及时向工程师提交具有证明的检验报告，规定的检验通过后，工程师应向承包商颁发检验证书。如果按照工程师的指示对某项工作进行检验或由于工程师的延误导致承包商遭受了工期、费用及合理的利润损失，承包商可以提出索赔。

（3）有关施工质量及验收的规定。

1）工程师在颁发接收证书前对工程的检查。在工程师颁发接收证书前，承包商应将场地或地表面恢复原状。在移交证书中未对此做出规定不能解除承包商自费进行恢复原状工作的责任。

2）颁发接收证书前的检验。工程师在颁发接收证书前，应对工程进行全面检验，接收证书将确认工程已基本竣工。

3）非承包商原因造成的妨碍竣工检验的处理。如果由于业主、工程师、业主雇用的其他承包商的原因，使承包商不能进行竣工检验，如果工程符合合同要求，则应认为业主已在本该进行竣工检验的日期接收到了工程。但是，如果工程基本上不符合合同要求，则不能认为工程已被接收。

4）缺陷通知期的质量控制。在工程的缺陷通知期满之前，工程出现任何缺陷或其他不合格之处，工程师可向承包商下达指示。承包商应该在移交证书注明的竣工日期之后，尽快地完成在当时尚未完成的工作；工程师指示承包商对工程进行修补、重建和补救缺陷时，承包商应在缺陷通知期内或期满后14天内实施这些工作。当承包商未能在合理的时间内执行这些指示时，业主有权雇用他人从事该项工作，并付给报酬。颁发履约证书后，承包商对尚未履行的义务仍有承担的责任。

五、FIDIC 合同在我国的应用

随着我国企业参与国际工程承发包市场进程的深入，越来越多的建设项目，特别是项目业主为外商的建设项目中，开始选择使用 FIDIC 合同文本。我国的建筑施工企业开始被迫地接触这上百页合同文本中的工程师、投标保函、履约保函、业主支付保函、预付款保函、工程保险、接收证书、缺陷责任期等国际工程建设的新概念，从北京城建集团接触第一个 FIDIC 合同文本开始，其逐步在越来越多的工程建设中得到推广和使用，并与我国建设市场改革开放相对接，对我国的建设体制产生影响和冲击，最典型的体现就是《建设工程施工合同》1999 建设部示范文本，抛弃了多年来沿用的模式，变为和 FIDIC 框架一致的通用条款与专用条款，并采用工程师，而 2003 年 7 月 1 日起开始实施的"13 计价规范"，更是对旧的量价合一的造价体系的告别。我国的建设市场正在大踏步地和国际建设市场融为一体。

FIDIC 合同强调"工程师"的作用，提倡对"工程师"进行充分授权，让其"独立公正地"工作。目前，建设单位对作为"工程师"的第三方——工程咨询/监理方信任不够充分，对"工程师"往往授权不足，多方掣肘，这使得 FIDIC 合同条款的特色难以发挥。另外，在脱胎于 FIDIC 合同机制的我国建设监理制度下，我国的监理工程师难以发挥 FIDIC 条件下的"工程师"作用。

采用工程量清单进行计价和结算，是 FIDIC 合同的另一重大特色，我国工程项目采用工程量清单的法律障碍并不存在，但技术和管理方面的障碍则十分凸显。

FIDIC 合同下的风险分担及保险安排有其特点，相对来说也比较公平，在我国公众保险意识相对淡薄、保险市场尚不发达的情况下，建设单位往往不恰当地限制自己的风险，并将有关风险强加给承包商。

在 FIDIC 合同下，工程担保是很重要的，涉及投标保函、履约保函、工程保留金保函、免税进口材料物资及税收保函、工程款支付保函，内地工程项目较常涉及的是投标保函、履约保函。在工程担保上，目前问题比较突出的是担保不平衡。从长远角度看，这种不平衡将妨碍建设市场的健康发展。

在 FIDIC 条款下，承包商的工程款受偿比较有保障，我们的问题在于，建设单位经常将 FIDIC 合同条件中通用条件有关工程款支付的安排悉数推翻，代之以极具中国特色的拖欠工程款的相关内容。如今，高达数千万元的巨额工程拖欠款已成为施工企业和政府主管部门的一大心病。新版 FIDIC 合同中不可抗力条款与我国法律中有关不可抗力的规定基本上不存在冲突。由于我国法律中有关不可抗力的规定比较笼统，为在我国适用 FIDIC 合同的当事人自行约定留下了充足的空间。尽管 FIDIC 合同通用条件中不可抗力条款约定得较为明确，但在我国适用时仍然有必要作适当修改。在不违反我国法律的情况下，我国企业在采用 FIDIC 施工合同条件时，可以在合同通用条件的基础上更加详细、明确地约定不可抗力条款。

任务二　美国 AIA 系列合同条件概述

AIA 是美国建筑师学会的简称。该学会作为建筑师的专业社团已经有近 140 年的历史，

成员总数达 56 000 名，遍布美国及全世界。AIA 出版的系列合同文件在美国建筑业及国际工程承包界，特别是在美洲地区具有较高的权威性，应用广泛。

AIA 系列合同文件分为 A、B、C、D、G 等系列，其中，A 系列是用于业主与承包商的标准合同文件，不仅包括合同条件，还包括承包商资格申报表，保证标准格式；B 系列是主要用于业主与建筑师之间的标准合同文件，其中包括专门用于建筑设计、室内装修工程等特定情况的标准合同文件；C 系列是主要用于建筑师与专业咨询机构之间的标准合同文件；D 系列是建筑师行业内部使用的文件；G 系列是建筑师企业及项目管理中使用的文件。

AIA 系列合同文件的核心是"一般条件"（A201）。采用不同的工程项目管理模式及不同的计价方式时，只需选用不同的"协议书格式"与"一般条件"即可。如 AIA 文件 A101 与A201 一同使用，构成完整的法律性文件，适用于大部分以固定总价方式支付的工程项目。再如 AIA 文件 AIH 和 A201 一同使用，构成完整的法律性文件，适用于大部分以成本补偿方式支付的工程项目。

AIA 文件 A201 作为施工合同的实质内容，规定了业主、承包商之间的权利、义务及建筑师的职责和权限，该文件通常与其他 AIA 文件共同使用，因此，被称为"基本文件"。1987 年版的 AIA 文件 A201《施工合同通用条件》共计 14 条 68 款，主要内容包括业主、承包商的权利与义务；建筑师与建筑师的合同管理；索赔与争议的解决；工程变更；工期；工程款的支付；保险与保函；工程检查与更正等条款。

任务三　英国 ICE 合同条件

"ICE"是英国土木工程师学会的简称。该学会是设于英国的国际性组织，拥有会员 8 万多名，其中，1/5 在英国以外的 140 多个国家和地区。该学会已有 180 年的历史，已成为世界公认的学术中心、资质评定组织及专业代表机构。ICE 在土木工程建设合同方面具有高度的权威性，它编制的《土木工程合同条件》在土木工程中具有广泛的应用。

1991 年 1 月第六版《ICE 合同条件（土木工程施工）》共计 71 条 109 款，主要内容包括工程师及工程师代表；转让与分包；合同文件；承包商的一般义务；保险；工艺与材料质量的检查；开工、延期与暂停；变更、增加与删除；材料及承包商设备的所有权；工程质量；证书与支付；争端的解决；特殊用途条款；投标书格式。此外，ICE 合同条件的最后也有投标书格式；投标书格式附件；协议书格式；履约保证等文件。

项目小结

本项目介绍了目前国际上常用的施工合同条件，主要有国际咨询工程师联合会编制的《土木工程施工合同条件》、英国土木工程师学会编制的《ICE 土木工程施工合同条件》和美国建筑师学会编制的《AIA 合同条件》。

FIDIC 合同条件是国际上公认的标准合同范本之一。由于 FIDIC 合同条件的科学性和公正性而被许多国家的雇主和承包商接受，又被一些国家政府和国际性金融组织认可，被称作国际通用合同。

本项目的学习重点是 FIDIC 合同条件。

思考与练习

1. 简述 FIDIC 合同条件的重要概念。
2. 简述 FIDIC 合同条件中的几个期限。
3. 简述合同双方的权利和义务条款。
4. 简述 FIDIC 合同在我国的应用。

案例分析

案例集锦

参考答案

附录一　中华人民共和国招标投标法

(1999 年 8 月 30 日第九届全国人民代表大会常务委员会第十一次会议通过。

根据 2017 年 12 月 28 日第十二届全国人民代表大会常务委员会第三十一次会议《关于修改〈中华人民共和国招标投标法〉、〈中华人民共和国计量法〉的决定》修正。)

第一章　总则
第二章　招标
第三章　投标
第四章　开标、评标和中标
第五章　法律责任
第六章　附则

第一章　总则

第一条　为了规范招标投标活动，保护国家利益、社会公共利益和招标投标活动当事人的合法权益，提高经济效益，保证项目质量，制定本法。

第二条　在中华人民共和国境内进行招标投标活动，适用本法。

第三条　在中华人民共和国境内进行下列工程建设项目包括项目的勘察、设计、施工、监理以及与工程建设有关的重要设备、材料等的采购，必须进行招标：

(一)大型基础设施、公用事业等关系社会公共利益、公众安全的项目；

(二)全部或者部分使用国有资金投资或者国家融资的项目；

(三)使用国际组织或者外国政府贷款、援助资金的项目。

前款所列项目的具体范围和规模标准，由国务院发展计划部门会同国务院有关部门制订，报国务院批准。

法律或者国务院对必须进行招标的其他项目的范围有规定的，依照其规定。

第四条　任何单位和个人不得将依法必须进行招标的项目化整为零或者以其他任何方式规避招标。

第五条　招标投标活动应当遵循公开、公平、公正和诚实信用的原则。

第六条　依法必须进行招标的项目，其招标投标活动不受地区或者部门的限制。任何单位和个人不得违法限制或者排斥本地区、本系统以外的法人或者其他组织参加投标，不得以任何方式非法干涉招标投标活动。

第七条　招标投标活动及其当事人应当接受依法实施的监督。

有关行政监督部门依法对招标投标活动实施监督，依法查处招标投标活动中的违法行为。

对招标投标活动的行政监督及有关部门的具体职权划分，由国务院规定。

第二章　招标

第八条　招标人是依照本法规定提出招标项目、进行招标的法人或者其他组织。

第九条　招标项目按照国家有关规定需要履行项目审批手续的，应当先履行审批手续，取得批准。

招标人应当有进行招标项目的相应资金或者资金来源已经落实，并应当在招标文件中如实载明。

第十条　招标分为公开招标和邀请招标。

公开招标是指招标人以招标公告的方式邀请不特定的法人或者其他组织投标。

邀请招标是指招标人以投标邀请书的方式邀请特定的法人或者其他组织投标。

第十一条　国务院发展计划部门确定的国家重点项目和省、自治区、直辖市人民政府确定的地方重点项目不适宜公开招标的，经国务院发展计划部门或者省、自治区、直辖市人民政府批准，可以进行邀请招标。

第十二条　招标人有权自行选择招标代理机构，委托其办理招标事宜。任何单位和个人不得以任何方式为招标人指定招标代理机构。

招标人具有编制招标文件和组织评标能力的，可以自行办理招标事宜。任何单位和个人不得强制其委托招标代理机构办理招标事宜。

依法必须进行招标的项目，招标人自行办理招标事宜的，应当向有关行政监督部门备案。

第十三条　招标代理机构是依法设立、从事招标代理业务并提供相关服务的社会中介组织。

招标代理机构应当具备下列条件：

（一）有从事招标代理业务的营业场所和相应资金；

（二）有能够编制招标文件和组织评标的相应专业力量。

第十四条　招标代理机构与行政机关和其他国家机关不得存在隶属关系或者其他利益关系。

第十五条　招标代理机构应当在招标人委托的范围内办理招标事宜，并遵守本法关于招标人的规定。

第十六条　招标人采用公开招标方式的，应当发布招标公告。依法必须进行招标的项目的招标公告，应当通过国家指定的报刊、信息网络或者其他媒介发布。

招标公告应当载明招标人的名称和地址、招标项目的性质、数量、实施地点和时间以及获取招标文件的办法等事项。

第十七条　招标人采用邀请招标方式的，应当向三个以上具备承担招标项目的能力、资信良好的特定的法人或者其他组织发出投标邀请书。

投标邀请书应当载明本法第十六条第二款规定的事项。

第十八条　招标人可以根据招标项目本身的要求，在招标公告或者投标邀请书中，要求潜在投标人提供有关资质证明文件和业绩情况，并对潜在投标人进行资格审查；国家对投标人的资格条件有规定的，依照其规定。

招标人不得以不合理的条件限制或者排斥潜在投标人，不得对潜在投标人实行歧视待遇。

第十九条　招标人应当根据招标项目的特点和需要编制招标文件。招标文件应当包括招标项目的技术要求、对投标人资格审查的标准、投标报价要求和评标标准等所有实质性要求和条件以及拟签订合同的主要条款。

国家对招标项目的技术、标准有规定的，招标人应当按照其规定在招标文件中提出相应要求。

招标项目需要划分标段、确定工期的，招标人应当合理划分标段、确定工期，并在招标文件中载明。

第二十条　招标文件不得要求或者标明特定的生产供应者以及含有倾向或者排斥潜在投标人的其他内容。

第二十一条　招标人根据招标项目的具体情况，可以组织潜在投标人踏勘项目现场。

第二十二条　招标人不得向他人透露已获取招标文件的潜在投标人的名称、数量以及可能影响公平竞争的有关招标投标的其他情况。

招标人设有标底的，标底必须保密。

第二十三条　招标人对已发出的招标文件进行必要的澄清或者修改的，应当在招标文件要求提交投标文件截止时间至少十五日前，以书面形式通知所有招标文件收受人。该澄清或者修改的内容为招标文件的组成部分。

第二十四条　招标人应当确定投标人编制投标文件所需要的合理时间；但是对于依法必须进行招标的项目，自招标文件开始发出之日起至投标人提交投标文件截止之日止，最短不得少于二十日。

第三章　投标

第二十五条　投标人是响应招标、参加投标竞争的法人或者其他组织。

依法招标的科研项目允许个人参加投标的，投标的个人适用本法有关投标人的规定。

第二十六条　投标人应当具备承担招标项目的能力；国家有关规定对投标人资格条件或者招标文件对投标人资格条件有规定的，投标人应当具备所规定的资格条件。

第二十七条　投标人应当按照招标文件的要求编制投标文件。投标文件应当对招标文件提出的实质性要求和条件作出响应。

招标项目属于建设施工的，投标文件的内容应当包括拟派出的项目负责人与主要技术人员的简历、业绩和拟用于完成招标项目的机械设备等。

第二十八条　投标人应当在招标文件要求提交投标文件的截止时间前，将投标文件送达投标地点。招标人收到投标文件后，应当签收保存，不得开启。投标人少于三个的，招标人应当依照本法重新招标。

在招标文件要求提交投标文件的截止时间后送达的投标文件，招标人应当拒收。

第二十九条　投标人在招标文件要求提交投标文件的截止时间前，可以补充、修改或者撤回已提交的投标文件，并书面通知招标人。补充、修改的内容为投标文件的组成部分。

第三十条　投标人根据招标文件载明的项目实际情况，拟在中标后将中标项目的部分非主体、非关键性工作进行分包的，应当在投标文件中载明。

第三十一条　两个以上法人或者其他组织可以组成一个联合体，以一个投标人的身份共同投标。

联合体各方均应当具备承担招标项目的相应能力；国家有关规定或者招标文件对投标

人资格条件有规定的，联合体各方均应当具备规定的相应资格条件。由同一专业的单位组成的联合体，按照资质等级较低的单位确定资质等级。

联合体各方应当签订共同投标协议，明确约定各方拟承担的工作和责任，并将共同投标协议连同投标文件一并提交招标人。联合体中标的，联合体各方应当共同与招标人签订合同，就中标项目向招标人承担连带责任。

招标人不得强制投标人组成联合体共同投标，不得限制投标人之间的竞争。

第三十二条　投标人不得相互串通投标报价，不得排挤其他投标人的公平竞争，损害招标人或者其他投标人的合法权益。

投标人不得与招标人串通投标，损害国家利益、社会公共利益或者他人的合法权益。

禁止投标人以向招标人或者评标委员会成员行贿的手段谋取中标。

第三十三条　投标人不得以低于成本的报价竞标，也不得以他人名义投标或者以其他方式弄虚作假，骗取中标。

第四章　开标、评标和中标

第三十四条　开标应当在招标文件确定的提交投标文件截止时间的同一时间公开进行；开标地点应当为招标文件中预先确定的地点。

第三十五条　开标由招标人主持，邀请所有投标人参加。

第三十六条　开标时，由投标人或者其推选的代表检查投标文件的密封情况，也可以由招标人委托的公证机构检查并公证；经确认无误后，由工作人员当众拆封，宣读投标人名称、投标价格和投标文件的其他主要内容。

招标人在招标文件要求提交投标文件的截止时间前收到的所有投标文件，开标时都应当当众予以拆封、宣读。

开标过程应当记录，并存档备查。

第三十七条　评标由招标人依法组建的评标委员会负责。

依法必须进行招标的项目，其评标委员会由招标人的代表和有关技术、经济等方面的专家组成，成员人数为五人以上单数，其中技术、经济等方面的专家不得少于成员总数的三分之二。

前款专家应当从事相关领域工作满八年并具有高级职称或者具有同等专业水平，由招标人从国务院有关部门或者省、自治区、直辖市人民政府有关部门提供的专家名册或者招标代理机构的专家库内的相关专业的专家名单中确定；一般招标项目可以采取随机抽取的方式，特殊招标项目可以由招标人直接确定。

与投标人有利害关系的人不得进入相关项目的评标委员会；已经进入的应当更换。

评标委员会成员的名单在中标结果确定前应当保密。

第三十八条　招标人应当采取必要的措施，保证评标在严格保密的情况下进行。

任何单位和个人不得非法干预、影响评标的过程和结果。

第三十九条　评标委员会可以要求投标人对投标文件中含义不明确的内容作必要的澄清或者说明，但是澄清或者说明不得超出投标文件的范围或者改变投标文件的实质性内容。

第四十条　评标委员会应当按照招标文件确定的评标标准和方法，对投标文件进行评审和比较；设有标底的，应当参考标底。评标委员会完成评标后，应当向招标人提出书面评标报告，并推荐合格的中标候选人。

招标人根据评标委员会提出的书面评标报告和推荐的中标候选人确定中标人。招标人也可以授权评标委员会直接确定中标人。

国务院对特定招标项目的评标有特别规定的，从其规定。

第四十一条 中标人的投标应当符合下列条件之一：

(一)能够最大限度地满足招标文件中规定的各项综合评价标准；

(二)能够满足招标文件的实质性要求，并且经评审的投标价格最低；但是投标价格低于成本的除外。

第四十二条 评标委员会经评审，认为所有投标都不符合招标文件要求的，可以否决所有投标。

依法必须进行招标项目的所有投标被否决的，招标人应当依照本法重新招标。

第四十三条 在确定中标人前，招标人不得与投标人就投标价格、投标方案等实质性内容进行谈判。

第四十四条 评标委员会成员应当客观、公正地履行职务，遵守职业道德，对所提出的评审意见承担个人责任。

评标委员会成员不得私下接触投标人，不得收受投标人的财物或者其他好处。

评标委员会成员和参与评标的有关工作人员不得透露对投标文件的评审和比较、中标候选人的推荐情况以及与评标有关的其他情况。

第四十五条 中标人确定后，招标人应当向中标人发出中标通知书，并同时将中标结果通知所有未中标的投标人。

中标通知书对招标人和中标人具有法律效力。中标通知书发出后，招标人改变中标结果的，或者中标人放弃中标项目的，应当依法承担法律责任。

第四十六条 招标人和中标人应当自中标通知书发出之日起三十日内，按照招标文件和中标人的投标文件订立书面合同。招标人和中标人不得再行订立背离合同实质性内容的其他协议。

招标文件要求中标人提交履约保证金的，中标人应当提交。

第四十七条 依法必须进行招标的项目，招标人应当自确定中标人之日起十五日内，向有关行政监督部门提交招标投标情况的书面报告。

第四十八条 中标人应当按照合同约定履行义务，完成中标项目。中标人不得向他人转让中标项目，也不得将中标项目肢解后分别向他人转让。

中标人按照合同约定或者经招标人同意，可以将中标项目的部分非主体、非关键性工作分包给他人完成。接受分包的人应当具备相应的资格条件，并不得再次分包。

中标人应当就分包项目向招标人负责，接受分包的人就分包项目承担连带责任。

第五章 法律责任

第四十九条 违反本法规定，必须进行招标的项目而不招标的，将必须进行招标的项目化整为零或者以其他任何方式规避招标的，责令限期改正，可以处项目合同金额千分之五以上千分之十以下的罚款；对全部或者部分使用国有资金的项目，可以暂停项目执行或者暂停资金拨付；对单位直接负责的主管人员和其他直接责任人员依法给予处分。

第五十条 招标代理机构违反本法规定，泄露应当保密的与招标投标活动有关的情况和资料的，或者与招标人、投标人串通损害国家利益、社会公共利益或者他人合法权益的，处五万元以上二十五万元以下的罚款，对单位直接负责的主管人员和其他直接责任人员处单位罚款数额百分之五以上百分之十以下的罚款；有违法所得的，并处没收违法所得；情节严重的，禁止其一年至二年代理依法必须进行招标的项目并予以公告，直至由工商行政管理机关吊销营业执照；构成犯罪的，依法追究刑事责任。给他人造成损失的，依法承担赔偿责任。

前款所列行为影响中标结果的，中标无效。

第五十一条　招标人以不合理的条件限制或者排斥潜在投标人的，对潜在投标人实行歧视待遇的，强制要求投标人组成联合体共同投标的，或者限制投标人之间竞争的，责令改正，可以处一万元以上五万元以下的罚款。

第五十二条　依法必须进行招标项目的招标人向他人透露已获取招标文件的潜在投标人的名称、数量或者可能影响公平竞争的有关招标投标的其他情况的，或者泄露标底的，给予警告，可以并处一万元以上十万元以下的罚款；对单位直接负责的主管人员和其他直接责任人员依法给予处分；构成犯罪的，依法追究刑事责任。

前款所列行为影响中标结果的，中标无效。

第五十三条　投标人相互串通投标或者与招标人串通投标的，投标人以向招标人或者评标委员会成员行贿的手段谋取中标的，中标无效，处中标项目金额千分之五以上千分之十以下的罚款，对单位直接负责的主管人员和其他直接责任人员处单位罚款数额百分之五以上百分之十以下的罚款；有违法所得的，并处没收违法所得；情节严重的，取消其一年至两年内参加依法必须进行招标的项目的投标资格并予以公告，直至由工商行政管理机关吊销营业执照；构成犯罪的，依法追究刑事责任。给他人造成损失的，依法承担赔偿责任。

第五十四条　投标人以他人名义投标或者以其他方式弄虚作假，骗取中标的，中标无效，给招标人造成损失的，依法承担赔偿责任；构成犯罪的，依法追究刑事责任。

依法必须进行招标的项目的投标人有前款所列行为尚未构成犯罪的，处中标项目额千分之五以上千分之十以下的罚款，对单位直接负责的主管人员和其他直接责任人员处单位罚款数额百分之五以上百分之十以下的罚款；有违法所得的，并处没收违法所得；情节严重的，取消其一年至三年内参加依法必须进行招标的项目的投标资格并予以公告，直至由工商行政管理机关吊销营业执照。

第五十五条　依法必须进行招标的项目，招标人违反本法规定，与投标人就投标价格、投标方案等实质性内容进行谈判的，给予警告，对单位直接负责的主管人员和其他直接责任人员依法给予处分。

前款所列行为影响中标结果的，中标无效。

第五十六条　评标委员会成员收受投标人的财物或者其他好处的，评标委员会成员或者参加评标的有关工作人员向他人透露对投标文件的评审和比较、中标候选人的推荐以及与评标有关的其他情况的，给予警告，没收收受的财物，可以并处三千元以上五万元以下的罚款，对有所列违法行为的评标委员会成员取消担任评标委员会成员的资格，不得再参加任何依法必须进行招标的项目的评标；构成犯罪的，依法追究刑事责任。

第五十七条　招标人在评标委员会依法推荐的中标候选人以外确定中标人的，依法必须进行招标的项目在所有投标被评标委员会否决后自行确定中标人的，中标无效。责令改正，可以处中标项目金额千分之五以上千分之十以下的罚款；对单位直接负责的主管人员和其他直接责任人员依法给予处分。

第五十八条　中标人将中标项目转让给他人的，将中标项目肢解后分别转让给他人的，违反本法规定将中标项目的部分主体、关键性工作分包给他人的，或者分包人再次分包的，转让、分包无效，处转让、分包项目金额千分之五以上千分之十以下的罚款；有违法所得的，并处没收违法所得；可以责令停业整顿；情节严重的，由工商行政管理机关吊销营业执照。

第五十九条　招标人与中标人不按照招标文件和中标人的投标文件订立合同的，或者招标人、中标人订立背离合同实质性内容的协议的，责令改正；可以处中标项目金额千分之五以上千分之十以下的罚款。

第六十条　中标人不履行与招标人订立的合同的，履约保证金不予退还，给招标人造成的损失超过履约保证金数额的，还应当对超过部分予以赔偿；没有提交履约保证金的，应当对招标人的损失承担赔偿责任。

中标人不按照与招标人订立的合同履行义务，情节严重的，取消其两年至五年内参加依法必须进行招标的项目的投标资格并予以公告，直至由工商行政管理机关吊销营业执照。

因不可抗力不能履行合同的，不适用前两款规定。

第六十一条　本章规定的行政处罚，由国务院规定的有关行政监督部门决定。本法已对实施行政处罚的机关作出规定的除外。

第六十二条　任何单位违反本法规定，限制或者排斥本地区、本系统以外的法人或者其他组织参加投标的，为招标人指定招标代理机构的，强制招标人委托招标代理机构办理招标事宜的，或者以其他方式干涉招标投标活动的，责令改正；对单位直接负责的主管人员和其他直接责任人员依法给予警告、记过、记大过的处分；情节较重的，依法给予降级、撤职、开除的处分。

个人利用职权进行前款违法行为的，依照前款规定追究责任。

第六十三条　对招标投标活动依法负有行政监督职责的国家机关工作人员徇私舞弊、滥用职权或者玩忽职守，构成犯罪的，依法追究刑事责任；不构成犯罪的，依法给予行政处分。

第六十四条　依法必须进行招标的项目违反本法规定，中标无效的，应当依照本法规定的中标条件从其余投标人中重新确定中标人或者依照本法重新进行招标。

第六章　附则

第六十五条　投标人和其他利害关系人认为招标投标活动不符合本法有关规定的，有权向招标人提出异议或者依法向有关行政监督部门投诉。

第六十六条　涉及国家安全、国家秘密、抢险救灾或者属于利用扶贫资金实行以工代赈、需要使用农民工等特殊情况，不适宜进行招标的项目，按照国家有关规定可以不进行招标。

第六十七条　使用国际组织或者外国政府贷款、援助资金的项目进行招标，贷款方、资金提供方对招标投标的具体条件和程序有不同规定的，可以适用其规定，但违背中华人民共和国的社会公共利益的除外。

第六十八条　本法自 2000 年 1 月 1 日起施行。

附录二　中华人民共和国合同法

（1999 年 3 月 15 日第九届全国人民代表大会第二次会议通过，自 1999 年 10 月 1 日起施行。）

总　则

第一章　一般规定

第一条　为了保护合同当事人的合法权益，维护社会经济秩序，促进社会主义现代化建设，制定本法。

第二条　本法所称合同是平等主体的自然人、法人、其他组织之间设立、变更、终止民事权利义务关系的协议。

婚姻、收养、监护等有关身份关系的协议，适用其他法律的规定。

第三条　合同当事人的法律地位平等，一方不得将自己的意志强加给另一方。

第四条　当事人依法享有自愿订立合同的权利，任何单位和个人不得非法干预。

第五条　当事人应当遵循公平原则确定各方的权利和义务。

第六条　当事人行使权利、履行义务应当遵循诚实信用原则。

第七条　当事人订立、履行合同，应当遵守法律、行政法规，尊重社会公德，不得扰乱社会经济秩序，损害社会公共利益。

第八条　依法成立的合同，对当事人具有法律约束力。当事人应当按照约定履行自己的义务，不得擅自变更或者解除合同。

依法成立的合同，受法律保护。

第二章　合同的订立

第九条　当事人订立合同，应当具有相应的民事权利能力和民事行为能力。

当事人依法可以委托代理人订立合同。

第十条　当事人订立合同，有书面形式、口头形式和其他形式。

法律、行政法规规定采用书面形式的，应当采用书面形式。当事人约定采用书面形式的，应当采用书面形式。

第十一条　书面形式是指合同书、信件和数据电文（包括电报、电传、传真、电子数据交换和电子邮件）等可以有形地表现所载内容的形式。

第十二条　合同的内容由当事人约定，一般包括以下条款：

（一）当事人的名称或者姓名和住所；

（二）标的；

（三）数量；

（四）质量；

（五）价款或者报酬；

（六）履行期限、地点和方式；

（七）违约责任；

（八）解决争议的方法。

当事人可以参照各类合同的示范文本订立合同。

第十三条　当事人订立合同，采取要约、承诺方式。

第十四条　要约是希望和他人订立合同的意思表示，该意思表示应当符合下列规定：

（一）内容具体明确；

（二）表明经受要约人承诺，要约人即受该意思表示约束。

第十五条　要约邀请是希望他人向自己发出要约的意思表示。寄送的价目表、拍卖公告、招标公告、招股说明书、商业广告等为要约邀请。

商业广告的内容符合要约规定的，视为要约。

第十六条　要约到达受要约人时生效。

采用数据电文形式订立合同，收件人指定特定系统接收数据电文的，该数据电文进入该特定系统的时间，视为到达时间；未指定特定系统的，该数据电文进入收件人的任何系统的首次时间，视为到达时间。

第十七条　要约可以撤回。撤回要约的通知应当在要约到达受要约人之前或者与要约同时到达受要约人。

第十八条　要约可以撤销。撤销要约的通知应当在受要约人发出承诺通知之前到达受要约人。

第十九条　有下列情形之一的，要约不得撤销：

（一）要约人确定了承诺期限或者以其他形式明示要约不可撤销；

（二）受要约人有理由认为要约是不可撤销的，并已经为履行合同作了准备工作。

第二十条　有下列情形之一的，要约失效：

（一）拒绝要约的通知到达要约人；

（二）要约人依法撤销要约；

（三）承诺期限届满，受要约人未作出承诺；

（四）受要约人对要约的内容作出实质性变更。

第二十一条　承诺是受要约人同意要约的意思表示。

第二十二条　承诺应当以通知的方式作出，但根据交易习惯或者要约表明可以通过行为作出承诺的除外。

第二十三条　承诺应当在要约确定的期限内到达要约人。

要约没有确定承诺期限的，承诺应当依照下列规定到达：

（一）要约以对话方式作出的，应当即时作出承诺，但当事人另有约定的除外；

（二）要约以非对话方式作出的，承诺应当在合理期限内到达。

第二十四条　要约以信件或者电报作出的，承诺期限自信件载明的日期或者电报交发之日开始计算。信件未载明日期的，自投寄该信件的邮戳日期开始计算。要约以电话、传真等快速通讯方式作出的，承诺期限自要约到达受要约人时开始计算。

第二十五条　承诺生效时合同成立。

第二十六条　承诺通知到达要约人时生效。承诺不需要通知的，根据交易习惯或者要约的要求作出承诺的行为时生效。

采用数据电文形式订立合同的，承诺到达的时间适用本法第十六条第二款的规定。

第二十七条　承诺可以撤回。撤回承诺的通知应当在承诺通知到达要约人之前或者与承诺通知同时到达要约人。

第二十八条　受要约人超过承诺期限发出承诺的，除要约人及时通知受要约人该承诺有效的以外，为新要约。

第二十九条　受要约人在承诺期限内发出承诺，按照通常情形能够及时到达要约人，但因其他原因承诺到达要约人时超过承诺期限的，除要约人及时通知受要约人因承诺超过期限不接受该承诺的以外，该承诺有效。

第三十条　承诺的内容应当与要约的内容一致。受要约人对要约的内容作出实质性变更的，为新要约。有关合同标的、数量、质量、价款或者报酬、履行期限、履行地点和方式、违约责任和解决争议方法等的变更，是对要约内容的实质性变更。

第三十一条　承诺对要约的内容作出非实质性变更的，除要约人及时表示反对或者要约表明承诺不得对要约的内容作出任何变更的以外，该承诺有效，合同的内容以承诺的内容为准。

第三十二条　当事人采用合同书形式订立合同的，自双方当事人签字或者盖章时合同成立。

第三十三条　当事人采用信件、数据电文等形式订立合同的，可以在合同成立之前要求签订确认书。签订确认书时合同成立。

第三十四条　承诺生效的地点为合同成立的地点。

采用数据电文形式订立合同的，收件人的主营业地为合同成立的地点；没有主营业地的，其经常居住地为合同成立的地点。当事人另有约定的，按照其约定。

第三十五条　当事人采用合同书形式订立合同的，双方当事人签字或者盖章的地点为合同成立的地点。

第三十六条　法律、行政法规规定或者当事人约定采用书面形式订立合同，当事人未采用书面形式但一方已经履行主要义务，对方若接受，则该合同成立。

第三十七条　采用合同书形式订立合同，在签字或者盖章之前，当事人一方已经履行主要义务，对方接受的，该合同成立。

第三十八条　国家根据需要下达指令性任务或者国家订货任务的，有关法人、其他组织之间应当依照有关法律、行政法规规定的权利和义务订立合同。

第三十九条 采用格式条款订立合同的，提供格式条款的一方应当遵循公平原则确定当事人之间的权利和义务，并采取合理的方式提请对方注意免除或者限制其责任的条款，按照对方的要求，对该条款予以说明。

格式条款是当事人为了重复使用而预先拟定，并在订立合同时未与对方协商的条款。

第四十条 格式条款具有本法第五十二条和第五十三条规定情形的，或者提供格式条款一方免除其责任、加重对方责任、排除对方主要权利的，该条款无效。

第四十一条 对格式条款的理解发生争议的，应当按照通常理解予以解释。对格式条款有两种以上解释的，应当作出不利于提供格式条款一方的解释。格式条款和非格式条款不一致的，应当采用非格式条款。

第四十二条 当事人在订立合同过程中有下列情形之一，给对方造成损失的，应当承担损害赔偿责任：

（一）假借订立合同，恶意进行磋商；

（二）故意隐瞒与订立合同有关的重要事实或者提供虚假情况；

（三）有其他违背诚实信用原则的行为。

第四十三条 当事人在订立合同过程中知悉的商业秘密，无论合同是否成立，不得泄露或者不正当地使用。泄露或者不正当地使用该商业秘密给对方造成损失的，应当承担损害赔偿责任。

第三章 合同的效力

第四十四条 依法成立的合同，自成立时生效。

法律、行政法规规定应当办理批准、登记等手续生效的，依照其规定。

第四十五条 当事人对合同的效力可以约定附条件。附生效条件的合同，自条件成就时生效。附解除条件的合同，自条件成就时失效。

当事人为自己的利益不正当地阻止条件成就的，视为条件已成就；不正当地促成条件成就的，视为条件不成就。

第四十六条 当事人对合同的效力可以约定附期限。附生效期限的合同，自期限届至时生效。附终止期限的合同，自期限届满时失效。

第四十七条 限制民事行为能力人订立的合同，经法定代理人追认后，该合同有效，但纯获利益的合同或者与其年龄、智力、精神健康状况相适应而订立的合同，不必经法定代理人追认。

相对人可以催告法定代理人在一个月内予以追认。法定代理人未作表示的，视为拒绝追认。合同被追认之前，善意相对人有撤销的权利。撤销应当以通知的方式作出。

第四十八条 行为人没有代理权、超越代理权或者代理权终止后以被代理人名义订立的合同，未经被代理人追认，对被代理人不发生效力，由行为人承担责任。

相对人可以催告被代理人在一个月内予以追认。被代理人未作表示的，视为拒绝追认。合同被追认之前，善意相对人有撤销的权利。撤销应当以通知的方式作出。

第四十九条 行为人没有代理权、超越代理权或者代理权终止后以被代理人名义订立合同，相对人有理由相信行为人有代理权的，该代理行为有效。

第五十条 法人或者其他组织的法定代表人、负责人超越权限订立的合同，除相对人知道或者应当知道其超越权限的以外，该代表行为有效。

第五十一条　无处分权的人处分他人财产，经权利人追认或者无处分权的人订立合同后取得处分权的，该合同有效。

第五十二条　有下列情形之一的，合同无效：

（一）一方以欺诈、胁迫的手段订立合同，损害国家利益；

（二）恶意串通，损害国家、集体或者第三人利益；

（三）以合法形式掩盖非法目的；

（四）损害社会公共利益；

（五）违反法律、行政法规的强制性规定。

第五十三条　合同中的下列免责条款无效：

（一）造成对方人身伤害的；

（二）因故意或者重大过失造成对方财产损失的。

第五十四条　下列合同，当事人一方有权请求人民法院或者仲裁机构变更或者撤销：

（一）因重大误解订立的；

（二）在订立合同时显失公平的。

一方以欺诈、胁迫的手段或者乘人之危，使对方在违背真实意思的情况下订立的合同，受损害方有权请求人民法院或者仲裁机构变更或者撤销。

当事人请求变更的，人民法院或者仲裁机构不得撤销。

第五十五条　有下列情形之一的，撤销权消灭：

（一）具有撤销权的当事人自知道或者应当知道撤销事由之日起一年内没有行使撤销权；

（二）具有撤销权的当事人知道撤销事由后明确表示或者以自己的行为放弃撤销权。

第五十六条　无效的合同或者被撤销的合同自始没有法律约束力。合同部分无效，不影响其他部分效力的，其他部分仍然有效。

第五十七条　合同无效、被撤销或者终止的，不影响合同中独立存在的有关解决争议方法的条款的效力。

第五十八条　合同无效或者被撤销后，因该合同取得的财产，应当予以返还；不能返还或者没有必要返还的，应当折价补偿。有过错的一方应当赔偿对方因此所受到的损失，双方都有过错的，应当各自承担相应的责任。

第五十九条　当事人恶意串通，损害国家、集体或者第三人利益的，因此取得的财产收归国家所有或者返还集体、第三人。

第四章　合同的履行

第六十条　当事人应当按照约定全面履行自己的义务。

当事人应当遵循诚实信用原则，根据合同的性质、目的和交易习惯履行通知、协助、保密等义务。

第六十一条　合同生效后，当事人就质量、价款或者报酬、履行地点等内容没有约定或者约定不明确的，可以协议补充；不能达成补充协议的，按照合同有关条款或者交易习惯确定。

第六十二条　当事人就有关合同内容约定不明确，依照本法第六十一条的规定仍不能确定的，适用下列规定：

（一）质量要求不明确的，按照国家标准、行业标准履行；没有国家标准、行业标准的，按照通常标准或者符合合同目的的特定标准履行；

（二）价款或者报酬不明确的，按照订立合同时履行地的市场价格履行；依法应当执行政府定价或者政府指导价的，按照规定履行；

（三）履行地点不明确，给付货币的，在接受货币一方所在地履行；交付不动产的，在不动产所在地履行；其他标的，在履行义务一方所在地履行；

（四）履行期限不明确的，债务人可以随时履行，债权人也可以随时要求履行，但应当给对方必要的准备时间；

（五）履行方式不明确的，按照有利于实现合同目的的方式履行；

（六）履行费用的负担不明确的，由履行义务一方负担。

第六十三条　执行政府定价或者政府指导价的，在合同约定的交付期限内政府价格调整时，按照交付时的价格计价。逾期交付标的物的，遇价格上涨时，按照原价格执行；价格下降时，按照新价格执行。逾期提取标的物或者逾期付款的，遇价格上涨时，按照新价格执行；价格下降时，按照原价格执行。

第六十四条　当事人约定由债务人向第三人履行债务的，债务人未向第三人履行债务或者履行债务不符合约定，应当向债权人承担违约责任。

第六十五条　当事人约定由第三人向债权人履行债务的，第三人不履行债务或者履行债务不符合约定，债务人应当向债权人承担违约责任。

第六十六条　当事人互负债务，没有先后履行顺序的，应当同时履行。一方在对方履行之前有权拒绝其履行要求。一方在对方履行债务不符合约定时，有权拒绝其相应的履行要求。

第六十七条　当事人互负债务，有先后履行顺序，先履行一方未履行的，后履行一方有权拒绝其履行要求。先履行一方履行债务不符合约定的，后履行一方有权拒绝其相应的履行要求。

第六十八条　应当先履行债务的当事人，有确切证据证明对方有下列情形之一的，可以中止履行：

（一）经营状况严重恶化；

（二）转移财产、抽逃资金，以逃避债务；

（三）丧失商业信誉；

（四）有丧失或者可能丧失履行债务能力的其他情形。

当事人没有确切证据中止履行的，应当承担违约责任。

第六十九条　当事人依照本法第六十八条的规定中止履行的，应当及时通知对方。对方提供适当担保时，应当恢复履行。中止履行后，对方在合理期限内未恢复履行能力并且未提供适当担保的，中止履行的一方可以解除合同。

第七十条　债权人分立、合并或者变更住所没有通知债务人，致使履行债务发生困难的，债务人可以中止履行或者将标的物提存。

第七十一条　债权人可以拒绝债务人提前履行债务，但提前履行不损害债权人利益的除外。

债务人提前履行债务给债权人增加的费用，由债务人负担。

第七十二条　债权人可以拒绝债务人部分履行债务，但部分履行不损害债权人利益的除外。

债务人部分履行债务给债权人增加的费用，由债务人负担。

第七十三条　因债务人怠于行使其到期债权，对债权人造成损害的，债权人可以向人民法院请求以自己的名义代位行使债务人的债权，但该债权专属于债务人自身的除外。

代位权的行使范围以债权人的债权为限。债权人行使代位权的必要费用，由债务人负担。

第七十四条　因债务人放弃其到期债权或者无偿转让财产，对债权人造成损害的，债权人可以请求人民法院撤销债务人的行为。债务人以明显不合理的低价转让财产，对债权人造成损害，并且受让人知道该情形的，债权人也可以请求人民法院撤销债务人的行为。

撤销权的行使范围以债权人的债权为限。债权人行使撤销权的必要费用，由债务人负担。

第七十五条　撤销权自债权人知道或者应当知道撤销事由之日起一年内行使。自债务人的行为发生之日起五年内没有行使撤销权的，该撤销权消灭。

第七十六条　合同生效后，当事人不得因姓名、名称的变更或者法定代表人、负责人、承办人的变动而不履行合同义务。

第五章　合同的变更和转让

第七十七条　当事人协商一致，可以变更合同。

法律、行政法规规定变更合同应当办理批准、登记等手续的，依照其规定。

第七十八条　当事人对合同变更的内容约定不明确的，推定为未变更。

第七十九条　债权人可以将合同的权利全部或者部分转让给第三人，但有下列情形之一的除外：

（一）根据合同性质不得转让；

（二）按照当事人约定不得转让；

（三）依照法律规定不得转让。

第八十条　债权人转让权利的，应当通知债务人。未经通知，该转让对债务人不发生效力。

债权人转让权利的通知不得撤销，但经受让人同意的除外。

第八十一条　债权人转让权利的，受让人取得与债权有关的从权利，但该从权利专属于债权人自身的除外。

第八十二条　债务人接到债权转让通知后，债务人对让与人的抗辩，可以向受让人主张。

第八十三条　债务人接到债权转让通知时，债务人对让与人享有债权，并且债务人的债权先于转让的债权到期或者同时到期的，债务人可以向受让人主张抵销。

第八十四条　债务人将合同的义务全部或者部分转移给第三人的，应当经债权人同意。

第八十五条　债务人转移义务的，新债务人可以主张原债务人对债权人的抗辩。

第八十六条　债务人转移义务的，新债务人应当承担与主债务有关的从债务，但该从债务专属于原债务人自身的除外。

第八十七条　法律、行政法规规定转让权利或者转移义务应当办理批准、登记等手续的，依照其规定。

第八十八条　当事人一方经对方同意，可以将自己在合同中的权利和义务一并转让给第三人。

第八十九条　权利和义务一并转让的，适用本法第七十九条、第八十一条至第八十三条、第八十五条至第八十七条的规定。

第九十条　当事人订立合同后合并的，由合并后的法人或者其他组织行使合同权利，履行合同义务。当事人订立合同后分立的，除债权人和债务人另有约定的以外，由分立的法人或者其他组织对合同的权利和义务享有连带债权，承担连带债务。

第六章　合同的权利义务终止

第九十一条　有下列情形之一的，合同的权利义务终止：

(一)债务已经按照约定履行；

(二)合同解除；

(三)债务相互抵销；

(四)债务人依法将标的物提存；

(五)债权人免除债务；

(六)债权债务同归于一人；

(七)法律规定或者当事人约定终止的其他情形。

第九十二条　合同的权利义务终止后，当事人应当遵循诚实信用原则，根据交易习惯履行通知、协助、保密等义务。

第九十三条　当事人协商一致，可以解除合同。

当事人可以约定一方解除合同的条件。解除合同的条件成就时，解除权人可以解除合同。

第九十四条　有下列情形之一的，当事人可以解除合同：

(一)因不可抗力致使不能实现合同目的；

(二)在履行期限届满之前，当事人一方明确表示或者以自己的行为表明不履行主要债务；

(三)当事人一方迟延履行主要债务，经催告后在合理期限内仍未履行；

(四)当事人一方迟延履行债务或者有其他违约行为致使不能实现合同目的；

(五)法律规定的其他情形。

第九十五条　法律规定或者当事人约定解除权行使期限，期限届满当事人不行使的，该权利消灭。

法律没有规定或者当事人没有约定解除权行使期限，经对方催告后在合理期限内不行使的，该权利消灭。

第九十六条　当事人一方依照本法第九十三条第二款、第九十四条的规定主张解除合同的，应当通知对方。合同自通知到达对方时解除。对方有异议的，可以请求人民法院或者仲裁机构确认解除合同的效力。

法律、行政法规规定解除合同应当办理批准、登记等手续的，依照其规定。

第九十七条　合同解除后，尚未履行的，终止履行；已经履行的，根据履行情况和合同性质，当事人可以要求恢复原状、采取其他补救措施，并有权要求赔偿损失。

第九十八条　合同的权利义务终止，不影响合同中结算和清理条款的效力。

第九十九条　当事人互负到期债务，该债务的标的物种类、品质相同的，任何一方可以将自己的债务与对方的债务抵销，但依照法律规定或者按照合同性质不得抵销的除外。

当事人主张抵销的，应当通知对方。通知自到达对方时生效。抵销不得附条件或者附期限。

第一百条　当事人互负债务，标的物种类、品质不相同的，经双方协商一致，也可以抵销。

第一百零一条　有下列情形之一，难以履行债务的，债务人可以将标的物提存：

（一）债权人无正当理由拒绝受领；

（二）债权人下落不明；

（三）债权人死亡未确定继承人或者丧失民事行为能力未确定监护人；

（四）法律规定的其他情形。

标的物不适于提存或者提存费用过高的，债务人依法可以拍卖或者变卖标的物，提存所得的价款。

第一百零二条　标的物提存后，除债权人下落不明的以外，债务人应当及时通知债权人或者债权人的继承人、监护人。

第一百零三条　标的物提存后，毁损、灭失的风险由债权人承担。提存期间，标的物的孳息归债权人所有。提存费用由债权人负担。

第一百零四条　债权人可以随时领取提存物，但债权人对债务人负有到期债务的，在债权人未履行债务或者提供担保之前，提存部门根据债务人的要求应当拒绝其领取提存物。

债权人领取提存物的权利，自提存之日起五年内不行使而消灭，提存物扣除提存费用后归国家所有。

第一百零五条　债权人免除债务人部分或者全部债务的，合同的权利义务部分或者全部终止。

第一百零六条　债权和债务同归于一人的，合同的权利义务终止，但涉及第三人利益的除外。

第七章　违约责任

第一百零七条　当事人一方不履行合同义务或者履行合同义务不符合约定的，应当承担继续履行、采取补救措施或者赔偿损失等违约责任。

第一百零八条　当事人一方明确表示或者以自己的行为表明不履行合同义务的，对方可以在履行期限届满之前要求其承担违约责任。

第一百零九条　当事人一方未支付价款或者报酬的，对方可以要求其支付价款或者报酬。

第一百一十条　当事人一方不履行非金钱债务或者履行非金钱债务不符合约定的，对方可以要求履行，但有下列情形之一的除外：

（一）法律上或者事实上不能履行；

（二）债务的标的不适于强制履行或者履行费用过高；

（三）债权人在合理期限内未要求履行。

第一百一十一条　质量不符合约定的，应当按照当事人的约定承担违约责任。对违约责任没有约定或者约定不明确，依照本法第六十一条的规定仍不能确定的，受损害方根据标的的性质以及损失的大小，可以合理选择要求对方承担修理、更换、重作、退货、减少价款或者报酬等违约责任。

第一百一十二条 当事人一方不履行合同义务或者履行合同义务不符合约定的，在履行义务或者采取补救措施后，对方还有其他损失的，应当赔偿损失。

第一百一十三条 当事人一方不履行合同义务或者履行合同义务不符合约定，给对方造成损失的，损失赔偿额应当相当于因违约所造成的损失，包括合同履行后可以获得的利益，但不得超过违反合同一方订立合同时预见到或者应当预见到的因违反合同可能造成的损失。

经营者对消费者提供商品或者服务有欺诈行为的，依照《中华人民共和国消费者权益保护法》的规定承担损害赔偿责任。

第一百一十四条 当事人可以约定一方违约时应当根据违约情况向对方支付一定数额的违约金，也可以约定因违约产生的损失赔偿额的计算方法。

约定的违约金低于造成的损失的，当事人可以请求人民法院或者仲裁机构予以增加；约定的违约金过分高于造成的损失的，当事人可以请求人民法院或者仲裁机构予以适当减少。

当事人就迟延履行约定违约金的，违约方支付违约金后，还应当履行债务。

第一百一十五条 当事人可以依照《中华人民共和国担保法》约定一方向对方给付定金作为债权的担保。债务人履行债务后，定金应当抵作价款或者收回。给付定金的一方不履行约定的债务的，无权要求返还定金；收受定金的一方不履行约定的债务的，应当双倍返还定金。

第一百一十六条 当事人既约定违约金，又约定定金的，一方违约时，对方可以选择适用违约金或者定金条款。

第一百一十七条 因不可抗力不能履行合同的，根据不可抗力的影响，部分或者全部免除责任，但法律另有规定的除外。当事人迟延履行后发生不可抗力的，不能免除责任。

本法所称不可抗力，是指不能预见、不能避免并不能克服的客观情况。

第一百一十八条 当事人一方因不可抗力不能履行合同的，应当及时通知对方，以减轻可能给对方造成的损失，并应当在合理期限内提供证明。

第一百一十九条 当事人一方违约后，对方应当采取适当措施防止损失的扩大；没有采取适当措施致使损失扩大的，不得就扩大的损失要求赔偿。

当事人因防止损失扩大而支出的合理费用，由违约方承担。

第一百二十条 当事人双方都违反合同的，应当各自承担相应的责任。

第一百二十一条 当事人一方因第三人的原因造成违约的，应当向对方承担违约责任。当事人一方和第三人之间的纠纷，依照法律规定或者按照约定解决。

第一百二十二条 因当事人一方的违约行为，侵害对方人身、财产权益的，受损害方有权选择依照本法要求其承担违约责任或者依照其他法律要求其承担侵权责任。

第八章　其他规定

第一百二十三条 其他法律对合同另有规定的，依照其规定。

第一百二十四条 本法分则或者其他法律没有明文规定的合同，适用本法总则的规定，并可以参照本法分则或者其他法律最相类似的规定。

第一百二十五条 当事人对合同条款的理解有争议的，应当按照合同所使用的词句、合同的有关条款、合同的目的、交易习惯以及诚实信用原则，确定该条款的真实意思。

合同文本采用两种以上文字订立并约定具有同等效力的，对各文本使用的词句推定具有相同含义。各文本使用的词句不一致的，应当根据合同的目的予以解释。

第一百二十六条　涉外合同的当事人可以选择处理合同争议所适用的法律，但法律另有规定的除外。涉外合同的当事人没有选择的，适用与合同有最密切联系的国家的法律。

在中华人民共和国境内履行的中外合资经营企业合同、中外合作经营企业合同、中外合作勘探开发自然资源合同，适用中华人民共和国法律。

第一百二十七条　工商行政管理部门和其他有关行政主管部门在各自的职权范围内，依照法律、行政法规的规定，对利用合同危害国家利益、社会公共利益的违法行为，负责监督处理；构成犯罪的，依法追究刑事责任。

第一百二十八条　当事人可以通过和解或者调解解决合同争议。

当事人不愿和解、调解或者和解、调解不成的，可以根据仲裁协议向仲裁机构申请仲裁。涉外合同的当事人可以根据仲裁协议向中国仲裁机构或者其他仲裁机构申请仲裁。当事人没有订立仲裁协议或者仲裁协议无效的，可以向人民法院起诉。当事人应当履行发生法律效力的判决、仲裁裁决、调解书；拒不履行的，对方可以请求人民法院执行。

第一百二十九条　因国际货物买卖合同和技术进出口合同争议提起诉讼或者申请仲裁的期限为四年，自当事人知道或者应当知道其权利受到侵害之日起计算。因其他合同争议提起诉讼或者申请仲裁的期限，依照有关法律的规定。

附录三　模拟试卷

模拟试卷 1

模拟试卷 2

模拟试卷 3

模拟试卷 4

参 考 文 献

[1] 全国一级建造师执业资格考试用书编写委员会. 建设工程项目管理[M]. 北京：中国建筑工业出版社，2014.

[2] 全国一级建造师执业资格考试用书编写委员会. 建设工程法规及相关知识[M]. 北京：中国建筑工业出版社，2014.

[3] 中国建设监理协会. 建设工程合同管理[M]. 北京：知识产权出版社，2014.

[4] 刘冬学，宋晓东. 工程招投标与合同管理[M]. 上海：复旦大学出版社，2011.

[5] 郝永池，刘健娜. 建设工程招投标与合同管理[M]. 北京：北京理工大学出版社，2011.

[6] 庞业涛，文真. 建设工程招投标与合同管理[M]. 北京：北京理工大学出版社，2015.

[7] 宋春岩. 建设工程招投标与合同管理[M]. 3版. 北京：北京大学出版社，2014.

[8] 刘钦. 工程招投标与合同管理[M]. 3版. 北京：高等教育出版社，2015.

[9] 赵来彬. 建设工程招投标与合同管理[M]. 武汉：华中科技大学出版社，2010.

[10] 杨甲奇，杨陈慧. 工程招投标与合同管理实务[M]. 北京：北京大学出版社，2011.

[11] 李洪军. 工程项目招投标与合同管理[M]. 北京：北京大学出版社，2014.

[12] 中华人民共和国住房和城乡建设部，中华人民共和国国家质量监督检验检疫总局. GB 50500—2013 建设工程工程量清单计价规范[S]. 北京：中国计划出版社，2013.